工程师经验手记

构建嵌入式 Linux 核心软件系统实战

杨 铸 李 奎 编著

北京航空航天大学出版社

内容简介

本书以实战的方式，讲解了构建嵌入式 Linux 核心软件系统的五大组件：交叉编译工具链、BootLoader、Linux Kernel、根文件系统、图形界面系统。其中包含了大量解决实际工作中常遇到的典型问题的方法、技巧和经验。

本书适合大学本、专科学生，培训机构学生，自学人员以及研究生学习嵌入式 Linux 及图形界面软件系统的移植和开发；同时，从事该方向的软件开发工程师也可将本书作为案头的技术手册来进行查阅和参考。

图书在版编目(CIP)数据

构建嵌入式 Linux 核心软件系统实战 / 杨铸,李奎编著. --北京：北京航空航天大学出版社,2013.4
ISBN 978-7-5124-1084-8

Ⅰ.①构… Ⅱ.①杨…②李… Ⅲ.①Linux 操作系统—程序设计 Ⅳ.①TP316.89

中国版本图书馆 CIP 数据核字(2013)第 042236 号

版权所有，侵权必究。

构建嵌入式 Linux 核心软件系统实战
杨　铸　李　奎　编著
责任编辑　苗长江　王　彤

*

北京航空航天大学出版社出版发行

北京市海淀区学院路 37 号(邮编 100191)　http://www.buaapress.com.cn
发行部电话：(010)82317024　传真：(010)82328026
读者信箱：emsbook@gmail.com　邮购电话：(010)82316936
涿州市新华印刷有限公司印装　各地书店经销

*

开本：710×1 000　1/16　印张：23.25　字数：496 千字
2013 年 4 月第 1 版　2013 年 4 月第 1 次印刷　印数：4 000 册
ISBN 978-7-5124-1084-8　定价：49.00 元(含光盘 1 张)

若本书有倒页、脱页、缺页等印装质量问题，请与本社发行部联系调换。联系电话：(010)82317024

前　言

创作动机

很多初学者常问我：
(1) 学习嵌入式软件系统移植、开发，难吗？
(2) 学习嵌入式 Linux 系统软件移植、开发，有前途吗？
(3) 能让我用较短的时间一窥嵌入式 Linux 核心软件系统的全貌吗？

不少刚从事嵌入式 Linux 软件系统移植和开发工作的朋友常问我：
(1) 能推荐一本全面介绍构建嵌入式 Linux 及图形界面软件系统的书吗？
(2) 在嵌入式 Linux 及图形界面软件系统的移植和开发实际工作中，常遇到一些棘手的问题，不知如何下手解决。能告诉我解决这些常见问题的方法、技巧和经验吗？

本书将站在一个草根工程师的角度，以自身的实践经历，试着回答这些问题。期望能为嵌入式软件开发在中国的发展勉尽薄力。

本书内容及组织方式

第 1 章

"知其然，知其所以然"。很多学习嵌入式的读者都是为了学习而学习，有些时候对所学的知识缺乏使用率和实用性的认知。

嵌入式是一门涉及软硬件知识的整体学科，如何学好嵌入式是很多嵌入式爱好者所关心的问题。学习嵌入式学科有三个问题是我们所关注的：一是学习的成本；二是学习的效率；三是它的发展前景。本章在硬件平台上选择了 S3C2440，软件选择了 Linux 系统。读者会发现在互联网时代的今天，透过网络搜索这些资源是多么容易和有趣的事情，因此跨入嵌入式大门不再是难事。互联网为我们学习嵌入式降低了成本并提高了效率(很多资源都可以通过网络获取)。

如果你还在担心学习的知识是否有前景，那么建议你浏览第 1 章节的内容，相信这一次面对面的"交谈"会使得你对基于 ARM 的 Linux 开发更感兴趣。

第 2 章

"工欲善其事，必先利其器"。本章节为读者在接下来的学习提供了搭建嵌入式环境的方法。其中包括虚拟机下安装 Linux 系统的方法，串口调试开发板工具 minicom 和 SecureCRT 的使用，NFS 远程文件系统及 FTP 文件传输服务。

本书中使用 Linux 系统桌面版 ubuntu 作为宿主机，相中它的原因是它的简单和专一。需要使用到任何软件，只需要一个 apt-get 命令便可以得到。如果读者想要看到华丽的界面效果，相信直接在电脑上安装一个 ubuntu 桌面版是最好的选择。

学习硬件需要有调试终端，嵌入式硬件没有友好的终端屏幕可供调试，因此常用的调试终端为串口，并需要借助宿主机中的屏幕来显示开发板中的内容。读者可以选择 Linux 中的串口通信软件 minicom 或是 Windows 下的串口通信软件 SecureCRT 来"倾听"开发板的"吐槽"，作为一个嵌入式学习者，往往都是由此而成长起来的。

NFS 远程文件系统非常"亲民"，因为我们的开发分为两步，一是在 PC 机上做好开发板上需要的资源，二是部署资源到开发板。NFS 可以让我们不用做第二步，直接通过 NFS 服务把 PC 机上做好的资源挂载到开发板上来进行调试，当确定没有问题的时候，再部署资源到开发板。这样做即省时，也避免频繁烧写对 Nand Flash 等存储设备造成不必要的寿命损耗。

我们为读者制作了一个学习的光盘，非常重要。里面有本书学习所使用的所有资源和源代码。读者可以通过 FTP（文件传输协议）软件，把学习中使用到的资源或源代码传输到你的 Linux 系统中直接使用，简化学习过程，提高学习效率。

第 3 章

"不在乎沿途风景，只在乎最终结果"。读者应该很想知道这本书到底讲了哪些东西，或是想绕开中间繁杂的环节，直接查看谜底。

本章节将是以下所有章节的"知识结晶"。读者按照所提供的步骤，便可以享受到整个嵌入式的构建过程之旅。而在整个构建的"旅途"中，所涉及的"地方"是第 4 章的交叉编译工具链的制作，第 5 章的引导程序的制作，第 6 章的 Linux 内核系统的构建，第 7 章的根文件系统的构建，第 8 章的 Qt 图形界面的构建。作为终点站的第 8 章，如果你已经能够看到开发板上运行的图形界面，那么恭喜你享受了一个完美的旅行过程。

若是读者对某一个部分比较感兴趣可以停下来，到下面所列举的章节中，做一次旅游体验师吧，因为只有自己真正体会了，这些知识才真正属于你。

第 4 章

翻译官——编译器的制作。

作为程序员与计算机来说，我们需要制作一个工具，这个工具能够把我们用 C 语言等写的源代码转化为能让 CPU 识别的语言（机器指令）。本章所需要掌握的重点是在配置制作编译器的过程中了解其中参数的含义，对于以后编译各类嵌入式设备所需要的交叉编译工具链以及编译过程中需要指定的选项能够心知肚明。

本章共讲解了 3 种编译器制作的方法：crosstool、源码、crosstool-ng。第一种制作出的交叉编译器也是我们本书中通篇使用的交叉编译器；源码方式制作的交叉编译器是为好奇的读者想了解交叉编译器制作的每个环节而设计的，是基于源代码的方式自己动手写交叉编译脚本的整个过程；crosstool-ng 和 crosstool 类似，也是通过开源的脚本来制作交叉编译器，但不同的是它支持更新的 CPU 和内核版本，并且在制作之前，可以使用图形界面进行配置选择其中的功能。

第 5 章

扬帆远航——引导程序的制作。

本书的重点为第 5 章至第 8 章。作为本书学习的起点,引导程序的制作以及由此而获得的知识是非常丰富多彩的。由于引导程序涉及对硬件的操作,也有软件设计的部分,所以对嵌入式不熟悉的读者更需要认真地来对待这一"扬帆"的时刻。

本章节分为两个部分:一是和书的构建流程相关的 uboot,在 5.1～5.3 节;一是 5.4 节简化版本的引导程序制作过程。uboot 部分本章节只介绍和构建流程相关的知识内容,而 uboot 作为嵌入式知识的精华,读者有必要去深入认识和理解,通过互联网可以找得到太多它的故事。而 5.4 节简化版本的引导程序为 iBoot(iotaBoot-loader 的简称),它非常小,目的也非常明确,只为引导它所"期待"的内核。因此读者可以在做完 uboot 之后,把它当作一个饭后的"甜点"来消化理解,相信读者对引导程序及嵌入式开发会有更加深刻的认识。

第 6 章

舵手——Linux 内核的构建。

本章是本书的重点和难点。重点在于它的启动完成预示着所有的软硬件资源都由其管理,掌握"生杀大权"。难点在于 Linux 内核代码非常庞大,读者需要掌握学习内核的方法和进行知识储备。

本章节以构建流程为流水线,逐步讲解构建开发板上的资源的过程。本章节并没有对涉及的内核框架和驱动做详细说明,而是以穿针引线的方式针对性地讲解开发板上资源的构建过程。哪些是需要改动的,为什么改动,使得读者根据"舵手"的指引,完成本章对构建一个完整 Linux 系统的理解。

这一部分中的驱动移植的内容,如需彻底理解,可能需要读者具备驱动开发相关的知识。由于本书并不打算讲解 Linux 下的驱动开发,因此如果读者想彻底了解相关内容的话,可以自行学习 Linux 下驱动开发的相关书籍,IFL 嵌入式小组编著的《深入浅出嵌入式底层软件开发》是个不错的入口。

第 7 章

展翅翱翔的基石——根文件系统构建。

根文件系统总是在等待,等待其上能够出现的有趣应用。或者说强大的应用程序需要建立在一个稳定的基石上。本章节将展示作为基石的根文件系统的整个构建过程是怎样的。7.1 和 7.2 节分别对目前的文件系统做了一个简单介绍。7.3 节作为本章的重点,读者需要仔细认真地按照步骤来完成根文件系统的构建过程。7.4 节是根文件系统的一点小小的"追求"。我们移植了一些应用在它上面,以展示根文件系统已经移植成功,并且可以安装应用了。

第 8 章

梦想的实现——Qt 图形界面系统构建。

本章节将完成整个系统构建过程的最后一步,也是本次旅途的终点站。

作为一个美好的回忆,我们将会在此章节完成图形界面菜单在根文件系统上的构建过程，读者也可以基于这一系统来制作相关的图形界面应用程序了。8.1 节是对 Qt 的简介。8.2 节是本章的重点，介绍整个 Qt 图形界面程序构建的过程和部署。8.3 节之后是 Qt 应用程序的开发过程和调试部分。Qt 已经提供了众多的案例代码供学者学习，读者可以关注 8.4 节 gdbserver 的代码调试，很多嵌入式的调试环境也都是基于它的。

感　谢

本书由 IFL 嵌入式小组的杨铸、李奎负责编写。感谢 IFL 嵌入式小组的唐攀、孙夏玉不辞辛劳地提供了本书所用到的部分素材。正是整个 IFL 嵌入式小组的鼎力相助，才使得本书得以顺利完成。

感谢我的父母，是你们从小对我朴实无华的谆谆教导，在我心灵的深处种下了要勤奋学习、要努力工作、要懂得感恩的火种，你们给了我强大的精神鼓励和支持，使得本书得以顺利完成。对了，还有我可爱的小外甥——张和洋，希望你能健康成长，少玩电脑，少打游戏。

感谢北京航空航天大学出版社胡晓柏主任对本书的支持和关怀，正是他耐心的鼓励和支持，才使得本书在最短的时间内与读者见面。

感谢安博教育的成宝宗、柳斌、何桂忠、张亮、马林、马锋、王柱、刘志强、修宸、杨建光、马伯骊、丁晓峰、关东升、何凯霖、胡德昆、黄曼绮、江军、刘鹏、罗福强、罗佳、杨剑、杨菊英、张云和对本书的写作和出版提供的帮助。

感谢瞿庆松、罗鹏、张稷勇、刘升、党旭、李欢对本书的认真校对，并提出的修改意见。

感谢广州友善之臂科技有限公司以及北京铁匠铺科技有限公司提供的开发板，他们出品的开发板和相关资料质量很高，使得本书的写作有了一个很好的硬件平台。

最后，要感谢伟大的互联网，本书不少的素材都来源于互联网。正是由于互联网的普及，使得各种技术资料的获得和技术知识的交流变得非常容易，从而使得本书的创作事半功倍。

另外，由于版权问题，书中涉及的部分软件和资料不能收录在随书光盘中，请读者上网搜索自行下载，也可访问作者博客：http://user.qzone.qq.com/308337370，http://blog.csdn.net/ielife。作者提供相关内容的下载链接。

限于作者水平有限，书中难免有遗漏和不足之处，恳请广大读者批评指正。联系方式是 E-mail，杨铸：scyz@263.net，李奎：eabi010@gmail.com；并开通了 QQ 技术讨论群：47753328。

作者 2013 年于
北京昌平
成都少城公园
重庆西永微电园

目 录

第 1 章 嵌入式 Linux 系统开发综述 ……………………………………… 1
1.1 嵌入式 Linux 系统的发展现状 ……………………………………… 1
1.2 基于 ARM 处理器的 Linux 系统开发过程综述 …………………… 3
1.3 选择 mini2440 与 tq2440 开发平台的理由 ………………………… 5

第 2 章 嵌入式 Linux 开发环境的搭建 ………………………………… 7
2.1 嵌入式系统环境搭建 ………………………………………………… 7
2.1.1 为什么选择 Windows＋vm 虚拟机＋ubuntu 的开发方式 …… 7
2.1.2 主机环境安装 ……………………………………………………… 8
2.2 开发工具使用说明 …………………………………………………… 21
2.2.1 超级终端——minicom 的使用 ………………………………… 21
2.2.2 超级终端——SecureCRT 的使用 ……………………………… 22
2.2.3 设置虚拟机与主机通信 ………………………………………… 24
2.2.4 NFS 远程文件系统 ……………………………………………… 25
2.2.5 FTP 服务器软件配置 …………………………………………… 26
2.3 光盘目录结构说明 …………………………………………………… 27

第 3 章 体验嵌入式 Linux 系统之旅 …………………………………… 29
3.1 烧写引导程序到开发板 ……………………………………………… 29
3.1.1 使用 JTAG 接口烧写引导程序到开发板 ……………………… 29
3.1.2 使用 JLINK 接口烧写引导程序到开发板 ……………………… 34
3.1.3 测试引导程序是否正常 ………………………………………… 38
3.2 安装 USB 驱动与 dnw 软件 ………………………………………… 38
3.2.1 USB 驱动安装 …………………………………………………… 38
3.2.2 开发板 USB Slave 驱动安装 …………………………………… 39
3.3 使用 dnw 软件下载内核镜像到开发板 …………………………… 39
3.4 使用 dnw 软件下载根文件系统到开发板 ………………………… 40
3.5 运行测试 ……………………………………………………………… 40
3.5.1 系统执行流程分析 ……………………………………………… 41
3.5.2 测试图形界面程序 ……………………………………………… 43
3.6 小 结 ………………………………………………………………… 43

第4章 制作交叉编译工具链 ································ 44
4.1 交叉编译器的组成结构 ································ 44
4.1.1 arm-linux-gcc ································ 44
4.1.2 glibc ································ 45
4.1.3 binutils ································ 45
4.2 基于 crosstool 制作交叉编译工具链 ································ 46
4.2.1 获取 crosstool 源码和补丁文件 ································ 46
4.2.2 获取 crosstool 脚本需要的源代码文件 ································ 47
4.2.3 crosstool 脚本代码修改 ································ 47
4.2.4 编译安装及测试 ································ 48
4.3 源代码编译的制作方式 ································ 49
4.3.1 获取源码及工具 ································ 49
4.3.2 配置工作环境 ································ 50
4.3.3 配置编译安装 binutils ································ 51
4.3.4 配置编译安装无 abi 支持的 GCC ································ 51
4.3.5 编译 glibc 所需要的内核头文件 ································ 55
4.3.6 配置编译安装 glibc ································ 55
4.3.7 配置编译安装完整的 GCC ································ 57
4.3.8 测试编译成功的交叉编译工具链 ································ 59
4.3.9 使用新选项 sysroot 对交叉编译工具链进行完美化 ································ 60
4.4 基于 crosstool-ng 工具制作交叉编译工具链 ································ 61
4.4.1 获取 crosstool-ng 的源代码 ································ 62
4.4.2 获取 crosstool-ng 脚本需要的源代码文件 ································ 62
4.4.3 准备 crosstool-ng 的安装环境 ································ 62
4.4.4 安装 crosstool-ng ································ 63
4.4.5 配置编译的交叉编译工具链参数 ································ 63
4.4.6 编译交叉工具链 ································ 70
4.4.7 测试编译成功的交叉编译工具链 ································ 71
4.5 小 结 ································ 72

第5章 构建 BootLoader ································ 73
5.1 BootLoader 介绍 ································ 73
5.1.1 BootLoader 概述 ································ 73
5.1.2 BootLoader 的分类 ································ 77
5.2 多平台引导程序——U-Boot ································ 78
5.2.1 U-Boot 简述 ································ 78
5.2.2 U-Boot 的功能特性 ································ 79

5.2.3 U-Boot 目录结构 ·············· 79
5.3 U-Boot 的移植过程 ················ 80
  5.3.1 安装和使用源代码阅读工具 Source Insight ·············· 80
  5.3.2 U-Boot 的编译初步 ·············· 82
  5.3.3 分析 U-Boot 的第一阶段代码(cpu/arm920t/start.S) ·············· 83
  5.3.4 分析 U-Boot 的第二阶段代码 ·············· 88
  5.3.5 继续移植、编译 U-Boot ·············· 90
  5.3.6 U-Boot 常用命令使用简介 ·············· 94
  5.3.7 U-Boot 命令实现框架的分析 ·············· 98
  5.3.8 U-Boot 引导 Linux 操作系统的过程分析 ·············· 104
  5.3.9 让 U-Boot 支持从 USB slave 接口获得数据 ·············· 110
  5.3.10 让 U-Boot 支持读写 Yaffs 文件系统 ·············· 110
  5.3.11 增加 mtd 设备层支持 ·············· 112
  5.3.12 光盘中的补丁使用 ·············· 113
5.4 实战：制作小型的能够快速引导内核的 iBoot ·············· 113
  5.4.1 iBoot 简介 ·············· 113
  5.4.2 iBoot 源码目录结构及说明 ·············· 114
  5.4.3 iBoot 代码解释 ·············· 114
5.5 小 结 ·············· 138

第 6 章 构建嵌入式 Linux 内核 ·············· 139
6.1 Linux 内核简介 ·············· 139
6.2 Linux 内核版本历史 ·············· 140
6.3 Linux 内核源代码目录结构 ·············· 141
6.4 Linux 编译运行体验 ·············· 142
6.5 Kbuild——Linux 内核构造框架 ·············· 144
  6.5.1 内核 make 流程 ·············· 144
  6.5.2 Kbuild 简介 ·············· 145
  6.5.3 make %config 的实现过程 ·············· 145
  6.5.4 make menuconfig 配置解析 ·············· 147
  6.5.5 Kbuild 机制实现原理 ·············· 148
  6.5.6 Kconfig 语法 ·············· 149
  6.5.7 实战：添加 DM9000 网卡驱动 ·············· 153
  6.5.8 zImage 文件组成结构 ·············· 154
  6.5.9 uImage 和 zImage 的关系 ·············· 156
  6.5.10 zImage 在内存中的布局 ·············· 157
  6.5.11 内核的真实执行过程 ·············· 161

- 6.5.12 在移植中需要为开发板做哪些改动 …… 161
- 6.6 创建目标平台——my2440 …… 162
  - 6.6.1 基于三星 SMDK2440 创建目标平台 …… 162
  - 6.6.2 时钟源频率的更改 …… 165
  - 6.6.3 机器码的修改 …… 165
  - 6.6.4 运行测试 …… 166
- 6.7 Nand Flash 驱动的移植与分区更改 …… 169
  - 6.7.1 内核如何管理 Nand Flash …… 169
  - 6.7.2 更改 Nand Flash 的分区结构 …… 171
  - 6.7.3 配置内核支持 Nand Flash …… 172
  - 6.7.4 测试 Nand Flash 分区信息 …… 172
- 6.8 yaffs2 文件系统移植 …… 173
  - 6.8.1 yaffs2 文件系统说明 …… 173
  - 6.8.2 获得 yaffs2 文件系统的内核补丁 …… 177
  - 6.8.3 配置内核支持 yaffs2 文件系统 …… 177
  - 6.8.4 测试 yaffs2 文件系统 …… 180
- 6.9 网卡设备的移植——DM9000 …… 181
  - 6.9.1 内核中网卡的移植方法 …… 181
  - 6.9.2 DM9000 网卡芯片特性 …… 182
  - 6.9.3 DM9000 网卡移植过程 …… 182
  - 6.9.4 配置内核支持 DM9000 网卡驱动 …… 190
  - 6.9.5 测试 DM9000 网卡设备工作状态 …… 191
- 6.10 显示设备 LCD 的移植 …… 192
  - 6.10.1 显示屏简介 …… 192
  - 6.10.2 2440LCD 控制器 …… 192
  - 6.10.3 内核中的 frame buffer 显示框架 …… 197
  - 6.10.4 设置 LCD 在内核中的硬件资源 …… 200
  - 6.10.5 增加各种 LCD 设备类型的支持 …… 205
  - 6.10.6 配置内核支持 LCD 平台设备驱动 …… 208
  - 6.10.7 测试 LCD 在开发板上的运行情况 …… 209
- 6.11 修改 Linux 内核的 Logo 信息 …… 209
  - 6.11.1 Linux Logo 显示流程 …… 209
  - 6.11.2 使用工具制作 Logo …… 210
  - 6.11.3 去除屏幕上显示的光标 …… 211
- 6.12 UDA1341 音频设备移植 …… 212
  - 6.12.1 数字音频处理简介 …… 212

- 6.12.2 Linux 音频驱动框架 212
- 6.12.3 UDA1341 与 S3C2440 硬件接口说明 213
- 6.12.4 S3C2410-UDA1341 驱动主要结构 215
- 6.12.5 移植 UDA1341 驱动 217
- 6.12.6 UDA1341 音频测试 219
- 6.13 SD 卡设备移植 220
  - 6.13.1 SD 卡简介 220
  - 6.13.2 MMC/SD 卡 SDIO 接口与 S3C2440 硬件接口 220
  - 6.13.3 Linux 内核 MMC/SD 驱动程序框架 222
  - 6.13.4 移植 MMC/SD 卡驱动 222
  - 6.13.5 测试 SD 卡 224
- 6.14 触摸屏设备驱动移植 225
  - 6.14.1 触摸屏硬件接口说明 225
  - 6.14.2 内核 input 子系统 226
  - 6.14.3 配置内核支持触摸屏设备 227
  - 6.14.4 测试触摸屏 232
- 6.15 LED 设备移植 233
  - 6.15.1 LED 硬件接口 233
  - 6.15.2 Linux 的杂项(misc)设备 233
  - 6.15.3 移植 LED 设备驱动 238
  - 6.15.4 配置内核支持 LED 设备 242
  - 6.15.5 测试 LED 设备 242
- 6.16 用户按键设备移植 242
  - 6.16.1 按键的硬件接口 242
  - 6.16.2 移植按键设备驱动 244
  - 6.16.3 配置内核支持 my2440 按键 248
  - 6.16.4 测试按键 249
- 6.17 看门狗设备移植 249
  - 6.17.1 看门狗工作原理 249
  - 6.17.2 配置内核支持看门狗设备 250
  - 6.17.3 测试看门狗 251
- 6.18 内核中其余部分的移植步骤 252
  - 6.18.1 PWM 蜂鸣器移植 252
  - 6.18.2 RTC 实时时钟移植 253
  - 6.18.3 USB 设备移植 254
  - 6.18.4 其他必选项 256

6.19 利用光盘补丁制作内核镜像 ………………………………………… 257
6.20 小 结 ………………………………………………………………… 257

第7章 构建嵌入式 Linux 文件系统 …………………………………… 259

7.1 嵌入式 Linux 文件系统简介 …………………………………………… 259
 7.1.1 嵌入式文件系统概述 ……………………………………………… 259
 7.1.2 MTD 设备与 Flash 文件系统简介 ………………………………… 259

7.2 嵌入式 Linux 常用的文件系统 ………………………………………… 261
 7.2.1 ramfs 文件系统 …………………………………………………… 261
 7.2.2 tmpfs 文件系统 …………………………………………………… 261
 7.2.3 romfs 文件系统 …………………………………………………… 263
 7.2.4 cramfs 文件系统 ………………………………………………… 264
 7.2.5 jffs2 文件系统 …………………………………………………… 264
 7.2.6 yaffs 文件系统 …………………………………………………… 265
 7.2.7 ubi 文件系统 ……………………………………………………… 265

7.3 详解制作根文件系统 …………………………………………………… 266
 7.3.1 FHS 标准介绍 ……………………………………………………… 266
 7.3.2 编译安装 busybox,生成/bin、/sbin、/usr/bin、/usr/sbin 目录 …… 267
 7.3.3 利用交叉编译工具链构建/lib 目录 ………………………………… 268
 7.3.4 手工构建/etc 目录 ………………………………………………… 271
 7.3.5 手工构建最简化的/dev 目录 ……………………………………… 272
 7.3.6 使用启动脚本完成/proc、/sys、/dev、/tmp、/var 等目录的完整构建 … 274
 7.3.7 制作根文件系统的 jffs2 镜像文件 ………………………………… 279
 7.3.8 制作根文件系统的 yaffs2 镜像文件 ……………………………… 279
 7.3.9 使用 U-Boot 的 nfs 命令挂载远程文件系统 ……………………… 290
 7.3.10 使用 dnw 工具烧写到开发板测试 ……………………………… 290

7.4 构建嵌入式 Linux 应用程序系统 ……………………………………… 291
 7.4.1 辅助处理工具的移植 ……………………………………………… 291
 7.4.2 mp3 播放器 madplay 的移植 …………………………………… 295
 7.4.3 主要网络服务器的移植与使用 …………………………………… 298
 7.4.4 数据库程序的移植与使用 ………………………………………… 304

7.5 小 结 ………………………………………………………………… 307

第8章 构建 Qt 图形系统 ………………………………………………… 309

8.1 Qt 系统简介 …………………………………………………………… 309
 8.1.1 Qt 的分类和发展 ………………………………………………… 310
 8.1.2 Qt 的应用领域 …………………………………………………… 311

- 8.1.3 Qt 的资源获取 ………………………………………… 312
- 8.1.4 Qt 的环境搭建 ………………………………………… 312
- 8.1.5 Qt Creator IDE 开发环境 …………………………… 313
- 8.1.6 Qt Designer 工具开发 GUI 图形应用 …………… 315
- 8.2 配置目标机环境 …………………………………………………… 316
  - 8.2.1 编译 tslib 库 …………………………………………… 316
  - 8.2.2 编译 Qt 源码 …………………………………………… 317
  - 8.2.3 配置目标机的 Qt 运行环境 ………………………… 320
  - 8.2.4 制作 Qt 根文件系统 ………………………………… 322
  - 8.2.5 测试运行触摸屏和 Qt 程序 ………………………… 326
  - 8.2.6 Qt 运行时的段错误问题解决 ……………………… 326
  - 8.2.7 解决黑屏问题 ………………………………………… 332
- 8.3 Qt 应用程序开发指南 …………………………………………… 333
  - 8.3.1 建立工程 ……………………………………………… 333
  - 8.3.2 如何使用信号与槽 …………………………………… 337
  - 8.3.3 移植 Qt 程序到开发板中运行 ……………………… 338
- 8.4 gdb/gdbserver 远程代码调试 …………………………………… 340
  - 8.4.1 gdb/gdbserver 远程调试介绍 ……………………… 340
  - 8.4.2 gdb 源代码的下载和编译 …………………………… 340
  - 8.4.3 gdb 远程调试命令 …………………………………… 341
  - 8.4.4 gdb/gdbserver 远程调试应用程序实例 …………… 342
- 8.5 Qt 的快速有效开发 ……………………………………………… 345
  - 8.5.1 Qt 最新特性说明 ……………………………………… 345
  - 8.5.2 Qt Quick(QML)使用 ………………………………… 348
  - 8.5.3 Qt 移动开发 …………………………………………… 353
  - 8.5.4 让 Android 系统支持 Qt 应用程序 ………………… 353
- 8.6 小 结 ……………………………………………………………… 354
- 参考文献 ………………………………………………………………… 355
- 后 记 …………………………………………………………………… 356

第 1 章
嵌入式 Linux 系统开发综述

1.1 嵌入式 Linux 系统的发展现状

Linux 诞生至今已有 20 年,从最早的 0.01 版本上升到目前 3.0 版本。Linux 项目的创始人 Linus Torvalds 也在 2012 年获得了全球科技最高荣誉奖——2012 年千禧年科技奖。该奖用于奖励在科学领域和 IT 界有重大贡献的人物,被誉为"工程界的诺贝尔奖"。

Linux 受到高度的肯定和重视,与它秉承的开源特性和市场实用性强的特点是分不开的。在如今,Linux 在手机、电脑、机器人上的卓越表现足以证明它在 IT 领域所发挥的领袖气质。以下从发展火热的领域对 Linux 系统的发展现状做出说明。

1. 移动消费领域发展现状

互联网高速的发展,特别是移动互联网时代的发展带动了嵌入式系统的火热竞争,表 1-1 列出欧洲国家 2012 年操作系统的市场占有率。

表 1-1 欧洲国家 2012 年操作系统的市场占有率

国 家	操作系统	2011-05-15(%)	2012-05-15(%)	改 变(%)
英 国	Symbian	10.0	1.7	-8.3
	RIM	20.6	12.8	-7.8
	iOS	16.6	29.0	12.4
	WP7	1.1	3.1	2.0
	WinMobile	1.5	0.4	-1.1
	Android	48.3	52.5	4.2
	Bada	1.6	0.1	-1.5
	Other	0.2	0.4	0.2

续表 1-1

国家	操作系统	2011-05-15(%)	2012-05-15(%)	改变(%)
德国	Symbian	27.4	5.7	-21.7
	RIM	4.8	1.7	-3.1
	iOS	17.1	18.2	1.1
	WP7	5.1	3.7	-1.4
	WinMobile	0.9	0.5	-0.4
	Android	37.3	68.6	31.3
	Bada	6.4	0.8	-5.6
	Other	1	0.8	-0.2
法国	Symbian	18.2	5.3	-12.9
	RIM	12.2	8.8	-3.4
	iOS	21.3	16.2	-5.1
	WP7	1.6	3.2	1.6
	WinMobile	1.2	0.2	-1.0
	Android	36.2	56.0	19.8
	Bada	8.5	9.2	0.7
	Other	0.8	1.2	0.4

从以上移动手机领域不难发现，底层使用 Linux 操作系统的 Android 系统已经占据到了 50% 以上的市场份额。

而对于国内来说更是如此，特别是嵌入式应用在国内发展的火热，使得 Linux 被应用到了更多领域，不再仅仅是作为服务器而被人熟知。

2. 操作系统的演化和发展

目前在 PC 领域受关注的系统包括微软的 Windows 系列、苹果公司的 Mac OS 以及 Linux 的桌面版（Red Hat、ubuntu、Fedora）等等。从普及度来看，很明显是微软占据主导地位，然而这只是对于用户而言，在服务器上，还是 Linux 系统使用居多。

然而，据最新数据统计，2012 年的移动终端的销售量已经超过了 PC 产业，而且发展势头迅猛。不难猜测多元化的嵌入式市场对操作系统的稳定性、高效性、安全性、适用性以及功耗、成本考虑会比 PC 更加严格，因此 Linux 的开源与成熟度逐渐被人们认可，广泛地应用在了嵌入式市场，并且占据着重要的地位。

在智能终端中，Android（Linux）、iOS、Symbian、Windows Phone7、Windows Phone8、Blackberry、WinCE、WebOS、Meego、Bada、Tizen 等系统是目前使用率较多的，而其中主导系统为 Android、iOS，其中 Android 系统使用了开源的 Linux。对于学习来说，开源的 Linux 系统无疑是最合适的选择。

3. ARM 处理器的广泛应用

可以毫不夸张地说，ARM 处理器已经统领了嵌入式市场，几乎占据了智能产品市场的 90%,其中通信设备、消费类电子、智能家电、工业控制、汽车导航、医疗设备占据了 ARM 总使用率的 60% 以上。

伴随着 3G 互联网的发展,嵌入式技术的进步,智能产品的发展在以更快的速度融入我们的生活。而中国政府也在大力推广物联网。那么在智能领域、电子传感领域、无线通信领域等都将更多地依赖基于 ARM 的嵌入式系统的技术,而 ARM 公司也针对这一特点,开发了 Cortex - A、Cortex - R 和 Cortex - M 系列分别适用于这些领域。有了成熟的 ARM 硬件和开源稳定的 Linux 操作系统,基于 ARM 处理器的 Linux 系统开发也逐渐成为了一门学科,在各大高校成立了专门的专业,嵌入式这个名词也被更多的人所熟知。

1.2 基于 ARM 处理器的 Linux 系统开发过程综述

嵌入式系统是以应用为中心,以计算机技术为基础,且软硬件可裁减,适合于应用系统对功能、可靠性、成本、体积、功耗有严格要求的专用计算机系统。它一般由以下几部分组成:

- 嵌入式微处理器;
- 外围硬件设备;
- 嵌入式操作系统;
- 特定的应用程序。

基于 ARM 的 Linux 系统属于嵌入式系统。本书使用的处理器为 ARM9 核心的 S3C2440 处理器,整个硬件系统的框架结构如图 1-1 所示。

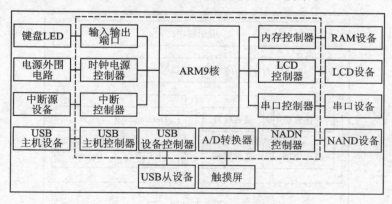

图 1-1 嵌入式硬件框架基本结构

其中 ARM9 核与片上的外设控制器组成了 S3C2440 CPU 芯片,并通过控制器连接外围接口设备。软件开发者通过向 ARM9 核发送指令(能被 ARM9 识别的机器代码),操作设备控制器的命令、数据、状态寄存器,从而达到控制硬件工作的目的。其中的控制方法:一是要去查看 S3C2440 提供的寄存器功能;二是对于复杂的硬件外设，还要查看硬件芯片的通信协议和电路时序。通信协议可以简单地认为是数据、地址、命令传输的硬件要求；电路时序可以简单地认为是电路状态变化所需要的反应时间或维持电路状态的保持时间，这也是对硬件操作最基本的认知。

嵌入式操作系统是嵌入式应用软件的基础和开发平台。嵌入式操作系统的出现，解决了嵌入式软件开发标准化的难题。嵌入式操作系统具有操作系统的最基本的功能：

- 进程调度；
- 内存管理；
- 设备管理；
- 文件管理；
- 操作系统接口（API 调用）。

嵌入式操作系统还具有其自身的一些特点：

- 系统可裁减、可配置；
- 系统具备网络支持功能；
- 系统具有一定的实时性。

当设计一个简单的应用程序时，可以不使用操作系统，但是当设计较复杂的程序时，可能就需要一个操作系统（OS）来管理和控制内存、多任务、周边资源等。依据系统所提供的程序界面来编写应用程序，可以大大地减少应用程序员的负担。

对于使用操作系统的嵌入式系统来说，嵌入式系统的软件结构一般包含 4 个层面：设备驱动层、操作系统、应用程序接口（API）层、实际应用程序层，如图 1-2 所示。由于硬件电路的可裁减性和嵌入式系统本身的特点，其软件部分也是可裁减的。

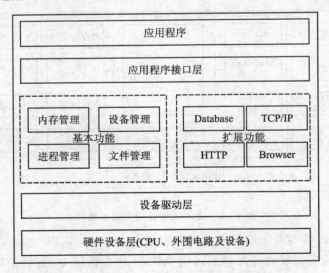

图 1-2　嵌入式系统整体框架结构

第1章 嵌入式 Linux 系统开发综述

基于 ARM 处理器的 Linux 系统开发过程包括以下 4 个方面：
- BootLoader 开发（初始化基本硬件，装载操作系统运行）；
- 裁剪移植 Linux 内核（初始化设备及驱动程序）；
- 文件系统的制作（被 Linux 内核挂载，并提供应用程序接口及基本应用程序）；
- 应用程序的开发（应用程序、服务程序、图形界面程序等）。

在开发过程中，还需要使用一些工具，我们把这些工具分为两类：系统类、工具类。

系统类包括：
- BootLoader：U-Boot(或 vivi)；
- 内核(Linux 源代码)；
- 根文件系统(yaffs、jffs2、cramfs、ramdisk…)；
- 系统应用程序(web server、madplayer…)；
- 图形界面系统(Qt、MINIGUI、Android…)。

工具类包括：
- 交叉编译工具链(arm-linux-gcc)；
- 代码分析及编辑软件(Source insight、SecureCRT…)；
- 嵌入式远程调试工具(gdb/gdbserver)；
- 图形界面开发工具(Qt Creator、eclipse…)。

本书包含的主要知识点以及使用到的上述内容如下：
- arm-linux-gcc3.4.5（为开发板制作的编译器，它的制作方法在第 4 章）；
- U-Boot-1.1.6（第 5 章介绍引导程序制作）；
- Linux-2.6.22.6（第 6 章介绍 Linux 内核的裁剪与移植）；
- madplayer、busybox1.13（第 7 章介绍根文件系统的制作）；
- Qt4.7（第 8 章介绍应用程序、图形界面开发）；
- source insight、secureCRT…（开发过程中使用到的工具在后续章节中都有介绍）。

1.3 选择 mini2440 与 tq2440 开发平台的理由

本书中硬件设备的选择为 mini2440 和 tq2440。主要出于以下两个方面的考虑：

1. 节约成本

嵌入式包括硬件和软件，对于硬件来说 S3C2440 已经公开了芯片各个引脚的含义，并且这款三星处理器也对应有 smdk 系列的开发板电路作为参考，制作硬件电路板就会比较容易。软件方面对于学习更重要的是，在学习的过程中能够进行模拟调试，有一款很容易获得的软件叫做 ADS1.2，它最大支持到 ARM10，因此使用

ADS1.2软件进行模拟仿真调试将在很大程度上节约开发成本。更高ARM版本的编译器支持有RealView出品的RVCT编译器和我们使用的GNU GCC编译器。

2. 资料丰富，节约时间

S3C2440的开发板已经很成熟，在网络上可以找到大量的资料来辅助学习和开发。而对于新的体系，例如Cortex系列的ARMv7体系结构的处理器和开发板，目前只有三星公开的S5PC系列的开发板具有比较完善的资源，其他的网上的资料以及书本资料相对匮乏，对于初学者而言，掌握知识相对耗费更多的时间和精力。由于原理的相通性，读者可以先选择学习S3C2440来掌握嵌入式ARM的开发技术，然后再看其他版本的或是更加复杂的体系结构时，就会容易上手。

第 2 章
嵌入式 Linux 开发环境的搭建

2.1 嵌入式系统环境搭建

2.1.1 为什么选择 Windows＋vm 虚拟机＋ubuntu 的开发方式

为了能够方便地构建嵌入式 Linux 的软件系统,首先需要搭建一个开发环境。这里我们的 PC 机选择 Windows xp,在此基础上安装一个虚拟机系统——ubuntu10.04 来开发嵌入式 Linux 软件,ubuntu10.04 虚拟机系统通过 vmware workstation 软件来启动和运行。为什么选择这样的一种组合,下面通过 3 个方面来说明。

1. 工具软件使用的局限性——为什么选择 Windows

在整个嵌入式 Linux 系统的开发过程中,我们需要使用源代码查看编辑工具、开发板的烧写工具、终端调试软件,而在 Linux 系统中,这些软件虽然也有,但是没有 Windows 系统的全面和好用。比如说:Source Insight 代码查看编辑工具是 Windows 下的,非常好用;H-JTAG 和 JLINK 工具,以及 ADS1.2 也是 Windows 下面的工具,方便调试、烧写、仿真嵌入式 Linux 程序的开发。

可能会有读者使用的系统是 Win 7 系统,而且是 64 位系统,注意在开发过程中,需要关闭某些杀毒软件和系统防火墙,否则部分软件无法正常运行,因为杀毒软件和系统防火墙限制了部分软件的功能,例如 ADS1.2。

2. 安装和移植的便携性——为什么选择 vmware 虚拟机软件

开发嵌入式 Linux 程序,必须使用 Linux 系统作为开发环境,因此必须在 Windows 系统基础上安装 Linux 系统。由于目前无法同时在一台 PC 上同时运行两个系统,所以我们需要在 Windows 上面通过虚拟机软件模拟 Linux 系统,即可达到一个 PC 机同时运行 Windows 系统和 Linux 系统。作为在虚拟机软件中运行的 Linux

系统，其实是以文件的形式存放在 Windows 系统中的。假设我们更换了 PC 机，只需要把 Windows 系统中存放的 Linux 系统的文件复制到新的 PC 上即可无差别地使用 Linux 系统了。

在这里，虚拟机软件有两种选择，一种是 virtualbox 软件，另一种是 vmware 软件。virtualbox 是开源的且小巧，但这里我们选择 vmware，原因是 vmware 在使用过程中效率、功能和稳定性方面会更好一点。

3. ubuntu 便于升级和安装软件——为什么选择 ubuntu 桌面系统

目前比较有名气的 Linux 桌面发行版有 ubuntu、redhat、fedora 等，这里我们选择 ubuntu 作为我们的 Linux 虚拟机系统，最主要的原因是安装软件方便。在这个互联网学习的时代，你会发现原来装一个软件只要使用 apt-get 命令就可以了，大大减少了去找网站下载软件的时间。

但是使用 ubuntu 需要注意的一点是，目前 ubuntu10.04 以下的版本，即 ubuntu9.10 以下的版本官方已经取消了软件源的维护，因此本书所采用 ubuntu 的版本为 ubuntu10.04，以保证能够正常地下载开发过程中所需要的软件。

2.1.2 主机环境安装

本书基于 ubuntu10.04 进行开发，它是一个容易安装和使用的 Linux 发行版，光盘映像文件可以自由从互联网上获得，在配套光盘中提供了该文件。

```
\software\ubuntu-10.04.4-desktop-i386.iso
```

下面介绍在 windows 系统中通过 vmware 来安装 ubuntu 的方法。

特别说明：本书在虚拟机中使用 2 个硬盘，40G 的硬盘用于挂载 root 分区（/）并制作 snapshot，这样可以在系统损坏时，快速地一键恢复；80G 硬盘用于挂载 work 分区（/work），并设置为不受 snapshot 影响的独立硬盘，以后将在这个分区上编辑、编译软件，这样可以避免当系统出错后使用 snapshot 恢复时，破坏/work 目录下的学习成果。

请按照如下的一系列操作建立虚拟机。

1. 在 Windows 上安装 vmware workstation 7.0 软件

该软件可以从 wmware 的官方网站 http://www.vmware.com 下载。

2. 启动 vmware，新建客户虚拟机。选择 File→New→Virtual Machine（具体步骤参见图 2-1~图 2-20）

（1）在 PC 机连通互联网的情况下，图 2-1 选择虚拟机与主机的互联方式为 NAT，使得虚拟机可以通过 PC 主机连通互联网。

（2）图 2-13 中选择"Split disk into 2GB files"，表示使用多个小于 2GB 的文件来表示一个很大的硬盘。如果 Windows 的硬盘格式为 FAT32，请务必选择此选项，

第 2 章　嵌入式 Linux 开发环境的搭建

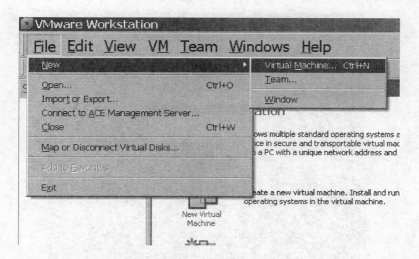

图 2－1　选择新建虚拟机

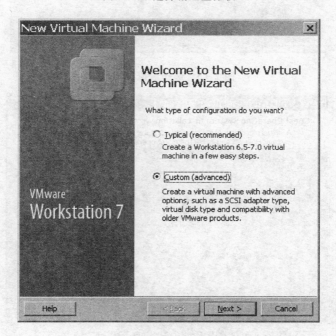

图 2－2　选择定制虚拟机

因为 FAT32 支持的最大文件大小为 4 GB，否则虚拟机将无法启动；如果是 NTFS 格式，就无需选择这个选项。

（3）图 2－16 中选择"Edit virtual machine settings"，可以增减、修改虚拟机的设备。

（4）图 2－18 用于新增第 2 个硬盘，大小 80G，用于将来挂载 work 分区。

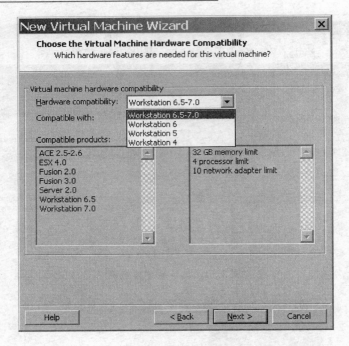

图 2-3 选择虚拟机版本

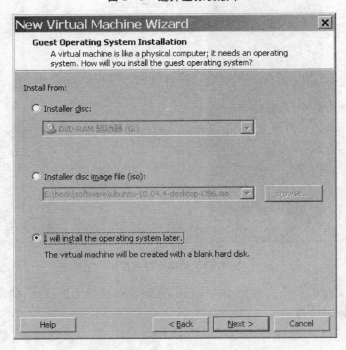

图 2-4 选择虚拟机安装操作系统方式

第 2 章　嵌入式 Linux 开发环境的搭建

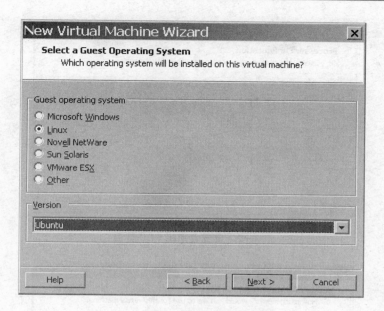

图 2-5　选择虚拟机操作系统

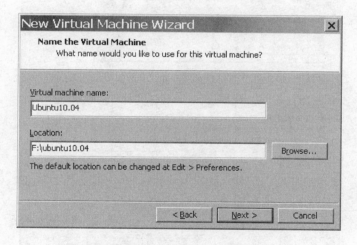

图 2-6　设置虚拟机名字及存储位置

（5）图 2-19 设置新增的硬盘不受 snapshot 影响，即该硬盘上修改的内容不会被一键恢复。

（6）图 2-20 设置虚拟机使用光盘映像文件，这相当于将 ubuntu 的安装光盘插入了虚拟机的光驱。请务必确保"connect at power on"选项被选中，这样当虚拟机启动时就能够从光盘启动，以便可以安装 Linux 操作系统。

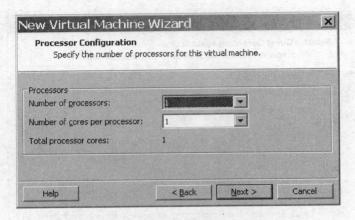

图 2-7 设置虚拟机 CPU 数目

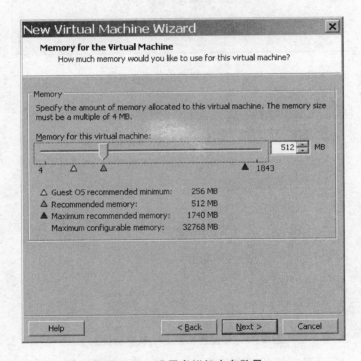

图 2-8 设置虚拟机内存数量

3. 在虚拟机上安装 Linux 操作系统 ubuntu10.04

本书使用 ubuntu10.04 的光盘映像文件 ubuntu-10.04.4-desktop-i386.iso 进行安装。下面介绍关键步骤，其他步骤可以参见安装时出现的说明。

（1）单击 vmware7.0 的主菜单：VM→power→power on，启动虚拟机。此时虚拟机会从 ubuntu10.04 的安装光盘启动，进入安装 ubuntu 的界面。

第 2 章　嵌入式 Linux 开发环境的搭建

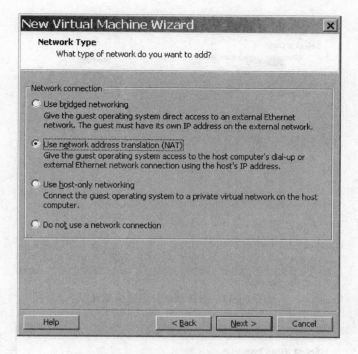

图 2-9　指定虚拟机同主机互联的方式

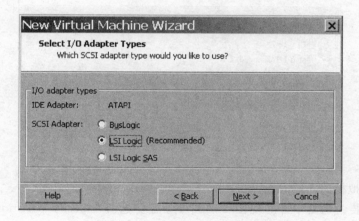

图 2-10　指定虚拟机硬盘控制器类型

（2）在图 2-21 中使用键盘选择"安装 Ubuntu 10.04 LTS"，会进入 ubuntu 的时区和键盘布局选择界面，选择中国（上海）和默认键盘布局（USA）就可以，然后单击"前进"。

特别说明：此时鼠标和键盘被虚拟机接管，你将无法操作 Windows 主机。如想从虚拟机退出到 Windows 主机，按"ctrl＋alt"即可；之后如想重新操控虚拟机，请用

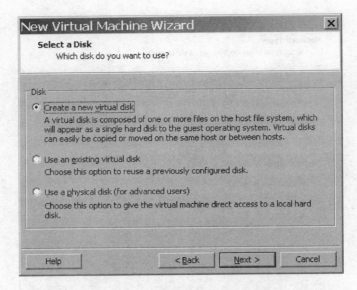

图 2-11 选择创建新的虚拟硬盘

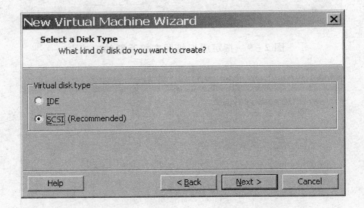

图 2-12 选择硬盘类型

鼠标单击虚拟机的安装界面。

(3) 安装过程中,当出现图 2-22 时,需要选择"specify partitions manually (advanced)"选项,以便手动对 2 个硬盘进行分区。

(4) 在分区界面中,将第 1 个硬盘(/dev/sda)分为 2 个区,/dev/sda1 分区大小 38G,挂载 root 目录(/),文件系统为 ext4;/dev/sda2 分区大小 2G,挂载交换分区 (swap)。将第 2 个硬盘(/dev/sdb)划分为 1 个分区(/dev/sdb1),大小 80G,挂载/work 目录,文件系统为 ext4。分区如图 2-23 所示。

特别说明:

● 在 Linux 操作系统中,对于 SCSI 磁盘,用 sd*来表示,第 1 个磁盘 x 为 a,第

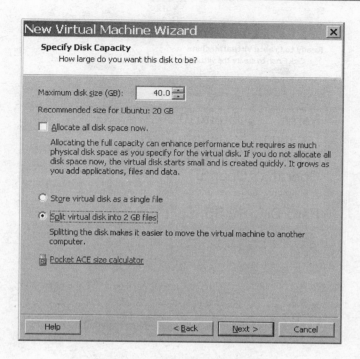

图 2-13 指定虚拟硬盘容量

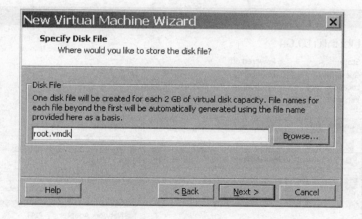

图 2-14 设置虚拟硬盘文件的名字(在 Windows 下将新
建一个文件来表示这个虚拟硬盘)

2 个磁盘 x 为 b,依次类推;
- 磁盘上的第 1 个分区编号为 1,第 2 个分区编号为 2,依次类推;
- ext4 文件系统是 Linux 在 PC 机上最常用的硬盘文件系统,在嵌入式设备上则常用 jffs2 文件系统和 yaffs2 文件系统;

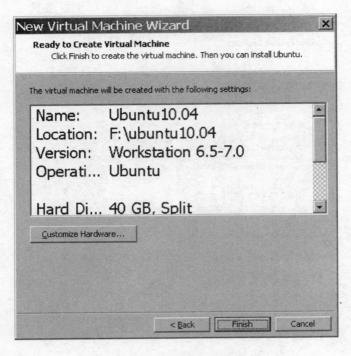

图 2-15　虚拟机设置总结

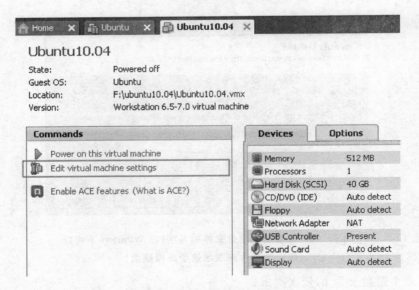

图 2-16　修改虚拟机属性

- swap 分区,用于 Linux 在运行期间的虚拟内存使用,其作用类似 Windows 中的交换文件 pagefile.sys。

第 2 章　嵌入式 Linux 开发环境的搭建

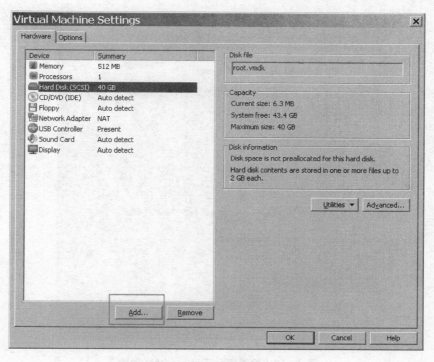

图 2-17　增加新硬件

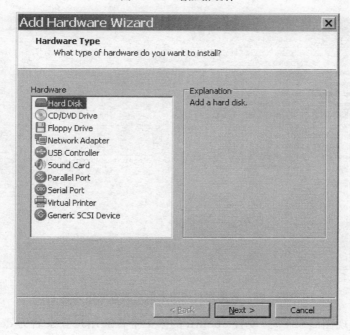

图 2-18　选择增加新硬盘

图 2-19　设置硬盘不受 snapshot 影响

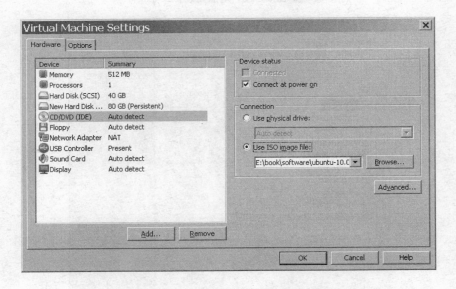

图 2-20　在虚拟机光驱上使用光盘映像文件

（5）当出现图 2-24 时，设置 ubuntu 的第 1 个普通用户登录名为 dennis，密码为 123456。用户 dennis 将成为使用 ubuntu 操作系统的主要用户。

第 2 章 嵌入式 Linux 开发环境的搭建

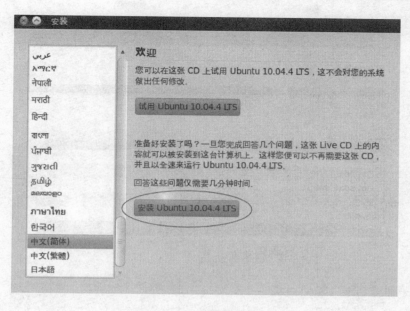

图 2-21 选择安装 ubuntu

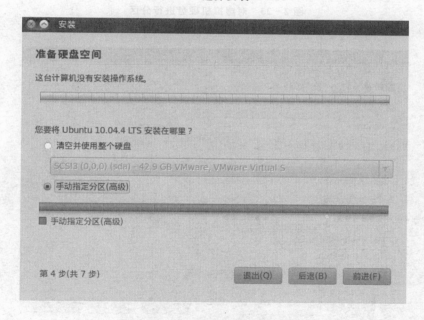

图 2-22 指定手动对硬盘进行分区

(6) 安装完成后,请务必在图 2-20 中去掉"Connect at power on"选项,以便使得虚拟机重启后从硬盘启动,而不是从光盘启动。

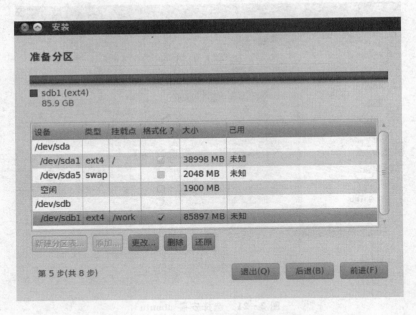

图 2-23　对虚拟机硬盘进行分区

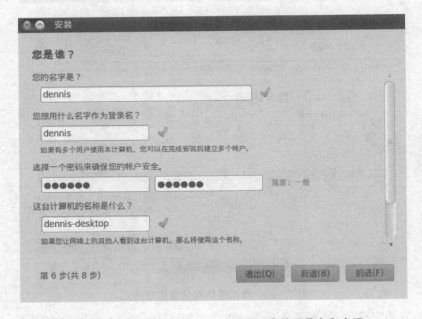

图 2-24　设置 ubuntu 中第 1 个普通用户的登录名和密码

第 2 章　嵌入式 Linux 开发环境的搭建

2.2　开发工具使用说明

2.2.1　超级终端——minicom 的使用

minicom 是 Linux 中的一个命令,在 ubuntu10.04 安装之后,minicom 并没有在系统中,我们需要下载,下载方式如下(保证接入因特网)。

1. 下载 minicom 工具

```
sudo apt-get install minicom
```

2. 修改 minicom 配置

首先执行命令修改 minicom 的配置权限,如下:

```
sudo chown dennis:root /etc/minicom/minirc.dfl
```

其次,在命令行输入 minicom -s,对 minicom 进行配置。

选择 Serial port setup,此时光标在"Change which setting"中,键入"A",此时光标移到第 A 项对应处:串口 COM1 对应 ttyS0,COM2 对应 ttyS1,如果是 USB 转串口则是 ttyUSB0。具体的配置信息如下:

```
                    Serial port setup [Enter]
+-------------------------------------------------+
| A -     Serial Device        : /dev/ttyUSB0     |
| B - Lockfile Location        : /var/lock        |
| C -     Callin Program       :                  |
| D - Callout Program          :                  |
| E -     Bps/Par/Bits         : 115200 8N1       |
| F - Hardware Flow Control    : No               |
| G - Software Flow Control    : No               |
|                                                 |
|     Change which setting                        |
+-------------------------------------------------+
```

波特率通过键入"E"来设置,波特率选为 115200 8N1(奇偶校验无,停止位 1),硬/软件流控制分别键入"F"、"G"并且都选 NO。在确认配置正确之后,可键入回车返回上级配置界面,并将其保存为默认配置(即 save setup as dfl)。之后重启 minicom 使刚才的配置生效。在连上开发板的串口线后,就可在 minicom 中打印正确的串口信息了。

3. 配置虚拟机 COM 口(若台式机上内置串口,执行此步)

打开虚拟机,不进入 ubuntu,选择 VM→Settings→Hardware→Add→Serial

Port,选择 PC 机上连接的串口单击 OK 确定。

4. 虚拟机中连接 COM 口(若笔记本电脑不内置串口,在笔记本电脑上安装 USB 转串口的设备后,执行此步)

当开发板的串口接入 PC 机的串口之后,单击 VM→Removable Devices→Prolific USB-Serial Controller→Connecttion,使得串口设备接入到虚拟机系统中。

5. 确认设备识别

在虚拟机系统中输入命令 dmesg | grep ttyUSB0,如果有显示,说明串口连接正常(这里是以 USB 转串口所做的实验,所以是 grep ttyUSB0;如果是 COM1,则应该是 grep ttyS0)。

6. 测试串口设备输入输出

启动开发板,执行命令 minicom,就可以通过 minicom 终端操作开发板了。从终端退出可以通过按"Ctrl+A",然后放开,再按下"Z"键进入菜单,选择"Q"退出终端界面,回到 shell 命令行。

2.2.2 超级终端——SecureCRT 的使用

SecureCRT 是 Windows 下非常好用的一个远程连接软件,支持 serial、ssh、telnet 等多种协议,在开发嵌入式 Linux 系统的过程中,我们会用到它的串口和 SSH 功能。通过 SecureCRT 的串口功能连接开发板,SSH 功能连接虚拟机 Linux 系统。

1. SecureCRT 做串口软件使用

SecureCRT 的串口功能和 minicom 的功能一样,也需要在连接前进行设置。如图 2-25 所示,需要设置端口为 COM*,如果不能确定 COM 后面的数字,可以在连接串口之后,右键单击桌面上的"我的电脑"→"管理"→"设备管理器"→"端口(COM 和 LPT)"一项,会显示当前被系统设置的 COM 设备名称。同样的方式设置波特率为 115200,数据位 8,无奇偶校验,停止位 1,流控不做选择。

2. SecureCRT 通过 SSH 服务连接远程服务器

这个功能被诸多公司广泛使用。我们可以通过设置这个软件,来登录远程主机。这里我们使用它登录虚拟机,这样就可以在 Windows 下面来执行 shell 命令,控制 ubuntu 虚拟机里面的软件编写和编译了。设置如图 2-26 所示。

(1) 协议选择 SSH2。

(2) 主机名设置为你要登录的服务器主机的 IP 地址。

(3) 用户名为服务器上的登录系统的用户,如果登录本书中的 ubuntu,用户名为 dennis。

(4) 防火墙不需要设置。

第 2 章 嵌入式 Linux 开发环境的搭建

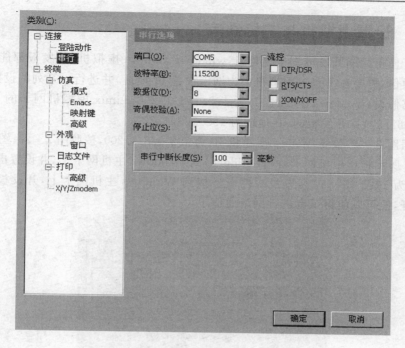

图 2-25 SecureCRT 串口属性设置

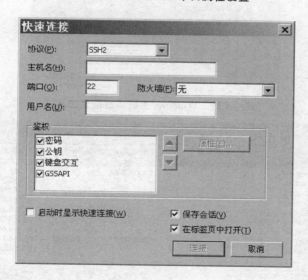

图 2-26 设置 SecureCRT 使用 SSH 远程登录

(5) 以上步骤设置好后单击"连接",在弹出的菜单中选择用户名对应的密码,本书的密码为"123456"。

做好以上几步,便可以通过此软件远程登录到 ubuntu 虚拟机系统,注意虚拟机和主机需要能够连通,否则无法连接。

2.2.3 设置虚拟机与主机通信

为了使得后期开发过程中能够让 windows、ubuntu 虚拟机、开发板都能通过网络相互通信，需要在 Linux 虚拟机中为网卡设置 IP 地址，并进行一系列的设置。

本书假设：windows 主机的 IP 为 192.168.1.200，Linux 虚拟机网卡的 IP 地址为 192.168.1.11，开发板的 IP 地址为 192.168.1.222。

按照图 2-27 设置 Windows 主机 IP 为 192.168.1.200，按照图 2-28、图 2-29、图 2-30 所示将虚拟机网卡桥接（bridged）到 Windows 主机网卡上，并设置虚拟机网卡的 IP 为 192.168.1.11，开发板网卡连接到 Windows 主机网卡上，开发板的网络功能打开，便可以使得三者进行网络通信了。

图 2-27 Windows 主机网络配置工具

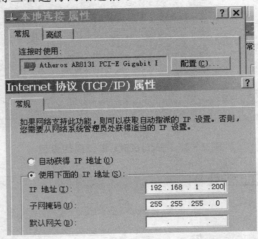

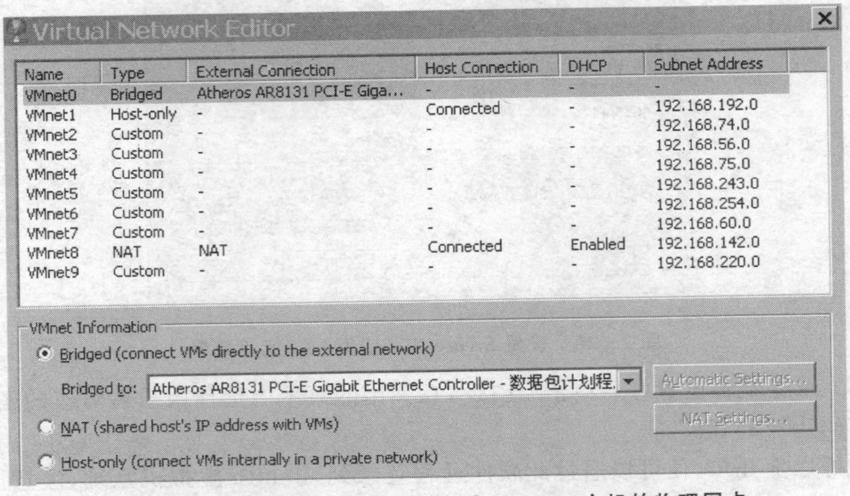

图 2-28 虚拟网络 VMnet0 桥接到 Windows 主机的物理网卡

第 2 章　嵌入式 Linux 开发环境的搭建

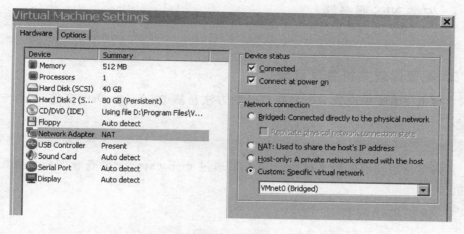

图 2-29　虚拟机网卡桥接到虚拟网络 VMnet0

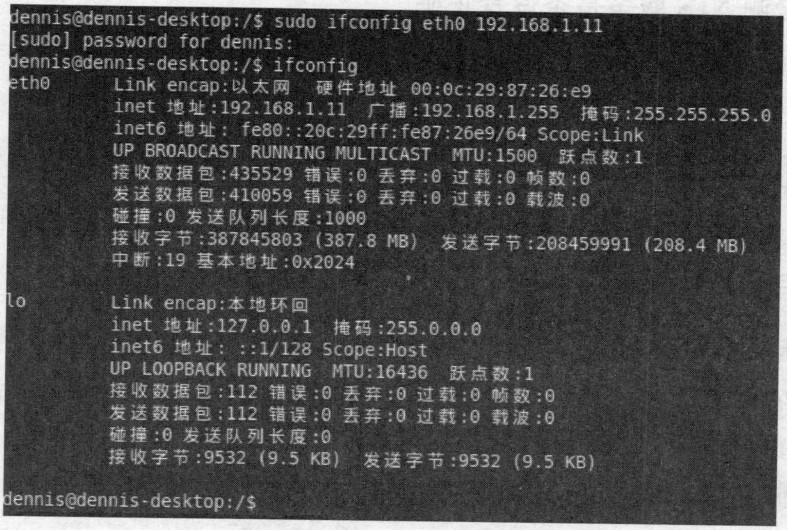

图 2-30　设置虚拟机 IP 地址

2.2.4　NFS 远程文件系统

NFS(Network File System)指网络文件系统,是 Linux 系统中经常使用的一种服务。NFS 是一个 RPC service,很像 Windows 中的文件共享服务。它的设计是为了在不同的系统间共享文件,所以它的通信协议设计与主机及作业系统无关。当使用者想用远端文件时,只要用"mount"命令就可把远端主机的系统挂接在自己的系统目录之下,使得远端主机的文件在使用上和本地的文件一样。

1. 安装 NFS 服务器

```
~ $ sudo apt-get install nfs-kernel-server portmap
```

2. 配置远端主机共享目录

在虚拟机系统中设置一个共享目录的方法是修改 /etc/exports 文件，增加一行如下：

```
/work    *(rw,sync,no_root_squash)
```

读者如果想知道配置文件的含义可以通过 man exports 来查看如何设置配置文件。

3. 重新启动服务

```
sudo /etc/init.d/nfs-kernel-server restart
```

4. 检测 NFS 服务是否设置正确

```
showmount -e
```

终端显示：

```
export list for dennis-desktop:
/work    *
```

说明目前虚拟机系统的 /work 目录作为网络文件系统，可以被其他主机挂载。

5. 目标板挂载远端主机

```
mount -o nolock -t nfs 192.168.1.11:/work /mnt
```

以上命令是在开发板的 Linux 文件系统中输入的，执行完毕开发板便可以通过 mnt 目录读写虚拟机的 work 目录。

6. 使用 uboot 的 nfs 功能下载远端主机文件到开发板内存

```
nfs 0x32000000 192.168.1.11:/work/system/linux-2.6.22.6/arch/arm/boot/uImage
```

以上命令是在开发板的 U-Boot 命令行中输入的，通过上面的命令，把虚拟机的 uImage 文件复制到了开发板的 0x32000000 内存处，接下来就可以运行调试内核代码，非常的方便，不必每次编译好内核代码都烧写到 Nand Flash 中运行，提高了开发效率、减少了 Nand Flash 的损耗、让内核调试也变得相对容易。

2.2.5 FTP 服务器软件配置

FTP 是 File Transfer Protocol（文件传输协议）的英文简称。用于在 Internet 上控制文件的双向传输。同时，它也是一个应用程序（Application）。用户可以通过它

第 2 章　嵌入式 Linux 开发环境的搭建

把自己的 PC 机与世界各地所有运行 FTP 协议的服务器相连，访问服务器上的大量程序和信息。FTP 的主要作用，就是让用户连接上一个远程计算机（这些计算机上运行着 FTP 服务器程序）察看远程计算机有哪些文件，然后把文件从远程计算机上复制到本地计算机，或把本地计算机的文件送到远程计算机去。

1. 安装 FTP 服务

```
sudo apt-get install vsftpd
```

2. 修改 FTP 服务配置文件

```
sudo vim /etc/vsftpd.conf
把 #listen=YES 改为 listen=YES
把 #local_enable 改成 local_enable=YES
把 #write_enable=YES 改成 write_enable=YES
```

3. 重新启动 FTP 服务

```
sudo /etc/init.d/vsftpd restart
```

4. 实验测试

在 Windows 环境中安装 CuteFtp 工具，输入虚拟机的 IP 地址，账号和密码，便可以轻松地上传和下载虚拟机上的文件了。

CuteFtp 软件可以通过互联网获取，也可以使用类似的工具如 uestudio、SecureCRT 软件。其中 SecureCRT 软件在连接上虚拟机之后，输入快捷键"ALT+p"便能够打开 sftp 传输方式，并使用 FTP 的命令上传下载文件，操作方式为命令行。如果传输大量文件，推荐使用图形界面的 Cuteftp 和 uestudio 软件。

2.3　光盘目录结构说明

光盘分为 4 个目录。如果读者希望直接感受书中的成果，可以通过下一节的介绍，体验书中的成果在开发板上的演示，相关文件在 image 目录中；如果读者在阅读书籍的时候希望得到扩展和资料的查询，可以在 material 中获得；software 目录下存放了光盘中的一些软件工具，方便读者使用，其中包含了为读者做好的 ubuntu 虚拟系统；work 目录则是整本书中使用到的源代码的集合。

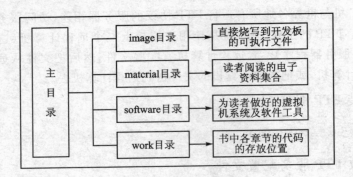

图 2-31 光盘目录组织结构

第 3 章
体验嵌入式 Linux 系统之旅

3.1 烧写引导程序到开发板

作为体验,我们使用光盘中提供的 image 目录下的已经编译好的二进制文件来演示整个系统的烧写和运行过程,读者在此节可以对系统的启动和执行流程有一个感性和整体的认识。而首先我们需要烧写的是启动引导程序 u-boot.bin,它在光盘的 image 目录下。

3.1.1 使用 JTAG 接口烧写引导程序到开发板

如果有 JTAG 线,并且 PC 机有并口,那么可以通过 JTAG 的方式烧写 u-boot.bin 文件到 Nor Flash 中,从而启动引导程序。

1. 安装并设置 H-JTAG

(1) 安装 H-JTAG。

H-JTAG 安装文件位于光盘 software\h-jtag 目录,双击运行,按照其提示安装即可。安装完毕,会在桌面生成 H-JTAG 和 H-Flasher 快捷方式。双击运行 H-JTAG,程序将自动检测是否连接了 JTAG 设备。因为之前我们还没有做任何设置,所以会跳出一个提示窗口,如图 3-1 所示。

图 3-1 检测设备告警

单击确定,进入程序主界面,因为没有连接任何目标器件,因此显示如图3-2所示。

图3-2 H-JTAG 未检测到设备

(2) 设置 JTAG 端口。

在 H-JTAG 主界面的菜单里点 Setting→Jtag Settings,如图3-3所示设置,单击 OK 返回主界面。

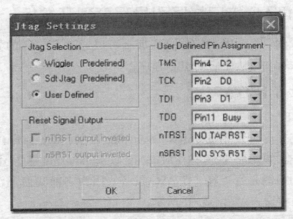

图3-3 配置 JTAG 连接参数

(3) 设置初始化脚本。

把光盘\software\H-JTAG 中的 H-Flasher_my2440.hfc 和 my2440.his 文件复制到 H-JTAG 的安装目录(默认安装情况下,该目录是 c:\Program Files\H-JTAG)。

在 H-JTAG 的主界面，点 Script→Init Script，跳出 Init Script 窗口，单击该窗口下面的 Load 按钮，找到并选择打开刚刚复制的 my2440.his 文件，如图 3-4 所示。

图 3-4 配置 H-JTAG 初始化脚本

这时，Init Script 窗口会被载入的脚本填充，如图，注意要点选"Enable Auto Init"，单击 OK 退回 H-JTAG 主界面，如图 3-5 所示。

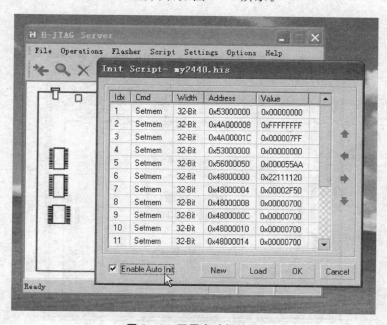

图 3-5 配置自动初始化

(4) 检测目标器件。

使用开发板附带的 JTAG 小板连接开发板的 JTAG 接口,并接上打开电源。单击主菜单 Operations→Detect Target,或者单击工具栏相应的图标也可以,这时就可以看到已经检测到目标器件了,如图 3-6 所示。

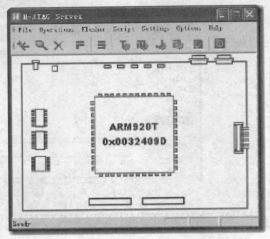

图 3-6　H-JTAG 检测到目标设备

特别说明:如果没有设置初始化脚本,也可以检测到 CPU,但无法进行下面的单步调试。

(5) 设置自动下载程序到 Nor Flash。

单击 Flasher,点选"Auto Download",如图 3-7 所示。

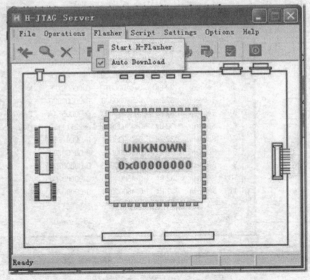

图 3-7　设置 H-Flasher 自动下载程序

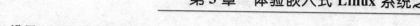

(6) 设置 Nor Flash 型号。

在出现的 H-Flasher 配置窗口中,单击菜单项"Load",找到并选择打开刚才复制的 H-Flasher_my2440_sst.hfc(或者 H-Flasher_my2440.hfc)文件(根据你所用开发板上配置的 Nor Flash 型号而定),如图 3-8 所示。

图 3-8 加载 H-Flasher 配置文件

2. 使用 H-JTAG 中的 H-Flasher 烧写裸机程序到开发板的 Nor Flash 中

(1) 启动 H-Flasher 如图 3-9 所示。

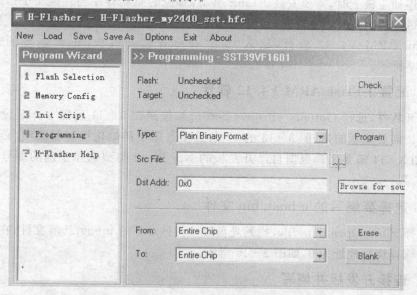

图 3-9 启动 H-Flasher

(2) 单击"Check"按钮检测 Nor Flash 型号。

(3) 在 Type 下拉列表中选择"Plain Binary Format"。

(4) 在"Src File"中填入要烧写的程序的路径和名称。

(5) 在"Dst Addr"中填入烧写的目标地址为 0x0。

(6) 单击"Program"按钮即可开始进行烧写。

注:单击"Erase"按钮可以擦除整个 Nor Flash

3.1.2 使用 JLINK 接口烧写引导程序到开发板

目前很多读者都是使用笔记本来学习嵌入式开发,由于笔记本一般没有并口,所以使用 J-LINK 硬件通过 USB 接口来烧写 Nor Flash。下面介绍使用 J-LINK 方式烧写 Nor Flash。

1. 下载 J-Link 工具

光盘的 software 目录下存放了 J-Link 安装程序 Setup_JLinkARM_V412.exe,如果读者购买了 J-Link,相信也会携带光盘,会有安装软件。安装完毕会有两个程序:

一个是 J-Link ARM V4.12,用于连接主机和开发板;

一个是 J-Flash ARM V4.12,用于烧写程序到开发板。

2. 连接开发板

使用 J-Link 一端连接到开发板的 JTAG 接口,一端使用 USB 线连接到主机上。当然当连到主机上时,需要安装 J-Link 驱动,对应的驱动程序会在购买 J-Link 的光盘中携带。以上步骤做完之后,还要把开发板的启动方式设置为 Nor Flash 方式,打开 J-Link ARM V4.12 软件,输入"usb"命令连接开发板,正常连接的效果如图 3-10 所示。

3. 配置 J-Flash ARM V4.12 软件

打开软件,选择 Options→Project Settings,按照图 3-11 到图 3-12 设置正确的配置。需要注意的是,图 3-13 的 17 条选项是用于初始化控制器选项,必须设置正确,图 3-14 需要用户根据自己开发板的 Nor Flash 类型选择正确的型号才能够正确烧写。

4. 选择要烧写的 u-boot.bin 文件

选择 File→Open data file,找到光盘 image 目录下的 u-boot.bin 文件,在弹出的菜单中选择烧写地址为 0,如图 3-15 所示。

5. 连接开发板并烧写

首先单击 Target 按钮,选择"connect"连接开发板,在 LOG 中会提示信息。

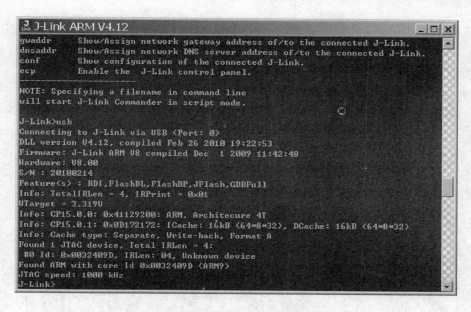

图 3-10 使用 USB 命令连接开发板

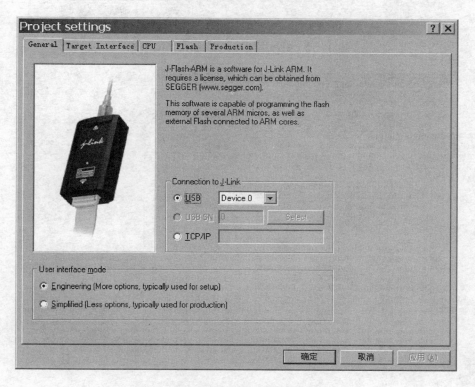

图 3-11 使用连接方式为 USB 方式

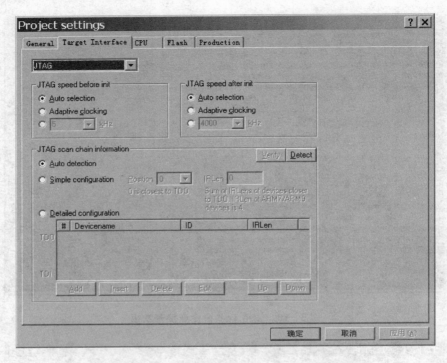

图 3-12 选择连接到开发板的 JTAG 接口

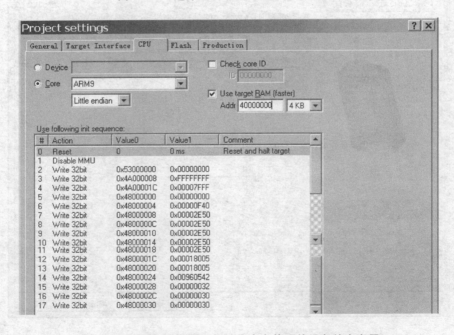

图 3-13 设置 17 条用于初始化内存等硬件设备的寄存器

第 3 章　体验嵌入式 Linux 系统之旅

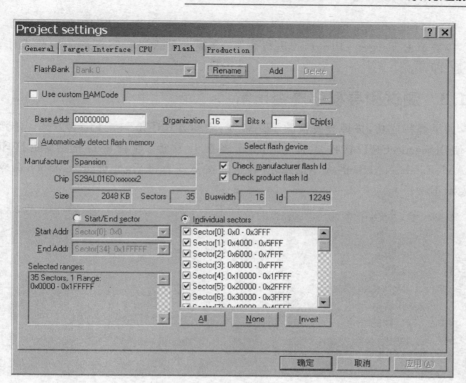

图 3-14　选择正确的开发板 Nor Flash 型号

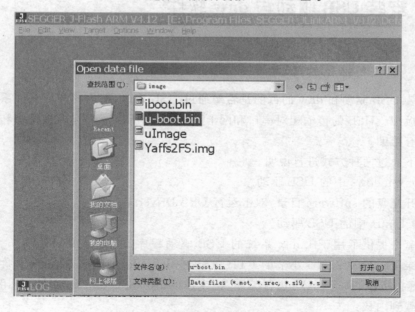

图 3-15　选择要烧写的 u-boot.bin 文件

"Data file opened successfully",表示连接成功,可以进行烧写工作。

接着单击 Target→Program 进行烧写,会提示是否进行写入前的擦除操作,单击"是"即可。

3.1.3 测试引导程序是否正常

如果烧写成功,拔掉开发板的 JTAG 线,启动方式还是 Nor Flash 方式。连接串口,使用 SecureCRT 软件或是 minicom 连接开发板,查看串口信息,能打印出 DRAM、Falsh、NAND 的大小信息,并在快速按下任意键后,能够进入 uboot 命令行则表示正常。

```
U-Boot 1.1.6 (May 20 2012 - 18:59:00)

DRAM:  64 MB
Flash:  2 MB
NAND:  256 MiB

In:     serial
Out:    serial
Err:    serial
my2440 >
```

3.2 安装 USB 驱动与 dnw 软件

3.2.1 USB 驱动安装

安装 USB 驱动和 dnw 的目的是希望通过 USB 接口,把内核和根文件系统烧写到开发板中。USB 的传输相对串口和网卡要快很多,所以对烧写内核镜像和根文件系统很有帮助。

以下通过两种方式进行说明。

(1) Windows 中的 USB 驱动。

打开光盘的 software 目录,双击运行 USB Driver.exe 软件。

(2) Linux 中的 USB 驱动。

光盘中提供了用于 Linux 系统的 USB 驱动程序,位于\software\usb_driver_dnw 目录下。通过 2.2.5 小节的 FTP 功能把 Makefile、usb-skeleton.c 文件复制到 Linux 虚拟机中,执行 Make 进行编译,把生成的 usb-skeleton.ko 文件,使用下面的命令加载到内核:

```
sudo insmod usb-skeleton.ko
```

第3章 体验嵌入式 Linux 系统之旅

读者可以任选一个用于烧写程序的系统来安装 USB 驱动,并不是两种驱动都需要安装。

3.2.2 开发板 USB Slave 驱动安装

由于开发板作为 USB 设备也需要安装配合主机的 USB 驱动,所以为了能够把主机上的文件烧写到开发板,uboot 等引导程序需要编写 USB 的从设备驱动程序。而我们通过上一节的 H-JTAG 或 JLINK 已经把带有 USB 从设备驱动的 u-boot.bin 烧写到了 Nor Flash 中,所以我们可以在开发板上使用命令 usbslave,等待主机上传送过来的文件,开发板 uboot 命令如下:

```
usbslave 1 0x31000000
```

如果 USB 连接正常,开发板终端显示内容如下:

```
USB host is connected. Waiting a download.
```

3.3 使用 dnw 软件下载内核镜像到开发板

开发板等待下载之后,便可以把主机上面的文件传送到开发板 RAM 中。dnw 软件在两种系统上也不一样,Windows 中是图形化的界面,而 Linux 中是基于命令行的。

1. Windows 中使用 dnw 软件(位于光盘的 \software\dnw.exe)

在 dnw 软件界面,单击 "USB Port"→"Transmit/Restore",找到 image 目录中的文件 uImage,进行传输。这将使得 uImage 被传输到开发板内存的 0x31000000 处。

```
Now, Downloading [ADDRESS:31000000h,TOTAL:1518826]
RECEIVED FILE SIZE: 1518826 (741KB/S, 2S)
```

2. Linux 中使用 dnw 软件

复制 software\usb_driver_dnw 目录下的 dnw.c 文件到虚拟机系统中,执行以下命令制作 dnw 软件。

```
gcc dnw.c -o dnw
sudo ./dnw /work/system/linux-2.6.22.6/arch/arm/boot/uImage
```

3. 烧写内核到开发板的 Nand Flash 中:

```
nand erase kernel
nand write.jffs2 0x31000000 kernel $(filesize)
```

3.4 使用 dnw 软件下载根文件系统到开发板

与 3.3 节的方式一样，开发板先执行命令：

```
usbslave 1 0x31000000
```

Windows 系统通过 dnw.exe 软件下载 image/yaffs2FS.img 根文件系统映像文件到开发板，而 Linux 则使用命令 sudo ./dnw /work/rootfs/yaffs2FS.img。

执行烧写命令（与烧写 Linux 内核镜像文件类似），把下载到内存 0x31000000 的 yaffs2FS.img 映像文件烧写到开发板的 Nand Flash 中，开发板执行的烧写命令如下：

```
nand erase yaffs2
nand write.yaffs 0x31000000 yaffs2 $(filesize)
```

3.5 运行测试

确定启动跳线设置到了 Nor Flash 一侧，连接串口，查看打印信息，并观察屏幕变化。如果串口最终能够进入 Linux 系统，插上扬声器或耳机能够听到音乐播放，屏幕有图形显示则说明整个烧写过程正常。

由于使用的是 Nor Flash，启动方式会比较慢，所以可以把拨码开关设置在 Nand Flash 一侧，但是这需要我们把光盘 image 目录下的 iBoot.bin 文件烧写到 Nand Flash 中，操作方式如下：

设置跳线到 Nor Flash 一侧，进入 uboot 的命令行，使用以上介绍的 usbslave 命令把\image\iBoot.bin 放到内存 0x32000000 地址，烧写 iBoot.bin 到 Nand Flash 的 0x0 地址即可，命令如下：

```
usbslave 1 0x32000000  （开发板的 U-Boot 命令行中执行）
dnw 软件下载 iBoot.bin  （PC 机上使用 dnw 软件执行）
nand erase bootloader  （开发板上运行，擦除引导程序区 0～1M 空间）
nand write.jffs2 0x32000000 bootloader $(filesize)
```

通过以上步骤，就已经把 iBoot.bin 引导程序烧写到了 Nand Flash 的 0x0 地址。

选择 Nand Flash 启动方式，即开发板启动跳线设置到 Nand 一侧，启动开发板。S3C2440 芯片会自动加载 Nand Flash 的前 4KB 内容到 steppingstone 中运行，并启动内核。当串口中的信息进入 Linux 系统界面，插上扬声器或耳机能够听到音乐播放，屏幕有图形显示，则说明基于 iBoot.bin 引导程序的 Nand Flash 的启动方式是正常的。

3.5.1 系统执行流程分析

本章到当前为止是对系统所需二进制可执行文件的烧写过程,通过烧写的步骤不难发现,我们使用了两种启动方式:一是 Nor Flash,一是 Nand Flash。它们的执行过程是怎样的呢?先来看一下都烧写了哪些文件到 Nor Flash 和 Nand Flash 中。

Nor Flash:u-boot.bin。

Nand Flash:

iBoot.bin(0~1 MB 之间)。

uImage(1B~3 MB 之间)。

yaffs2FS.img(16 MB~256 MB 之间)。

第一种(Nor Flash 启动):当选择这种启动方式时,pc(r15)程序计数器刚上电的值为 0x0。通过 S3C2440 芯片手册的第 5 章节的内存控制器可以知道,当 S3C2440 的 OM0 和 OM1 引脚的电平为 01 或 10 时,为 ROM 启动方式,对于 mini2440 和 tq2440 即为 Nor Flash 启动方式,芯片手册如图 3-16 所示。

OM1 (Operating Mode 1)	OM0 (Operating Mode 0)	Booting ROM Data width
0	0	Nand Flash Mode
0	1	16-bit
1	0	32-bit
1	1	Test Mode

图 3-16 S3C2440 启动方式选择

所以,当拨码开关设置到 Nor Flash 一侧时,OM 的值为 01 或 10,但是如何确定还需要查看开发板的原理图。以 mini2440 为例,查看 OM 引脚原理图,如图 3-17 所示。

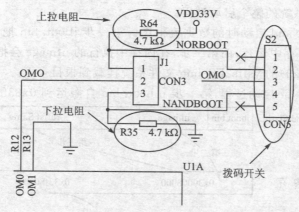

图 3-17 mini2440 OM 引脚连接图

不难发现,OM1 始终接地,OM0 为 0 则是 Nand 启动,而为 1 则是 Nor 启动,并且数据宽度是 16 位。那么 OM0 的引脚值为 0 还是 1 呢?这是由图 3-17 的上拉/

下拉电阻决定的。当OM0跳线设置到NORBOOT一侧,接上拉电阻,提供3.3 V电压,使得OM0的逻辑电平为1,OM[0:1]的值为10,按照图3-16所描述的,是16位数据宽度的Nor启动方式,即Nor Flash的启动地址就被当作BANK0,即0x0地址。pc(r15)程序计数器直接读取Nor Flash上的代码来执行。由于我们在Nor Flash中烧写了u-boot.bin程序,所以便可以启动执行U-Boot的代码。

Nand启动也一样,拨码开关连接到图3-17的NANDBOOT时,OM0相当于接地,所以OM0的逻辑电平为0,OM[0:1]的值就是00,即图3-18中描述的Nand启动方式。S3C2440硬件手册(光盘material\S3C2440.pdf)的第6章节也说明了当Nand启动时,由S3C2440硬件自动读取Nand Flash前4KB的内容到steppingstone中,并映射到BANK0,这样在以Nand方式启动时,我们就可以运行烧写在Nand Flash的iBoot.bin程序了。

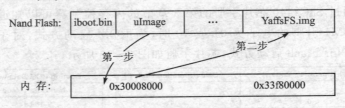

图3-18 Nand启动过程

以上分析了S3C2440的两种启动方式,不管哪一种,执行的都是引导程序,即:Nor中的u-boot.bin或者Nand中的iBoot.bin。这两个程序都有一个功能,就是读取被我们烧写在Nand Flash中,偏移地址为1M的uImage镜像文件到内存中执行。当uImage在内存中执行后,会挂载烧写在Nand Flash第16M位置的yaffs2FS.img镜像文件,最终进入Linux根文件系统,执行启动程序(即:第1个用户进程/sbin/init)完成Linux系统的整个启动过程。

图3-18是Nand启动时的数据流框图。第一步iBoot.bin把Nand中的uImage代码搬运到内存中运行;而第二步,在内存中执行的uImage会把Nand第4块分区(/dev/mtdblock3)的yaffs2FS.img文件系统挂载到根目录下。

图3-19为Nor启动过程,第一步u-boot.bin自搬运到0x33f80000地址运行;

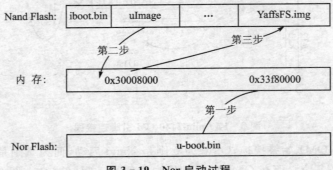

图3-19 Nor启动过程

第3章 体验嵌入式 Linux 系统之旅

第二步 u-boot.bin 把 Nand 中的 uImage 放到内存的 0x30008000 地址运行；而第三步，在内存中执行的 uImage 会挂载 Nand 中的 yaffs2FS.img 为根文件系统。

3.5.2 测试图形界面程序

系统启动后，会运行存放在根文件系统中的 Qt 图形界面程序，通过触摸屏的控制来操作图形界面元素。读者也可以根据第 8 章来编写 Qt 图形界面程序，并在开发板的 LCD 上运行测试。

图形界面工具使用的触摸屏校准程序为 tslib 源码附带的校准程序 ts_calibrate，所以如果触摸屏没有校准，可以在 Linux 系统启动后，运行/usr/local/bin/ts_calibrate 程序对触摸屏进行校准（通过删除/etc/pointercal 文件，可以使得图形界面工具自动调用 ts_calibrate 程序）。校准完毕会在 etc 目录下生成 pointercal 校准文件，供触摸屏库程序转换成符合屏幕的坐标，从而达到校准目的。

3.6 小　　结

本章介绍了基于 S3C2440 开发板的 Linux 启动引导过程，对于嵌入式开发板的整体运行流程做了简要的说明，并介绍了引导程序、内核镜像、根文件系统在 Windows 和 Linux 下的烧写过程。读者在明白了启动流程和烧写方法后，便可以继续后面章节，学习生成这些文件的开发工作了。

本章使用到的镜像文件来自于光盘的 image 目录下，而使用到的工具也在光盘的 software 目录下有对应的软件。

第 4 章

制作交叉编译工具链

4.1 交叉编译器的组成结构

4.1.1 arm-linux-gcc

为什么选择 GCC 而不是 realview 的 RVCT 或 ADS1.2 的 armcc 呢？这是因为我们使用的 uboot、linux、busybox 等源代码都是开源的，源代码中使用的都是 GCC 编译器的汇编代码以及编译时的选项，因此只要能够看懂 GCC 的汇编语法和选项就可以直接使用 GCC 的编译器去编译代码了。

由于处理器架构的不同，通常使用不同编译器编译出来的代码只能运行在指定的平台上。编写可以在 ARM 上运行的程序需要使用 arm-linux-gcc 交叉编译工具而不是 GCC。

因此我们还需要制作出一套交叉编译器工具链。使用它，能够让代码运行在 ARM 平台上。

arm-linux-gcc 是一个"集合命令"，它包含了 4 个步骤：预处理、汇编、编译和链接，通过链接阶段便生成 ELF 格式的可执行文件。4 个步骤对应执行的程序为 arm-linux-cpp、arm-linux-as、cc1、arm-linux-ld。前 3 个步骤对应的命令行选项为-E、-S、-c，如果没有任何参数，则代表经过这 4 步产生可执行文件。

例如：

```
arm-linux-gcc test.c -E test.c -o test.i
```

会把所有以"#"开头的代码展开。如果后面是头文件，则取头文件的内容展开到 test.i 文件中；如果是宏则将宏名替换为宏值；如果是条件编译则选择条件为真的留下进行替换和展开工作；如果还有注释代码，则注释的代码将会被丢弃。

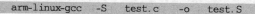

```
arm-linux-gcc  -S  test.c  -o  test.S
```

相当于调用 arm-linux-as 命令,经过预处理和汇编两个阶段生成 test.S 汇编代码文件。汇编代码的语法是 gcc 的语法规则,且指令集为 ARM 指令集。

```
arm-linux-gcc  -c  test.c  -o  test.o
```

相当于调用 cc1,生成 ELF 格式的 test.o 文件,经过预处理、汇编和编译阶段。

```
arm-linux-gcc  test.c  -o  test
```

经过了预处理、汇编、编译、链接这 4 个阶段,生成了最终的可执行文件 test。可以通过命令 file 来查看文件的格式。

```
file test
```

test:ELF 32-bit LSB executable, ARM, version 1, dynamically linked (uses shared libs), for GNU/Linux 2.4.3, not stripped

以上使用 file 命令查看 test 文件格式,会发现 test 通过链接,是一种 ELF 格式,是 32 位指令方式的可执行文件,并且只能在 ARM 平台上运行。test 文件使用到了动态加载库,并且 not stripped 告诉我们,test 在编译的时候产生的编译阶段需要的符号没有被删除。

4.1.2 glibc

通常被编译出的程序都会使用到系统的动态库,而这些基本的动态库大部分也都是 glibc 库中的。例如 open、read、write、select、ioctl 等应用程序中的函数都是 libc.so 动态库中提供的,而 glibc 还提供了 libm.so(数学库)、libcrypt.so(安全库)、libld.so(加载库)等。其中 libld.so 作为加载库负责在应用程序运行时,加载程序所使用到的动态库文件。在我们移植系统的过程中,这些最基本的动态库也需要被移植到根文件系统中去,这样才能保证程序被正常启动。

4.1.3 binutils

binutils 为二进制工具,包括了 arm-linux-strip、arm-linux-objcopy、arm-linux-dump、arm-linux-readelf 等工具。这些工具也是我们在嵌入式开发过程中需要的。

arm-linux-strip test 可以删除可执行程序中不需要的编译符号和段描述信息。

arm-linux-objcopy -O binary -S test test.bin 通常被用来将生成的 ELF 格式的文件转化为只含有二进制指令和程序数据的文件 test.bin(不含有 ELF 格式的相关信息)。u-boot.bin、iBoot.bin 都是通过 objcopy 命令转化成为指令文件,也只有这样的二进制指令文件才能直接被硬件执行。

arm-linux-dump -D test>test.dis 则是反编译,将 ELF 格式的可执行文件反编译成汇编信息文件 test.dis,有助于代码的查看与调试。

arm-linux-readelf -a test │ grep 'Shared'用来获取 ELF 的头信息，grep 'Shared'是获取头信息中 test 可执行文件调用到的动态库文件。

在光盘的 material 目录下，GCC-the-Complete-Reference.pdf 文件详细介绍了这些命令的使用方法和参数，该文件可以当作在阅读源码过程中的工具书来使用。

4.2 基于 crosstool 制作交叉编译工具链

制作交叉编译工具链，需要下载 binutils、GCC、glibc、linux 内核及 glibc 所需要的 linux 内核头文件。如果用户自己去下载这些代码来编译，更多的时候可能会把时间浪费在版本的匹配上，因为 binutils、GCC、glibc 等源码是独立开发和维护的，他们之间的版本兼容性较为繁杂。可以借助 crosstool 工具来简化 3 部分的版本匹配和构造。

crosstool 是源码开放，由一系列脚本组合而成的，用于根据用户的需要生成交叉编译工具链的工具。本节介绍 gcc-3.4.5、glibc-2.3.6 版本的交叉编译工具链的制作方法，而且在整本书中使用的也是 gcc-3.4.5-glibc-2.3.6 交叉编译工具。

读者如果已经懂得交叉编译工具链的编译步骤，也可以直接使用光盘/work/compiler 目录下已经制作好的 gcc-3.4.5-glibc-2.3.6.tar.bz2 交叉编译工具链，可以放到 Linux 系统中直接使用。光盘的 software 目录下 ubuntu10.04.zip 预制的系统内也包含了这个编译器。

4.2.1 获取 crosstool 源码和补丁文件

从 crosstool 官方网站 http://kegel.com/crosstool/下载 crosstool-0.43.tar.gz 包。

执行命令解压缩：tar xzvf crosstool-0.43.tar.gz。

从 crosstool 官方网站下载 glibc-2.3.6-version-info.h_err.patch 补丁文件（它修补 glibc-2.3.6/csu/Makefile 里的一个小错误，该错误会导致自动生成的 version-info.h 文件编译出错），并将它复制到 crosstool-0.43/patches/glibc-2.3.6。本补丁文件也可通过\work\compiler 目录下的 create_crosstools.tar.bz2 压缩包解压获得，需要注意的是，补丁文件需要 patch 命令的支持，可以在命令行使用 which patch 来查看系统中是否存在此命令，否则，通过以下命令安装：

sudo apt-get install patch

patch 是补丁工具，不安装会在编译的过程中提示"patch:command not found"错误。

如果读者在编译过程中出现 flex、bison 命令找不到的错误，也需要通过 apt-get 来下载：

```
sudo apt-get install flex bison
```

当然,如果读者使用的是光盘\software\ubuntu10.04.zip 压缩包内提供的虚拟机系统,将不会出现上述命令找不到的情况,因为已经为读者预装了这些命令。

4.2.2 获取 crosstool 脚本需要的源代码文件

编译 gcc-3.4.5-glibc-2.3.6 版本的交叉编译工具链,默认使用以下源代码文件:
- gcc-3.4.5.tar.bz2;
- glibc-2.3.6.tar.bz2;
- binutils-2.15.tar.bz2;
- linux-2.6.8.tar.bz2;
- glibc-linuxthreads-2.3.6.tar.bz2;
- linux-libc-headers-2.6.12.0.tar.bz2。

这些源代码都可以从 http://ftp.gnu.org/gnu 网站获取到。在光盘的/work/compiler 目录下,存放了文件 create_crosstools.tar.bz2,其中包含了 crosstool-0.43.tar.gz 以及这些源代码文件,读者可以把 create_crosstools.tar.bz2 复制到 Linux 直接使用。

4.2.3 crosstool 脚本代码修改

为了编译出能够使用的交叉编译工具链,还需要对 crosstool 中的脚本进行一系列的修改,主要修改的文件包括:demo-arm-softfloat.sh、arm-softfloat.dat、all.sh。以下是详细修改步骤。

1. 修改系统 GCC 的版本

ubuntu10.04 自带的编译器版本为 GCC4.4,在编译的时候会发生堆栈错误问题,所以我们需要安装低版本的编译器去编译交叉编译工具链,命令如下:

```
sudo apt-get install gcc-4.1
sudo rm -rf /usr/bin/gcc
sudo ln -s /usr/bin/gcc-4.1 /usr/bin/gcc
```

使用 GCC-v 测试版本:

```
gcc version 4.1.3 20080704 (prerelease) (Ubuntu 4.1.2-27ubuntu1)
```

2. 进入 crosstool-0.43 目录,修改 demo-arm-softfloat.sh 脚本

该脚本是首先被执行的脚本,它会调用 arm-softfloat.dat、gcc-x.x.x-glibc-x.x.x.dat、all.sh。

将 TARBALLS_DIR = $HOME/downloads 改为/work/compiler/create_crosstools/src_gcc_glibc,这是因为 TARBALLS_DIR 表示源码的下载存放位置,需

要指定到实际的源代码绝对路径下。

将 RESULT_TOP=/opt/crosstool 改为 RESULT_TOP=/usr/local/arm,RESULT_TOP 表示编译出的工具链安装位置。

GCC_LANGUAGES 表示工具链支持的语言,由于本书中仅会使用到交叉编译工具链的 C 和 C++,因此此变量按照以下定义:

```
GCC_LANGUAGES = "c,c++"
```

若需要支持 java,则可修改如下:

```
GCC_LANGUAGES = "c,c++,java"
```

工具链可支持 GCC 和 glibc 的多种组合,这里采用默认组合。

3. 修改 arm-softfloat.dat

将 TARGET=arm-softfloat-linux-gnu 改为 TARGET=arm-linux(它表示编译出来的工具样式为 arm-linux-gcc、arm-linux-ld 等,而不是 arm-softfloat-linux-gnu-gcc 的样式)。

不需要修改 gcc-3.4.5-glibc-2.3.6.dat(已下载其指定的相关源码,并存放于 demo-arm-softfloat.sh 文件中指定的存放位置;若未下载相关源码,crosstool 会根据该指示自动下载)。

4. 修改 all.sh

修改 all.sh 第 70 行为 PREFIX=${PREFIX-$RESULT_TOP/$TOOLCOMBO},这保证将编译结果文件存放在/usr/local/arm/gcc-3.4.5-glibc-2.3.6 目录下,而不是将结果存放在/usr/local/arm/gcc-3.4.5-glibc-2.3.6/arm-linux 目录下。

4.2.4 编译安装及测试

在/usr/local 目录下创建 arm 目录,保证 arm 目录对当前用户具有写权限。如果没有,可以通过以下两条命令来设置 ARM 目录,其中 dennis 为当前用户名。

```
sudo mkdir /usr/local/arm
sudo chown dennis:root /usr/local/arm
```

在 crosstool-0.43 目录下执行命令。

```
./demo-arm-softfloat.sh
```

编译 1 个小时左右,将在/usr/local/arm 目录下生成 gcc-3.4.5-glibc-2.3.6 子目录,交叉编译器、库、头文件、binutils 工具都包含在其中。

sudo vim ~/.bashrc 设置环境变量(在该脚本文件的最后一行进行设置),如下:

第 4 章 制作交叉编译工具链

```
export PATH = $ PATH:/usr/local/arm/gcc-3.4.5-glibc-2.3.6/bin
```

然后还需要让以上的设置生效,执行命令:

```
source ~/.bashrc
```

这样,我们就可以直接输入 arm-linux-gcc 命令了,执行以下命令测试交叉编译工具链是否安装成功:

```
arm-linux-gcc -v
```

能够显示以下内容则说明安装成功:

```
Reading specs from /usr/local/arm/gcc-3.4.5-glibc-2.3.6/lib/gcc/arm-linux/3.4.5/specs
Configured with: /work/create_crosstools/crosstool-0.43/build/arm-linux/gcc-3.4.5-glibc-2.3.6/gcc-3.4.5/configure --target=arm-linux --host=i686-host_pc-linux-gnu --prefix=/usr/local/arm/gcc-3.4.5-glibc-2.3.6 --with-float=soft --with-headers=/usr/local/arm/gcc-3.4.5-glibc-2.3.6/arm-linux/include --with-local-prefix=/usr/local/arm/gcc-3.4.5-glibc-2.3.6/arm-linux --disable-nls --enable-threads=posix --enable-symvers=gnu --enable-__cxa_atexit --enable-languages=c,c++ --enable-shared --enable-c99 --enable-long-long
Thread model: posix
gcc version 3.4.5
```

4.3 源代码编译的制作方式

4.2 节使用了 crosstool 工具制作交叉编译工具链,为了便于读者深入了解交叉编译工具链制作的整个过程,本节将以源代码的方式手动创建脚本制作交叉编译工具链。

光盘的\work\compiler\myEabi 目录下存放了制作本节所需要的源代码和脚本 install-forarm11-nosysroot.sh。读者可以直接把 myEabi 目录放置到 ubuntu10.04 系统的/work/compiler/目录下,通过执行 install-forarm11-nosysroot.sh 脚本来获得 GCC-4.6.0 的交叉编译工具链。工具链安装的默认位置为/usr/local/arm/4.6.0 目录。

下面通过 install-forarm11-nosysroot.sh 脚本的内容来说明如何手动地从编译器源代码文件开始,制作出交叉编译工具链。

4.3.1 获取源码及工具

本节在编译交叉编译工具链中,使用的源代码文件如下:

- binutils-2.21.tar.gz;

- gcc-4.6.0.tar.bz2；
- gmp-5.0.2.tar.gz；
- mpfr-3.0.1.tar.gz；
- mpc-0.8.2.tar.gz；
- glibc-2.13.tar.bz2；
- glibc-ports-2.13.tar.gz；
- linux-2.6.39.2.tar.bz2。

其中 linux-2.6.39.2.tar.bz2 源代码文件可以通过 http://www.kernel.org 网址下载。

其余的源代码文件进入 http://ftp.gnu.org/gnu 下载获得。

光盘的 /work/compiler/myEabi 目录下也已经为读者准备好了这些源代码。

4.3.2 配置工作环境

（1）先设置一个工作目录：

```
mkdir  -p  /work/compiler/myEabi
```

（2）分别建立压缩包、源代码、构建编译目录：

```
mkdir   /work/compiler/myEabi/tar
mkdir   /work/compiler/myEabi/src
mkdir   /work/compiler/myEabi/build
```

（3）解压源代码到 src 目录下（假设已经把需要的压缩包放到了 tar 目录下）：

```
cd   /work/compiler/myEabi/tar
tar xjvf linux-2.6.39.2.tar.bz2 -C ../src
tar xzvf binutils-2.21.tar.gz -C ../src
tar xjvf gcc-4.6.0.tar.bz2 -C ../src
tar xjvf glibc-2.13.tar.bz2 -C ../src
tar xzvf glibc-ports-2.13.tar.gz -C ../src
tar xzvf gmp-5.0.2.tar.gz -C ../src
tar xzvf mpfr-3.0.1.tar.gz -C ../src
tar xzvf mpc-0.8.2.tar.gz -C ../src
mv ../src/gmp-5.0.2 ../src/gcc-4.6.0/gmp
mv ../src/mpfr-3.0.1 ../src/gcc-4.6.0/mpfr
mv ../src/mpc-0.8.2 ../src/gcc-4.6.0/mpc
mv ../src/glibc-ports-2.13 ../src/glibc-2.13/ports
```

注意 gmp、mpfr、mpc 和 glibc-ports 分别为 GCC 和 glibc 的补丁。

（4）设置环境变量（这样我们在后面的配置中可以很方便地引用这些变量辅助编译）：

```
export PROROOT = /work/compiler/myEabi
export TARGET = arm-ifl-linux-gnueabi
export PREFIX = /usr/local/arm/4.6.0
export TARGET_PREFIX = $PREFIX/$TARGET
export PATH = $PREFIX/bin:$PATH
```

其中 TARGET 为生成的交叉编译工具链的前缀,ifl 是开发者或公司的名称,arm-(*)-linux-gnueabi 是固定格式,可以通过 binutils 的 README 查看标准。

PREFIX 是安装交叉编译工具链的位置,如果 4.6.0 目录不存在,需要先创建此目录。

4.3.3 配置编译安装 binutils

执行以下命令编译安装 binutils:

```
mkdir $PROROOT/build/build-binutils
cd $PROROOT/build/build-binutils
../../src/binutils-2.21/configure --target=$TARGET --prefix=$PREFIX --disable-nls
make configure-host
make 2>&1 | tee make.out && make install || exit 1
cd -
```

编译参数说明:

--target 表示编译出的可执行文件服务的对象是 TARGET(本例为 ARM),即这些可执行文件连接和汇编出来的程序运行在 ARM 平台上。

--prefix 表示编译出的可执行文件的安装位置。

--disable-nls(Native Language Support)选项表示不支持本地语言。

在 make 完成之后,会在 $PREFIX/bin 目录下生成 arm-ifl-linux-gnueabi-as(汇编器)、arm-ifl-linux-gnueabi-ld(链接器)等工具,供用户使用。同时会在 $TARGET_PREFIX/bin 目录下生成它们的副本供交叉编译工具链内部调用,不过它们的名字被改为了 as(汇编器)、ld(链接器)等。它们是运行在 x86 上的工具,利用本机的 GCC4.1 工具制作而成,但生成的目标文件运行在 ARM 平台上。

此外,还会生成一些链接器会使用的链接脚本文件,位于 $TARGET_PREFIX/lib/ldscripts 目录下。

4.3.4 配置编译安装无 abi 支持的 GCC

一点声明:在以下的描述中,用 GCC 指代生成交叉编译工具链的编译器(即:运行在 X86 开发机 Linux 系统下的 GCC);用 cross-gcc 指代生成的交叉编译器(即:arm-ifl-linux-gnueabi-gcc)。

这一次编译出 cross-gcc 的作用是生成支持 C 语言的交叉编译器,目的是用它来交叉编译后面的 glibc 库。因为生成完整的 cross-gcc 交叉编译器需要 glibc 库的支持，有了 glibc 后再重新编译完整的 cross-gcc，生成最终的交叉编译器 arm-ifl-linux-gnueabi-gcc。

第一次编译出 cross-gcc 的配置选项禁止了很多功能，编译过程如下所示：

```
mkdir $PROROOT/build/build-gcc
cd $PROROOT/build/build-gcc
../../src/gcc-4.6.0/configure \
--build=i686-pc-linux-gnu \
--host=i686-pc-linux-gnu \
--target=$TARGET \
--prefix=$PREFIX \
--without-headers \
--with-cpu=arm1176jzf-s \
--with-tune=arm1176jzf-s \
--with-fpu=vfp \
--with-float=softfp \
--with-gnu-as \
--with-gnu-ld \
--with-newlib \
--disable-nls \
--disable-libgomp \
--disable-libmudflap \
--disable-libssp \
--disable-shared \
--disable-threads \
--disable-libstdcxx-pch \
--disable-libffi \
--disable-libquadmath \
--enable-languages=c
make 2>&1 | tee make.out && make install || exit 1
ln -s $PREFIX/lib/gcc/$TARGET/4.6.0/libgcc{,_eh}.a
```

--build=i686-pc-linux-gnu 表示执行编译操作的 GCC 运行的平台是 X86 机器上的 Linux。

--host=i686-pc-linux-gnu 表示编译出来的 cross-gcc 本身运行在 X86 机器上的 Linux 系统下。

--target=arm-ifl-linux-gnueabi 表示用 cross-gcc 去编译别的应用程序，得到的二进制程序文件是运行在 ARM 平台上的。此选项同时也指定了 cross-gcc 的前缀为 arm-ifl-linux-gnueabi（即：cross-gcc 的名字叫 arm-ifl-linux-gnueabi-gcc）。

--without-headers 这个选项非常重要，它表示在编译出 cross-gcc 的过程中不查找目标系统的系统头文件(即:ARM平台下glibc的头文件),此时GCC源代码中将使用自己定义的函数声明来代替对glibc头文件的依赖。由于目前还没有编译出ARM平台下的glibc,所以如果不指定此选项,那么在编译cross-gcc的过程中会由于找不到对应的glibc的头文件而导致编译失败。此选项同时也导致编译得到的cross-gcc,在编译应用程序的时候默认不会到系统头文件目录中搜索头文件。

--with-cpu=arm1176jzf-s 选项指定cross-gcc将默认生成arm1176jzf-s这种CPU所能识别的指令(即:用户在使用cross-gcc编译程序时如不指定-mcpu选项,那么cross-gcc将使用-mcpu=arm1176jzf-s这一选择)。特别说明:这不意味着cross-gcc不能生成比arm1176jzf-s更高级别的CPU的指令。事实上cross-gcc能生成它所支持的所有ARM CPU的指令,只不过此时需要用户在调用cross-gcc的时候指定-mcpu选项。

--with-tune=arm1176jzf-s 选项指定cross-gcc生成指令是将按照arm1176jzf-s这种CPU进行优化。

--with-float 选项可以有3种取值:soft、hard、softfp。soft表示cross-gcc会将源码中的浮点运算语句(例如:30.2/4.5)编译为对浮点运算库中的子函数的调用(注:浮点运算库由GCC的一个组成部分——libgcc提供);hard则会直接编译为硬件所支持的浮点运算指令;softfp则会编译为硬件浮点运算指令,但子函数的调用规范则会采用soft的规范。由于ARM11 CPU有硬件浮点运算协处理器,因此支持硬件浮点运算指令,所以此处使用--with-float=softfp。顺便说一下,用户在使用cross-gcc的过程中,可以指定-mfloat=soft来改变cross-gcc的默认选择。

--with-fpu=vfp 指明cross-gcc对应CPU的硬件浮点运算协处理器采用的是vfp标准(IEEE的向量浮点处理规范)。如果,--with-float=soft,则指明浮点运算库代码兼容vfp标准。

--with-gnu-as 和--with-gnu-ld 指明GCC生成cross-gcc时,调用的汇编器和连接器是gnu的汇编器和连接器。

--with-newlib 指明目标系统(即:ARM)下glibc库是较新版本的库(这种库中含有了__eprintf函数)。这样一来,生成的cross-gcc系统中的libgcc库就不用再含有该函数了。

--disable-libgomp、--disable-libmudflap、--disable-libssp、--disable-libffi、--disable-libquadmath 禁止了编译cross-gcc时编译出与之伴生的库。这是因为这些库会依赖于目标系统(ARM)下的glibc库,此时ARM平台下的glibc还未生成,打开它们只会导致编译失败。

--disable-threads、--disable-libstdcxx-pch 表示cross-gcc不支持线程等特征。这是因为支持线程特征,需要相应的glibc头文件和库支持。

由于只是为了生成glibc而提供基本的cross-gcc编译器,所以禁止cross-gcc的这些功能以及不生成相应伴生库,不会对后面生成ARM平台下的glibc造成影响。

--disable-shared 表示不生成 libgcc 的动态库——libgcc_s.so,而只生成 libgcc 的静态库——libgcc.a。这是因为动态库 libgcc_s.so 依赖于 glibc 中的基本 C 库——libc.so,亲,可记得此时 libc.so 还没有出生哟!

--enable-languages=c 表示 cross-gcc 只支持对 C 源代码的编译,不支持其他语言(例如:C++、java、ada 等)。glibc 是用纯 C 语言写成的,因此,此时让 cross-gcc 只支持 C 语言,足已!事实上,此时如果让 cross-gcc 支持 C++,那么必然需要同时编译出 ARM 平台上的标准 C++库——libstdc++,而 libstdc++是需要依赖于 glibc 的。

最后的一个 ln 命令生成了 libgcc_eh.a 软链接,并指向 libgcc.a,这是由于将来在编译生成 glibc 的时后,需要 libgcc_eh.a 静态库。

讲到这里,有必要让大家了解一下,GCC 编译出 cross-gcc 的过程以及 cross-gcc 的组成部分,以帮助大家深入理解刚刚讲解的内容,同时也有利于理解后面的内容。

(1) GCC(以及 CPP、AS、LD,后续不再说明)首先使用源代码编译出 gmp、mpfr、mpc 静态库;

(2) GCC 使用源代码编译出 cross-gcc(以及内部调用程序,例如:预处理器 CPP、编译器 cc1、附属程序 collect2;其他语言前端插件库,例如:liblto_plugin 链接时优化库等,后续不再说明)。注:cross-gcc 的二进制代码中静态链接了 gmp、mpfr、mpc 库;

(3) 使用 cross-gcc(以及在 4.3.3 中得到的 cross-as、cross-ld,后续不再说明)编译出 ARM 平台上的 libgcc 库。该库含有 cross-gcc 编译 C 源代码程序时所需要链接的库函数,例如:浮点运算库函数;此外,还含有一些基础的库函数,这些函数需要 glibc 库的支持,这也是为什么此时只能生成 libgcc 的静态库,而不能生成动态库的原因所在。

(4) 使用 cross-gcc 编译出 ARM 平台上的应用程序启动、善后代码:crtbegin.o、crtbeginT.o、crtbeginS.o 和 crtend.o、crtendS.o。这些二进制文件的内容将来会被 cross-gcc 链接到所有按常规方式编译的应用程序的的开始和结尾,以帮助应用程序完成启动和善后的相关工作。

(5) 使用 cross-gcc 编译出 ARM 平台上的 GCC 的伴生库,例如:libgomp、libssp 等,它们都依赖于 glibc。

(6) 如果要求 cross-gcc 系统支持 C++语言的话,GCC 将会编译出 C++交叉编译器 cross-g++——arm-ifl-linux-gnueabi-g++。

(7) 使用 cross-g++编译出 ARM 平台上的 C++标准定义的 C++库(即:libstdc++,该库依赖于 glibc),并生成 C++库的头文件(例如:iostream 等)。

附,cross-gcc 系统各个组成部件的默认安装位置,如下:

cross-gcc:$PREFIX/bin 以及$TARGET_PREFIX/bin。

cross-gcc 内部调用程序及语言前端插件库:

$PREFIX/libexec/gcc/$TARGET_PREFIX/4.6.0。
libgcc：$PREFIX/lib/gcc/$TARGET_PREFIX/4.6.0。
应用程序启动、善后代码同 libgcc。
GCC 的伴生库：$TARGET_PREFIX/lib。
C++标准库：同 GCC 的伴生库。
C++头文件：$TARGET_PREFIX/include/c++/4.6.0。

这里要特别予以重点强调的是：$PREFIX 非常重要，它不仅是 cross-gcc 的安装根目录，而且它决定了将来 cross-gcc 在编译别的程序时，搜索系统头文件和系统库文件的位置。默认情况下，cross-gcc 将在 $TARGET_PREFIX/include 搜索头文件，在 $TARGET_PREFIX/lib 搜索库文件，在 $TARGET_PREFIX/bin 搜索汇编器 AS 和连接器程序 LD，在 $PREFIX/lib/gcc/$TARGET_PREFIX/4.6.0 搜索 libgcc、应用程序启动、善后代码，在 $PREFIX/libexec/gcc/$TARGET_PREFIX/4.6.0 搜索预处理程序 CPP 和编译器程序 cc1，在 $TARGET_PREFIX/include/c++/4.6.0 搜索 C++库文件。

4.3.5 编译 glibc 所需要的内核头文件

glibc 是应用程序与 Linux 内核打交到的中介，可见 glibc 是直接与 linux 内核交互的部分，因此它需要了解 Linux 内核的一些接口，所以在编译 glibc 的时候便需要内核的一些头文件作为编译的支持。以下为头文件的编译安装过程：

```
cd $PROROOT/src/linux-2.6.39.2
make mrproper
make ARCH = arm headers_check
make ARCH = arm INSTALL_HDR_PATH = $TARGET_PREFIX headers_install
cd -
```

先使用 mrproper 删除之前编译所生成的文件和配置文件，再使用 headers_check 做头文件检测，最后使用 make headers_install 安装 ARM 平台下的头文件到 INSTALL_HDR_PATH 变量所指定目录的 include 子目录下。

4.3.6 配置编译安装 glibc

此节编译安装 glibc 的命令如下：

```
mkdir $PROROOT/build/build-glibc
cd $PROROOT/build/build-glibc
../../src/glibc-2.13/configure \
--build = i686-pc-linux-gnu \
--host = $TARGET --target = $TARGET \
--prefix = / \
--with-binutils = $TARGET_PREFIX/bin \
```

```
--with-headers = $TARGET_PREFIX/include \
--enable-add-ons \
--enable-kernel = 2.6.22 \
--disable-profile \
--with-tls \
libc_cv_forced_unwind = yes \
libc_cv_c_cleanup = yes
make 2>&1 | tee make.out && make install install_root = $TARGET_PREFIX || exit 1
```

其中参数的含义：

--host = $TARGET 表明编译出来的 glibc 是运行在 ARM 平台上的(即：glibc 的二进制代码是 ARM 的机器指令，而不是 x86 的机器指令)。这同时也表明了，编译 glibc 使用的编译器不是 GCC，而是 cross-gcc(含 cross-as、cross-ld，后续不再说明)。

--prefix = / 指定 glibc 的安装位置在根目录。这一点十分重要，如果此处按照常规写为了 --prefix = $PREFIX，那么编译可以顺利完成，但将得到的 glibc 部署到目标系统(例如 ARM 开发板)后，系统将会在启动第 1 个用户进程 init 时崩溃。崩溃的原因是，init 需要动态链接 libc 库，而负责加载动态库的 ld-linux.so 搜索动态链接库的路径是由 --prefix 决定的。此时 ld-linux.so 将搜索 /usr/local/arm/4.6.0/arm-ifl-linux-gnueabi/lib 目录，而 libc 库却放在 /lib 目录，这样一来，无法找到 libc 库，可怜的 init 只能被 OS kill 掉，连 1 号用户进程都启动不了，系统也就只有死机一条路可走了。

--with-headers = $TARGET_PREFIX/include 指定要参照的内核头文件的位置。4.3.5 小节中已经在该处存放了正确的内核头文件。

--enable-kernel = 2.6.22 表示支持的内核最小版本。没有这个选项，编译出来的 glibc 只向前兼容到使用的头文件对应的内核版本(即：2.6.39)，而本书使用的内核版本是 2.6.22.6，所以需要指定此选项。注意：指定的版本越低，将导致 glibc 增加越多的兼容性代码。

--enable-add-ons 指明需要编译 glibc 源代码中所有的插件(每个插件体现为 glibc 源代码中的一个子目录)。这个选项必须指定，因为对于 2.13 版本的 glibc 而言，核心代码只支持 X86、PowerPC、S390、Sparc 平台，而我们需要的 ARM 平台代码是作为插件加入 glibc 源码的。

--enable-binutils 选项指定编译 glibc 是使用的二进制工具的路径。若不指定，则使用 cross-gcc 的默认路径。

--disable-profile 不编译一些介绍信息。

--with-tls 对一些兼容性问题的检查支持。

libc_cv_forced_unwind = yes nptl 支持。

libc_cv_c_cleanup = yes nptl 支持。

最后的 make install install_root = $TARGET_PREFIX 也非常重要，它表示在

第 4 章　制作交叉编译工具链

安装 glibc 库的时候，实际安装到 $TARGET_PREFIX/$PREFIX/lib 目录下。如果不指定 install_root=$TARGET_PREFIX 的话，glibc 库将安装到开发机的/lib 目录（由--prefix=/所指定），这将会破坏开发机的 Linux 系统。与此同时，下一步编译完整版本 cross-gcc 的时候，也会找不到 glibc。

最后说明一下，得到的 glibc 由 4 部分组成：

（1）动态链接库加载器 ld-linux，默认安装位置 $PREFIX/lib。

（2）glibc 动态库文件以及相应的两套软链接文件，glibc 静态库文件，默认安装位置 $PREFIX/lib。

（3）glibc 头文件，默认安装位置 $PREFIX/include。

（4）crt1.o、crti.o、crtn.o，完成与 crtbegin.o、crtend.o 相似的功能，默认安装位置 $PREFIX/lib。

4.3.7　配置编译安装完整的 GCC

上一节已经制作出了 libc、libm 等动态库文件，因此可以借助 glibc 生成的动态库以及二进制工具制作完整版本的交叉编译工具链了。以下是编译安装 cross-gcc 的步骤。

上一小节由于指定的是--prefix=/，因此得到的 libc.so 文件中的内容如下。这会导致本小节编译出的 cross-gcc，会到/lib 目录下去查找 libc.so.6 库，而正确的 libc.so.6 库则位于/usr/local/arm/4.6.0/arm-ifl-linux-gnueabi/lib/，从而将导致本小节编译 cross-gcc 失败。

```
GROUP ( //lib/libc.so.6  //lib/libc_nonshared.a  AS_NEEDED ( //lib/ld-linux.so.3 ) )
```

将其改为：

```
GROUP ( libc.so.6  libc_nonshared.a  AS_NEEDED ( ld-linux.so.3 ) )
```

用同样的方法修改 libpthread.so 文件。

脚本文件中的如下内容就是用来完成以上两个操作的：

```
cd $TARGET_PREFIX/lib
sed -i_orig 's/\/\/\/lib\///g' libc.so
sed -i_orig 's/\/\/\/lib\///g' libpthread.so
cd -
```

做好准备工作后，就可以进行配置工作了：

```
mkdir $PROROOT/build/build-fullgcc
cd $PROROOT/build/build-fullgcc
../../src/gcc-4.6.0/configure \
--build=i686-pc-linux-gnu \
```

```
--host = i686-pc-linux-gnu \
--target = $TARGET \
--prefix = $PREFIX \
--enable-languages = c,c++ \
--with-cpu = arm1176jzf-s \
--with-tune = arm1176jzf-s \
--with-fpu = vfp \
--with-float = softfp \
--with-bugurl = http://www.ielife.cn \
--with-pkgversion = IFL_Group-1.0 \
--enable-__cxa_atexit \
--disable-libmudflap \
--enable-threads = posix \
--disable-nls \
--enable-symvers = gnu \
make 2>&1 | tee make.out && make install || exit 1
```

其中参数的含义：

--with-cpu＝arm1176jzf-s,--with-tune＝arm1176jzf-s,--with-float＝softfp 此配置为针对特定的 ARM11 CPU，如果选择 S3C2440 作为 CPU 目标（这是本书的选择），则应将此处以及 4.3.4 小节中对应的设置改为--with-cpu＝arm920t,--with-tune＝arm9tdmi,--with-fpu＝soft。这是因为 S3C2440 使用的是 ARM920t 核，该核没有硬件浮点运算协处理器。这一点，请读者务必引起重视，如果 4.3.4 小节对应设置不改，将导致 glibc 含有硬件浮点运算指令和 ARM11 特有的机器指令；如果本小节对应设置不改，将导致 libgcc 库、cross-gcc 伴生库、C＋＋标准库等目标 ARM 平台上的库含有硬件浮点运算指令和 ARM11 特有的机器指令。这二者中的任何一个都将最终导致 S3C2440 开发板上的 ARM 系统刚启动就死机。光盘中的 install-for920t-nosysroot.sh 配置脚本对应了 S3C2440，读者可以自行参考。

4.3.4 小节中禁止了生成 cross-gcc 的伴生库、glibc 的动态库、参阅 glibc 系统头文件，是由于生成它们需要 glibc 的头文件和库文件的支持。而现在已经有了 ARM 平台的 glibc，因此本小节取消所有的这些限制。

--enable-languages＝c,C＋＋代表交叉编译器支持 C 和 C＋＋语言。此时已经有了 ARM 平台的 glibc，因此编译出支持 C＋＋的 cross-g＋＋以及相应库，已经完全没有障碍。

--enable-threads＝posix 表示 cross-gcc 支持 posix 标准的多线程，这将影响到运行时库以及 C＋＋语言的异常处理。由于有了 glibc 头文件的支持，启用多线程支持已经完全没有障碍。

--enable-__cxa_atexit 指定 C＋＋语言使用库函数__cxa_atexit 来注册全局对象的析构函数，而不是库函数 atexit。此要求是严格遵守 C＋＋语言关于析构函数标准的要求，但这需要 glibc 存在且含有__cxa_atexit 库函数。

--with-pkgversion＝IFL_Group-1.0 为交叉编译工具链的版本说明。

--with-bugurl＝http://www.ielife.cn 是交叉编译工具链 bug report 的网址。

其余选项通过 ./configure --help 查明含义。

4.3.8 测试编译成功的交叉编译工具链

首先，需要设置环境变量：

```
PATH = /usr/local/arm/4.6.0/bin: $PATH
```

其次，检测生成的编译器信息：

```
arm-ilf-linux-gnueabi-gcc -v
```

显示结果如下：

```
Using built-in specs.
COLLECT_GCC = ./arm-ifl-linux-gnueabi-gcc
COLLECT_LTO_WRAPPER = /usr/local/arm/4.6.0/libexec/gcc/arm-ifl-linux-gnueabi/4.6.0/lto-wrapper
Target: arm-ifl-linux-gnueabi
Configured with: ../../src/gcc-4.6.0/configure --build = i686-pc-linux-gnu --host = i686-pc-linux-gnu --target = arm-ifl-linux-gnueabi --prefix = /usr/local/arm/4.6.0 --enable-languages = c,c++ --disable-multilib --with-cpu = arm1176jzf-s --with-tune = arm1176jzf-s --with-fpu = vfp --with-float = softfp --with-bugurl = http://www.ielife.cn --with-pkgversion = IFL_Group-1.0 --enable-__cxa_atexit --disable-libmudflap --enable-threads = posix --disable-nls --enable-symvers = gnu --enable-c99 --enable-long-long
Thread model: posix
gcc version 4.6.0 (IFL_Group-1.0)
```

最后，我们可以写一个最简单的 C 语言程序来检测是否能够正常编译源代码。test.c 源代码：

```
#include <stdio.h>
int main()
{
    return 0;
}
```

编译命令：

```
arm-ifl-linux-gnueabi-gcc test.c -o test
```

使用 file test 查看文件格式：

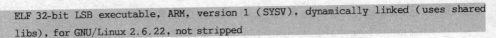

ELF 32-bit LSB executable, ARM, version 1 (SYSV), dynamically linked (uses shared libs), for GNU/Linux 2.6.22, not stripped

使用下面的命令查看整个 test 可执行文件的布局格式：

arm-ifl-linux-gnueabi-objdump -x test

4.3.9 使用新选项 sysroot 对交叉编译工具链进行完美化

注：本小节的配置全部写入了光盘的 install-for920t-sysroot.sh 脚本文件中，读者可以参阅。

按照以上步骤制作的交叉编译工具链存在两个瑕疵：

(1) glibc 部署在目标系统的/lib 目录下。完美系统应该将 glibc 核心库部署在/lib 目录，非核心库部署在/usr/lib 目录。

(2) 编译出 glibc 后，需要手工修改 libc.so 和 libpthread.so 文件，这不太方便。完美系统不应该手工修改系统文件。

对于(1)的完美化，glibc 早有支持，解决方法非常简单，只需要在编译 glibc 的时候，指定--prefix=/usr 即可。这样的指定，会使得将 glibc 核心库部署在/lib 目录，非核心库以及核心库的编译软链接文件部署在/usr/lib 目录，头文件部署在/usr/include 目录；同时 ld-linux 将在/lib 和/usr/lib 两个目录中搜索库文件。

对于(2)的完美化可就没有这么简单了。细心的读者，如果仔细查看过 4.2 节中通过 crosstool 生成的交叉编译工具链 gcc-3.4.5-glibc-2.3.6 的文件的话，会发现 crosstool 也是通过手工修改 libc.so 和 libpthread.so 两个文件来解决问题的，与我们 4.3.7 小节的解决方法如出一辙。为何专家们也束手无策呢？因为 gcc-3.4.5 版本较低，的确没有考虑到这个难题。但我们目前要编译的 gcc-4.6.0 是较高版本的 GCC 编译器，它已经考虑到了这个问题并引入了一个新的选项--with-sysroot 来解决。下面就简要描述一下解决方案。

1. 在配置完整功能的 cross-gcc 时，加入--with-sysroot=$TARGET_PREFIX/sysroot 选项。这将使得 cross-gcc 在编译别的程序的时候默认加上--sysroot=/usr/local/arm/4.6.0/arm-ifl-linux-gnueabi/sysroot 选项。它的含义是，将 $TARGET_PREFIX/sysroot 作为目标系统的根(/)目录，对目标系统头文件和库文件的搜索都以它作为基础参照。这会引入如下新特性：

(1) 使得 cross-gcc 需要查找 glibc 的头文件和库文件时(在编译目标 ARM 平台上的库时，有这样的需要)，除了会在它自己的安装目录下查找外，还会多出一个查找路径：$TARGET_PREFIX/sysroot/usr/include(头文件)，$TARGET_PREFIX/sysroot/lib 和 $TARGET_PREFIX/sysroot/usr/lib(库文件)。

(2) cross-gcc 在通过--with-sysroot 给出的路径查找库文件的过程中，如果遇到了绝对路径(libc.so 和 libpthread.so 是两个典型例子)，将会在绝对路径前加上

--with-sysroot 指定的前缀路径。

2. 为配合 cross-gcc 在条目 1 中的行为，glibc 需要安装到 $TARGET_PREFIX/sysroot/usr 目录。这只需在编译 glibc 的时候做 3 件事情：

（1）在配置 glibc 的时候指定--prefix=/usr。这与对于 1 的完美化方法不谋而合。

（2）在配置 glibc 的时候指定--with-headers=$TARGET_PREFIX/sysroot/usr/include。

（3）安装 glibc 时，指定配合的安装路径如下：
make install install_root=$TARGET_PREFIX/sysroot

3. 为了配合 glibc 在条目 2 的（2）中的行为，内核头文件需要安装到 $TARGET_PREFIX/sysroot/usr/include 目录。这只需要在配置安装内核头文件的时候指定如下目录即可：
make ARCH=arm INSTALL_HDR_PATH=$TARGET_PREFIX/sysroot/usr headers_install

4. 需要注意，还有一件应该做的事情常常被忽略。

因为 cross-gcc 完成条目（1）的（2）中功能，是通过借助向链接器 ID 传入选项--sysroot=/usr/local/arm/4.6.0/arm-ifl-linux-gnueabi/sysroot 来实现的。这样一来，就要求链接器必须支持--sysroot 选项。默认的配置，链接器是不支持--sysroot 选项的。因此，在配置二进制工具 binutils 的时候，需要加入--sysroot 选项。

5. 这样编译出来的交叉编译工具链，还有一小点瑕疵。那就是，C++标准库、cross-gcc 伴生库、libgcc 动态库被安装在了/usr/local/arm/4.6.0/arm-ifl-linux-gnueabi/lib 目录下，它与 glibc 库的安装位置/usr/local/arm/4.6.0/arm-ifl-linux-gnueabi/sysroot/usr/lib 不一样。这使得在部署库到 arm 开发板上的时候，不得不复制 2 个目录。这不是什么大问题，但 cross-gcc 如此的天生丽质，使我觉得不给她穿上漂亮的衣服，实在是于心不忍。好吧，那就给她换身漂亮的马甲吧。

在配置完整功能的 cross-gcc 之前，执行如下操作：

```
cd $TARGET_PREFIX
rm -rf lib
ln -s sysroot/usr/lib lib
cd $PROROOT
```

4.4 基于 crosstool-ng 工具制作交叉编译工具链

crosstool-ng 为 crosstool 的升级版本，由于 crosstool 不再维护，所以想使用最新的交叉编译工具链可以使用 crosstool-ng 脚本。crosstool-ng 的配置过程不再通过命令行，它加入了类似 Linux 内核配置的图形界面菜单，编译过程中使用的源代码也可以在编译的时候通过联网动态获取。几乎只要配置一下图形界面菜单,告诉 crosstool-ng 你需要的版本和配置信息,直接 build 就可以得到希望版本的交叉编译工具链。

编译此节交叉编译工具链使用主机 GCC 的版本为 4.1。

4.4.1 获取 crosstool-ng 的源代码

crosstool-ng 的下载地址是:http://ymorin.is-a-geek.org/download/crosstool-ng/。

值得注意的是,下载了最新的 crosstool-ng 以后,记得在下面的目录下看看有没有相应的补丁文件,如果有,需要下载下来,使用 patch 命令给你的脚本文件打上补丁。本次下载的版本是 1.12.4 无 patch。

http://ymorin.is-a-geek.org/download/crosstool-ng/01-fixes/。

4.4.2 获取 crosstool-ng 脚本需要的源代码文件

crossstool-ng 是个脚本文件,它的功能就是生成需要的交叉编译工具链。它的功能做的很完善,支持的平台也非常的丰富。对于 ubuntu 系统最好的是,就算不知道应该下载哪些源代码来完成编译,crosstool-ng 也会帮助你到指定的网站下载相应的源码参与编译。如果想要自己下载这些源代码,可以通过 http://ftp.gnu.org/gnu/网站下载。如果已经打开 crosstool-ng 下载地址,那么你会发现它有很多版本,最新的版本一般都加入了新的特征,支持更高的编译器版本。那么同样的,需要下载的源码也必须是它所要求的新版本。就以 crosstool-ng-1.12.4 版本为例,我们可以在 gnu 官网找到 linux kernel 2.6.39.2、binutils-2.20.1a、gcc-4.3.2、glibc-2.9、glibc-ports 2.9、gmp 4.3.2、mpfr 2.4.2 这些源代码。

4.4.3 准备 crosstool-ng 的安装环境

在编译前还需要检查你的编译环境,因为在编译过程中需要用到 GCC、binutils、glibc、make、automake、autoconf、flex、bison 工具,而且对版本也有要求,因此需要使用命令去下载这些工具:

必备工具包:bison、flex、texinfo、automake、libtool、cvs、patch、ncurses、curl、gcj、g++、svn、gawk、cvsd。

我们可以通过以下一条命令来获得它们,但需要 ubuntu10.04 接入网络。

```
sudo apt-get install bison flex texinfo automake libtool cvs patch curl gcj subversion -gawk cvsd gperf
```

bison 和 flex 是用来生成语法和词法分析器;

textinfo 和 man 类似,用来读取帮助文档;

automake 是帮助生成 Makefile 的工具;

第4章 制作交叉编译工具链

libtool 帮助在编译过程中处理库的依赖关系,自动搜索路径;
cvs、cvsd 和 subversion 是版本控制软件,用于编译过程中的源码下载;
curl 通过给定的网络地址下载源码的工具;
gcj 用于编译 java 源代码的工具;
patch 是用于给源码打补丁的工具;
gawk 是 linux 下用于文本处理和模式匹配的工具。

4.4.4 安装 crosstool-ng

解压 crosstool-ng-1.12.4.tar.bz2(光盘/work/compiler/crosstool-ng-1.12.4.tar.bz2):

```
cd /work/compiler
tar xjvf crosstool-ng-1.12.4.tar.bz2
cd /work/compiler/crosstool-ng-1.12.4
```

解压文件,进行配置。

假设我们的配置安装目录为/usr/loca/arm/crosstool-ng,执行以下3条命令安装脚本:

```
$ sudo ./configure --prefix=/usr/local/arm/crosstool-ng
$ sudo make
$ sudo make install
```

分别代表配置安装目录、编译和安装,这样会把 crosstool-ng 脚本的安装包放到 /usr/loca/arm/crosstool-ng 目录下。

4.4.5 配置编译的交叉编译工具链参数

本次建立的交叉编译工具链的名字是 arm-ifl-linux-gnueabi,版本为4.3.2。

(1) 先建立一个编译目录。

```
$ mkdir -p /work/compiler/crosstool-ng-build
```

(2) 进入这个目录,然后执行命令(注意命令的最后的"."表示复制到当前目录)。

```
$ cd /work/compiler/crosstool-ng-build
$ cp /work/compiler/crosstool-ng-1.12.4/samples/arm-unknown-linux-gnueabi/* .
```

(3) 复制过来的文件中有一个默认的 crosstool-config 文件,将其改名为".config"文件。

```
$ cp crosstool.config .config
```

(4) 输入命令,对编译的参数进行配置。

· 63 ·

```
$ /usr/local/arm/crosstool-ng/bin/ct-ng menuconfig
```

（5）弹出主菜单，如下图。此菜单主要用于交叉编译工具链的环境配置，请按照图 4-1 界面配置。

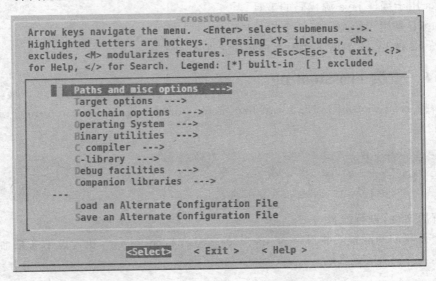

图 4-1 Crosstool-NG 配置主菜单

（6）进入 Paths and misc options 菜单，修改选项 Local tarballs directory 等目录，如图 4-2、图 4-3 所示。

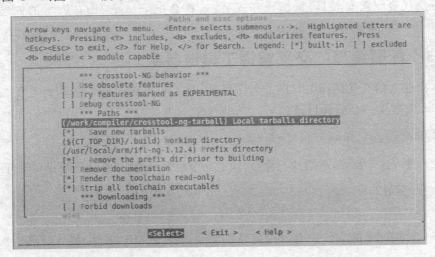

图 4-2 Paths and misc options 子配置菜单 1

Local tarballs directory 是存放源码压缩包的目录。/work/compiler/crosstool-ng-tarball 是光盘中为读者准备好的源代码。我们在 linux 系统中建立一个压缩包

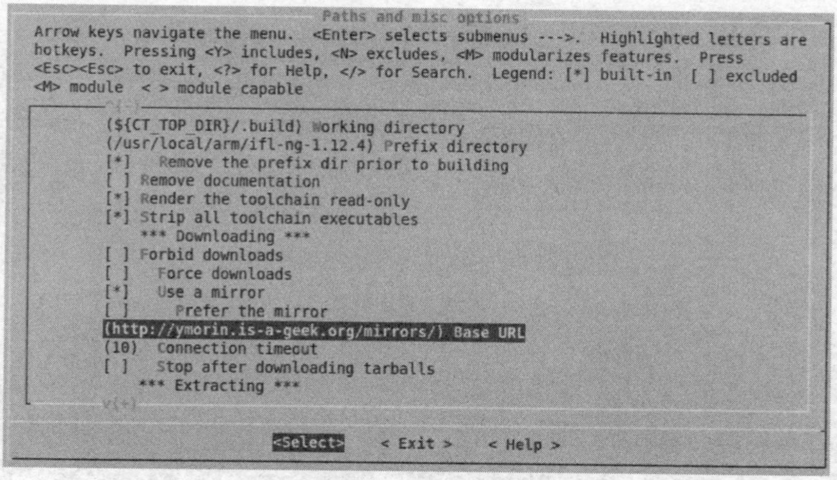

第 4 章　制作交叉编译工具链

图 4-3　Paths and misc options 子配置菜单 2

目录,把光盘中的这些源代码放到/work/compiler/crosstool-ng-tarball 目录下,因此图中指定源代码压缩包的目录为/work/compiler/crosstool-ng-tarball。

Working directory 为编译过程的根目录,在编译过程中生成的文件都将保存在这个目录下,可以不做修改。

Prefix directory 目录为生成的交叉编译工具链存放的位置,图中指定的位置是/usr/local/arm/ifl-ng-1.12.4。

Save new tarballs 表示,如果在编译过程中指定的压缩包在 Local tarballs directory 目录下没有找到,将下载压缩包,并保存到 Local tarballs directory 指定的目录下。

Base URL 指定的下载源代码包的网址,编译时需要使用到的源代码文件会从 Base URL 所指定的网址下载到 Local tarballs directory 目录。

(7) 返回主菜单,修改 Target options 配置选项,修改成如图 4-4 所示。

其中,

ARMv4t 表示编译出的编译器支持 ARMv4t 架构的 CPU;

ARM920t 为指定 CPU 的类型,S3C2440 使用的 CPU 核心为 ARM920t;

Use EABI 为编译器指定支持 EABI 规范。

(8) 返回主菜单,修改 Toolchain options 配置选项,修改成如图 4-5 所示选项。

sysroot directory name 指定编译器生成的库文件和头文件的根目录;

Toolchain bug URL 指定如何反馈编译器的错误;

Tuple's vendor string 指定经销商的名称,影响生成的编译器前缀为 arm-ifl-linux-gnueabi;

Tuple's alias 为生成的编译器指定别名,图中指定为 arm-linux,这将使得我们

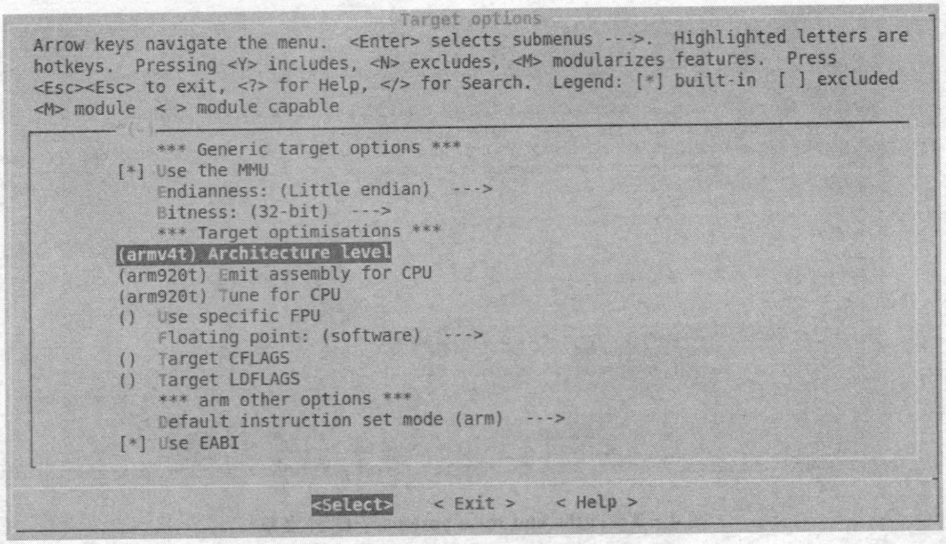

图 4-4 Target options 子配置菜单

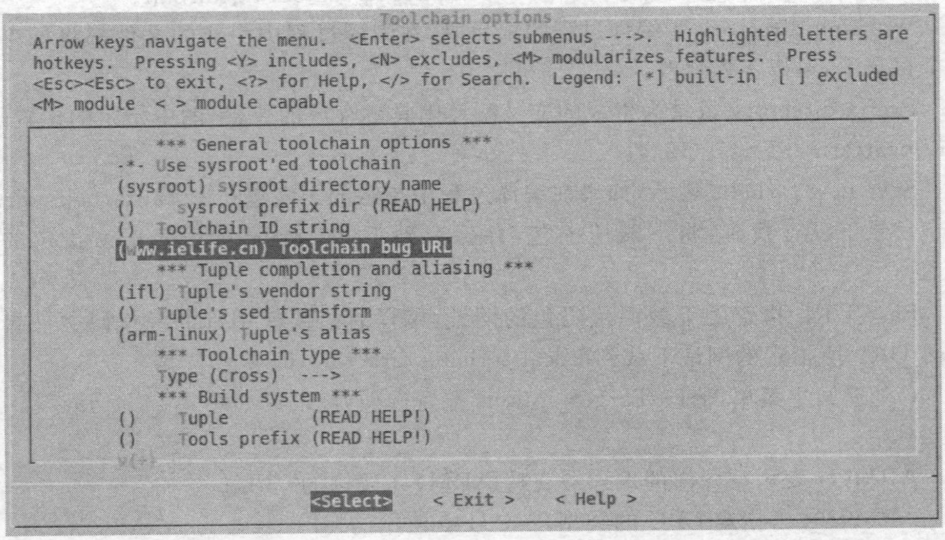

图 4-5 Toolchain options 子配置菜单

可以使用 arm-linux-gcc 这样简捷的命令来编译代码。

（9）返回主菜单，修改 Operating System 配置选项，修改成如图 4-6 所示。

指定编译器的目标系统是 linux，版本为 2.6.39.2。

（10）返回主菜单，修改 Binary utilities 配置选项如图 4-7 所示。

上图界面用于配置二进制工具，bintuils 的源码包版本选择的是 2.20.1a。

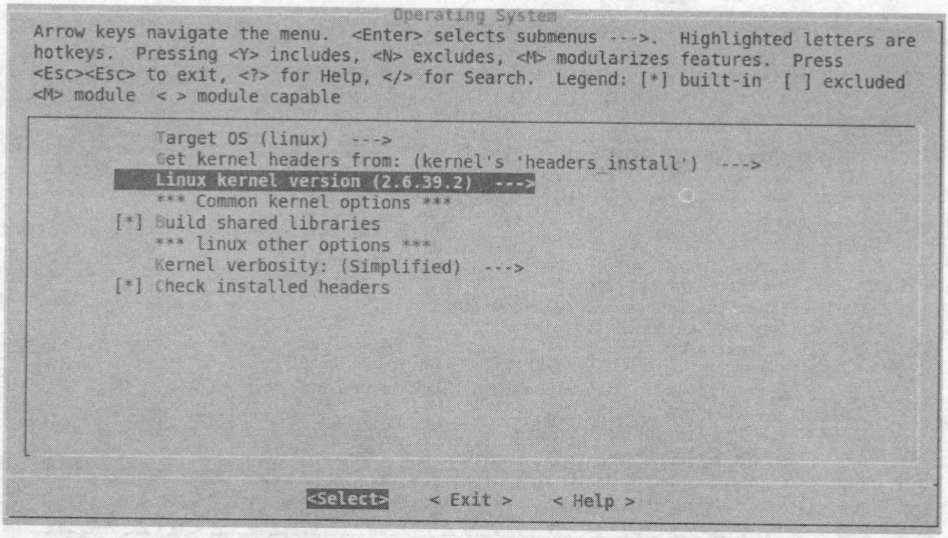

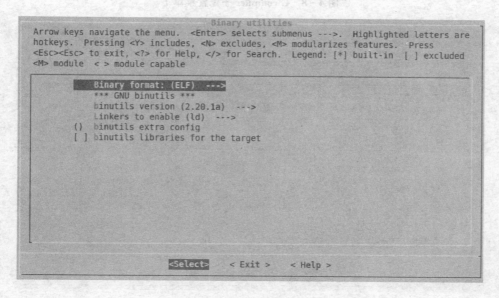

图 4-6 Operating System 子配置菜单

图 4-7 Binary utilities 子配置菜单

(11) 返回主菜单，修改 C compiler 配置选项如图 4-8、图 4-9 所示。

C compiler 选择 GCC，版本选择为 GCC4.3.2，编译器支持 C++，如果读者希望生成的编译器支持 java，也可在 java 选单中支持，这里仅支持 C 和 C++。

如果在编译 C++ 的过程中，编译出错找不到符号 __cxa_atexit，需要选择此项。

(12) 返回主菜单，修改 C-library 配置选项如图 4-10、图 4-11 所示。

构建嵌入式 Linux 核心软件系统实战

```
                              C compiler
 Arrow keys navigate the menu.  <Enter> selects submenus --->.  Highlighted letters are
 hotkeys.  Pressing <Y> includes, <N> excludes, <M> modularizes features.  Press
 <Esc><Esc> to exit, <?> for Help, </> for Search.  Legend: [*] built-in  [ ] excluded
 <M> module  < > module capable

         C compiler (gcc)  --->
         gcc version (4.3.2)  --->
         *** Additional supported languages: ***
     [*] C++
     [ ] Fortran
     [ ] Java
         *** gcc other options ***
     ()  Flags to pass to --enable-cxx-flags
     ()  Core gcc extra config
     ()  gcc extra config
         *** Optimisation features ***
         *** Settings for libraries running on target ***
     [*] Optimize gcc libs for size
     [ ] Compile libmudflap
     [ ] Compile libgomp
         v(+)

              <Select>      < Exit >      < Help >
```

图 4-8　C compiler 子配置菜单 1

```
                              C compiler
 Arrow keys navigate the menu.  <Enter> selects submenus --->.  Highlighted letters are
 hotkeys.  Pressing <Y> includes, <N> excludes, <M> modularizes features.  Press
 <Esc><Esc> to exit, <?> for Help, </> for Search.  Legend: [*] built-in  [ ] excluded
 <M> module  < > module capable

         *** gcc other options ***
     ()  Flags to pass to --enable-cxx-flags
     ()  Core gcc extra config
     ()  gcc extra config
         *** Optimisation features ***
         *** Settings for libraries running on target ***
     [*] Optimize gcc libs for size
     [ ] Compile libmudflap
     [ ] Compile libgomp
     [ ] Compile libssp
         *** Misc. obscure options. ***
     [*] Use __cxa_atexit
     [ ] Do not build PCH
     < > Use sjlj for exceptions
     < > Enable 128-bit long doubles

              <Select>      < Exit >      < Help >
```

图 4-9　C compiler 子配置菜单 2

这里选择的 C 库为 glibc，版本为 2.9，若编译中需要支持 unwind，需要选中配置选单中的 Force unwind support。

以上配置 glibc 支持的内核最小版本为 2.6.16。

(13) 返回主菜单，修改 Debug facilities 配置选项，如图 4-12 所示。

图中显示并没有对调试内容的支持，感兴趣的读者可以进行选择，增加编译工具

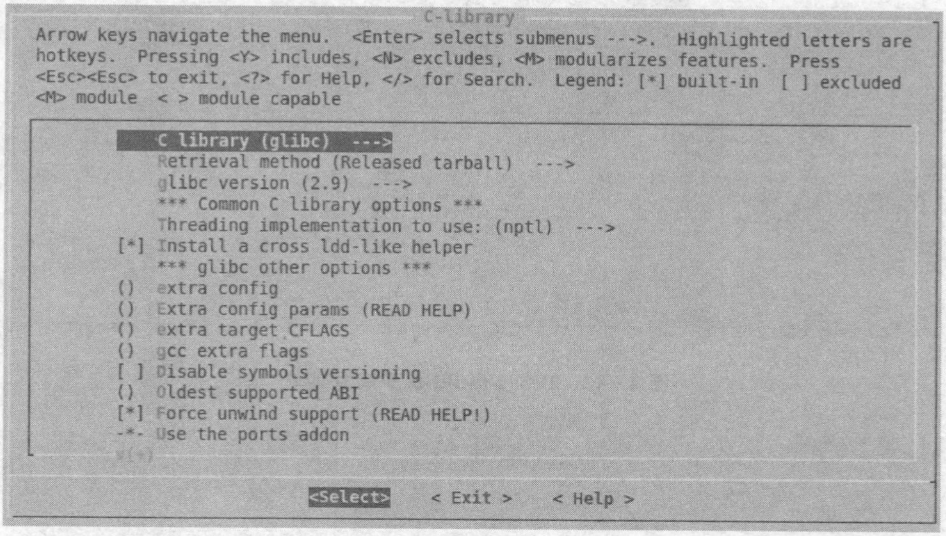

第4章 制作交叉编译工具链

图 4-10　C-library 子配置菜单 1

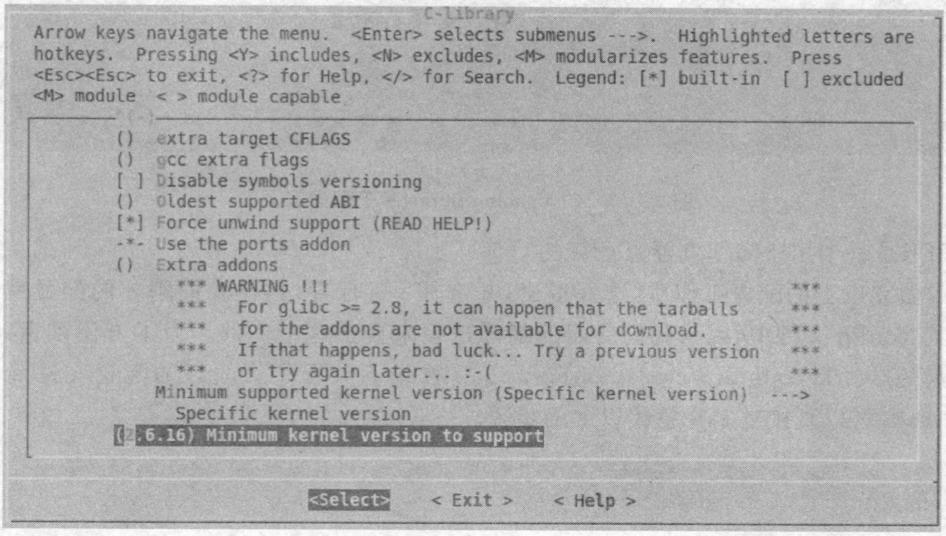

图 4-11　C-library 子配置菜单 2

链的调试功能。

(14) 返回主菜单,修改 Companion libraries 配置选项,如图 4-13 所示。

从 GCC-4.3 版本起,安装 GCC 将依赖于 GMP-4.1 以上版本和 MPFR-2.3.2 以上版本。GMP 是实现任意精度算术运算的软件包,可以完成有符号整数、有理数和浮点数的运算。只要计算机的内存满足需要,GMP 的运算精度没有任何限制。

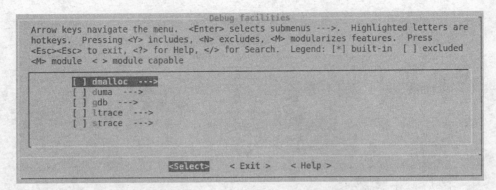

图 4-12 Debug facilities 子配置菜单

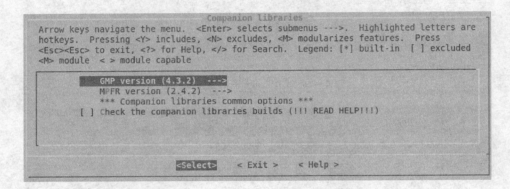

图 4-13 Companion libraries 子配置菜单

MPFR是一个用于高精度浮点运算的 C 库。

做完以上的配置工作后,选择退出,并选择 yes 保存,这样我们刚才的配置就进入了.config 文件中,因为我们后面的编译过程来自于这个文件。为了方便读者,在光盘的/work/compiler/crosstool-ng-tarball 目录下放置了修改好的配置文件 config.bak,可以直接复制并替代以上的步骤。

```
$ mv  config.bak  .config(在配置目录下更改,本书为/work/compiler/crosstool-ng-build)
```

4.4.6 编译交叉工具链

输入命令:

```
/work/compiler/crosstool-ng-build$ /usr/local/arm/crosstool-ng/bin/ct-ng build
```

编译程序,编译过程大概需要 2 个小时左右的时间(按你的机器而定),编译时显示以下信息,以供参考。

```
[INFO ]    Performing some trivial sanity checks
[INFO ]    Build started 20110701.093540
[INFO ]    Building environment variables
[EXTRA]    Preparing working directories
[EXTRA]    Installing user-supplied crosstool-NG configuration
[EXTRA]    ================================================
[EXTRA]    Dumping internal crosstool-NG configuration
[EXTRA]      Building a toolchain for:
[EXTRA]         build = i686-pc-linux-gnu
[EXTRA]         host = i686-pc-linux-gnu
[EXTRA]         target = arm-unknown-linux-gnueabi
[EXTRA]    Dumping internal crosstool-NG configuration: done in 0.16s (at 00:03)
[INFO ]    ================================================
……
……
[INFO ]    Cleaning-up the toolchain's directory
[INFO ]      Stripping all toolchain executables
[EXTRA]      Installing the populate helper
[EXTRA]      Installing a cross-ldd helper
[EXTRA]      Creating toolchain aliases
[EXTRA]      Removing access to the build system tools
[INFO ]    Cleaning-up the toolchain's directory: done in 6.20s (at 70:48)
[INFO ]    Build completed at 20110701.104627
[INFO ]    (elapsed: 70:47.96)
[INFO ]    Finishing installation (may take a few seconds)...
```

如果有 Finishing installation 信息出现，说明编译成功。等待安装完毕后，进入安装目录/usr/local/arm/ifl-ng-1.12.4，进行下一节的测试。

4.4.7 测试编译成功的交叉编译工具链

arm-linux-gcc-v 显示以下信息说明编译器已经安装成功了。

```
Using built-in specs.
Target: arm-ifl-linux-gnueabi
Configured with: /work/compiler/crosstool-ng-build/.build/src/gcc-4.3.2/configure --build = i686-build_pc-linux-gnu --host = i686-build_pc-linux-gnu --target = arm-ifl-linux-gnueabi --prefix = /usr/local/arm/ifl-ng-1.12.4 --with-sysroot = /usr/local/arm/ifl-ng-1.12.4/arm-ifl-linux-gnueabi/sysroot --enable-languages = c,c++ --disable-multilib --with-arch = armv4t --with-cpu = arm920t --with-tune = arm920t --with-float = soft --with-pkgversion = 'crosstool-NG 1.12.4' --with-bugurl = www.ielife.cn --disable-sjlj-exceptions --enable-__cxa_atexit --disable-libmudflap --disable-libgomp --disable-libssp --with-gmp = /work/compiler/crosstool-ng-build/.build/arm-ifl-linux-gnueabi/build/
```

```
static --with-mpfr = /work/compiler/crosstool-ng-build/. build/arm-ifl-linux-gnueabi/
build/static --enable-threads = posix --enable-target-optspace --with-local-prefix = /
usr/local/arm/ifl-ng-1.12.4/arm-ifl-linux-gnueabi/sysroot --disable-nls --enable-c99 --
enable-long-long
Thread model: posix
gcc version 4.3.2 (crosstool-NG 1.12.4)
```

由以上信息可以看得出 GCC 的版本为 4.3.2，支持 posix 标准，且编译所支持的平台可以通过--with-arch = armv4t --with-cpu = arm920t --with-tune = arm920t --with-float=soft 看出，该编译器将支持 ARMv4t 架构的 ARM920t 核处理器，并且使用软浮点运算。

4.5 小 结

本章节主要介绍了编译器的几种制作方法。

其中 crosstool 主要用于制作 OABI 类型的编译器，符合老的编译器的标准；而 crosstool-ng 则是用于编译 EABI，即新标准的嵌入式编译器。crosstool-ng 不仅可以编译出 ARM 的交叉编译工具，还可以编译出其他平台的嵌入式编译器。

在编译交叉编译工具链的过程中，可以看一下编译过程中打印出来的编译选项，对照光盘中的 material 目录下的"GCC-the-Complete-Reference.pdf"来学习编译器参数的含义，这也非常有意义。因为基于 Linux 开发，会使用到很多开源代码，几乎所有的源代码都会有自己的比较复杂的配置脚本和 Makefile 文件，当然也就会包含很多的 GCC 的参数，了解常用的参数使用有助于帮助我们分析代码和调试错误。

编译本章节的交叉编译工具链所需要的源代码都存放在光盘的/work/compiler 目录下。

第 5 章
构建 BootLoader

5.1 BootLoader 介绍

5.1.1 BootLoader 概述

引导加载程序是系统加电后运行的第一段软件代码。回忆一下 PC 的体系结构我们可以知道，PC 机中的引导加载程序由 BIOS（其本质就是一段固件程序）和位于硬盘 MBR 中的 OS BootLoader（比如，LILO 和 GRUB 等）一起组成。BIOS 在完成硬件检测和资源分配后，将硬盘 MBR 中的 BootLoader 读到系统的 RAM 中，然后将控制权交给 OS BootLoader。BootLoader 的主要运行任务就是将内核映象从硬盘上读到 RAM 中，然后跳转到内核的入口点去运行，即开始启动操作系统。

而在嵌入式系统中，通常并没有像 BIOS 那样的固件程序（注，有的嵌入式 CPU 也会内嵌一段短小的启动程序），因此整个系统的加载启动任务就完全由 BootLoader 来完成。比如在一个基于 ARM9 core 的嵌入式系统中，系统在上电或复位时通常都从地址 0x00000000 处开始执行，而在这个地址处安排的通常就是系统的 BootLoader 程序。

下面从 BootLoader 的概念、BootLoader 的主要任务、BootLoader 的框架结构来讨论嵌入式系统的 BootLoader。

1. BootLoader 的概念

简单地说，BootLoader 就是在操作系统内核运行之前运行的一段小程序。通过这段小程序，我们可以初始化硬件设备、建立内存空间的映射图，从而将系统的软硬件环境带到一个合适的状态，以便为最终调用操作系统内核准备好正确的环境。

通常，BootLoader 是严重地依赖于硬件而实现的，特别是在嵌入式世界。因此，在嵌入式世界里建立一个通用的 BootLoader 几乎是不可能的。尽管如此，我们仍然可以对 BootLoader 归纳出一些通用的概念来，以指导用户设计与实现特定的 Boot-Loader。

（1）BootLoader 所支持的 CPU 和嵌入式板。

每种不同的 CPU 体系结构都有不同的 BootLoader。有些 BootLoader 也支持多种体系结构的 CPU，比如 U-Boot 就同时支持 ARM 体系结构和 MIPS 体系结构。除了依赖于 CPU 的体系结构外，BootLoader 实际上也依赖于具体的嵌入式板级设备的配置。也就是说，对于两块不同的嵌入式板而言，即使它们是基于同一种 CPU 而构建的，要想让运行在一块板子上的 BootLoader 程序也能运行在另一块板子上，通常也都需要修改 BootLoader 的源程序。

（2）BootLoader 的安装媒介(Installation Medium)。

系统加电或复位后，所有的 CPU 通常都从某个由 CPU 制造商预先安排的地址上取指令。比如，基于 ARM core 的 CPU 在复位时通常都从地址 0x00000000 取它的第一条指令，而基于 CPU 构建的嵌入式系统通常都有某种类型的固态存储设备（比如：ROM、EEPROM 或 FLASH 等）被映射到这个预先安排的地址上。因此在系统加电后，CPU 将首先执行 BootLoader 程序。

（3）用来控制 BootLoader 的设备或机制。

主机和目标机之间一般通过串口建立连接，BootLoader 软件在执行时通常会通过串口来进行 I/O，比如输出打印信息到串口、从串口读取用户控制字符等。

（4）BootLoader 的启动过程是单阶段(Single Stage)还是多阶段(Multi-Stage)。

通常多阶段的 BootLoader 能提供更为复杂的功能，以及更好的可移植性。从固态存储设备上启动的 BootLoader 大多都是 2 阶段的启动过程，也即启动过程可以分为 stage 1 和 stage 2 两部分。至于在 stage 1 和 stage 2 具体完成哪些任务将在下面讨论。

（5）BootLoader 的操作模式(Operation Mode)。

大多数 BootLoader 都包含两种不同的操作模式："启动加载"模式和"下载"模式，这种区别仅对于开发人员才有意义。但从最终用户的角度看，BootLoader 的作用就是用来加载操作系统，而并不存在所谓的启动加载模式与下载工作模式的区别。

启动加载(Boot loading)模式：这种模式也称为"自主"(Autonomous)模式。即 BootLoader 从目标机上的某个固态存储设备上将操作系统加载到 RAM 中运行，整个过程并没有用户的介入。这种模式是 BootLoader 的正常工作模式，因此在嵌入式产品发布的时候，BootLoader 显然必须工作在这种模式下。

下载(Downloading)模式：在这种模式下，目标机上的 BootLoader 将通过串口连接或网络连接等通信手段从主机(Host)下载文件，比如下载内核映像和根文件系统映像等。从主机下载的文件通常首先被 BootLoader 保存到目标机的 RAM 中，然后再被 BootLoader 写到目标机上的 FLASH 类固态存储设备中。BootLoader 的这种模式通常在第一次安装内核与根文件系统时被使用；此外，以后的系统更新也会使用 BootLoader 的这种工作模式。工作于这种模式下的 BootLoader 通常都会向它的终端用户提供一个简单的命令行接口。

像 Blob 或 U-Boot 等这样功能强大的 BootLoader 通常同时支持这两种工作模式，而且允许用户在这两种工作模式之间进行切换。比如，U-Boot 在启动时处于正常的启动加载模式，但是它会延时 10 秒等待终端用户按下任意键而将 U-Boot 切换到下载模式。如果在 10 秒内没有用户按键，则 U-Boot 继续启动 Linux 内核。

(6) BootLoader 与主机之间进行文件传输所用的通信设备及协议。

最常见的情况就是，目标机上的 BootLoader 通过串口与主机之间进行文件传输，传输协议通常是 xmodem/ymodem/zmodem 协议中的一种。但是，串口传输的速度是有限的，因此通过以太网连接并借助 TFTP 协议（或者 NFS 协议）来下载文件是个更好的选择。

此外，在论及这个话题时，主机方所用的软件也要考虑。比如，在通过以太网连接和 TFTP 协议（或者 NFS 协议）来下载文件时，主机方必须有一个软件用来提供 TFTP（或者 NFS）服务。

2. BootLoader 的主要任务与典型结构框架

从操作系统的角度看，BootLoader 的总目标就是正确地调用内核来执行。

另外，由于 BootLoader 的实现依赖于 CPU 的体系结构，因此大多数 BootLoader 都分为 stage1 和 stage2 两大部分。依赖于 CPU 体系结构的代码，比如设备初始化代码等，通常都放在 stage1 中，而且通常都用汇编语言来实现，以达到短小精悍的目的。而 stage2 则通常用 C 语言来实现，这样可以实现更复杂的功能，而且代码会具有更好的可读性和可移植性。

BootLoader 的 stage1 通常包括以下步骤（以执行的先后顺序）：
- 硬件设备初始化；
- 为加载 BootLoader 的 stage2 准备 RAM 空间；
- 复制 BootLoader 的 stage2 到 RAM 空间中；
- 设置好堆栈；
- 跳转到 stage2 的 C 入口点。

BootLoader 的 stage2 通常包括以下步骤（以执行的先后顺序）。
- 初始化本阶段要使用到的硬件设备；
- 检测系统内存映射（memory map）；
- 将 kernel 映像和根文件系统映像从 FLASH 上读到 RAM 空间中；
- 为内核设置启动参数；
- 调用内核。

3. BootLoader 的 stage1 完成的主要任务

（1）基本的硬件初始化。

这是 BootLoader 一开始就执行的操作，其目的是为 stage2 的执行以及随后的 kernel 的执行准备好一些基本的硬件环境。它通常包括以下步骤（以执行的先后顺序）：

- 屏蔽所有的中断。

为中断提供服务通常是 OS 设备驱动程序的责任，因此在 BootLoader 的执行全过程中可以不必响应任何中断。中断屏蔽可以通过写 CPU 的中断屏蔽寄存器或状态寄存器（比如 ARM 的 CPSR 寄存器）来完成。

- 设置 CPU 的速度和时钟频率。
- RAM 初始化。

包括正确地设置系统的内存控制器的功能寄存器等。

- 关闭 CPU 内部指令/数据 cache。

（2）复制 stage2 到 RAM 中

复制时要确定两点：stage2 的可执行映象在固态存储设备的存放起始地址和终止地址；RAM 空间的起始地址。

（3）设置堆栈指针 sp。

堆栈指针的设置是为了执行 C 语言代码做好准备。

（4）跳转到 stage2 的 C 入口点。

在上述一切都就绪后，就可以跳转到 BootLoader 的 stage2 去执行了。比如，在 ARM 系统中，这可以通过修改 PC 寄存器为合适的地址来实现。

4. BootLoader 的 stage2 完成的主要任务

stage2 的代码通常用 C 语言来实现，以便于实现更复杂的功能和取得更好的代码可读性和可移植性。但是与普通 C 语言应用程序不同的是，在编译和链接 BootLoader 这样的程序时，我们不能使用 glibc 库中的任何支持函数，其原因是显而易见的。

（1）初始化本阶段要使用到的硬件设备。

这通常包括：初始化至少一个串口，以便和终端用户进行 I/O 输出信息。设备初始化完成后，可以输出一些打印信息，程序名字字符串、版本号等。

（2）加载内核映像。

从 Nor Flash 或 Nand Flash（需要编写 Nand Flash 裸驱动）上将内核映像复制到 RAM 中。

（3）设置内核的启动参数。

应该说，在将内核映像复制到 RAM 空间中后，就可以准备启动 Linux 内核了。但是在调用内核之前，应该做一步准备工作，即设置 Linux 内核的启动参数。

Linux 2.4.x 以后的内核都期望以标记列表(tagged list)的形式来传递启动参数。启动参数标记列表以标记 ATAG_CORE 开始,以标记 ATAG_NONE 结束。每个标记由标识被传递参数的 tag_header 结构以及随后的参数值数据结构来组成。数据结构 tag 和 tag_header 定义在 Linux 内核源码的 include/asm/setup.h 头文件中。在嵌入式 Linux 系统中,通常需要由 BootLoader 设置的常见启动参数有:ATAG_CORE、ATAG_MEM、ATAG_CMDLINE。

(4) 调用内核。

BootLoader 调用 Linux 内核的方法是直接跳转到内核的第一条指令处,即直接跳转到 MEM_START+0x8000 地址处。在跳转时,要满足下列条件:

● CPU 寄存器的设置:

R0=0;

R1= 机器类型 ID;关于 Machine Type Number,可以参见 linux/arch/arm/tools/mach-types。

R2= 启动参数标记列表在 RAM 中起始基地址。

● CPU 模式:

必须禁止中断(IRQs 和 FIQs);

CPU 必须处于 SVC 模式。

● Cache 和 MMU 的设置:

MMU 必须关闭;

指令 Cache 可以打开也可以关闭;

数据 Cache 必须关闭。

如果用 C 语言,可以像下列示例代码这样来调用内核:

```
void ( * theKernel)(int zero, int arch, u32 params_addr) = (void ( * )(int, int, u32))
KERNEL_RAM_BASE;
……
theKernel(0, ARCH_NUMBER, (u32) kernel_params_start);
```

注:到此为止,此节绝大多数内容均来源于詹荣开所著"嵌入式系统 BootLoader 技术内幕",只做了少量修改,可视为对该文的转载。

5.1.2 BootLoader 的分类

表 5-1 显示的是几种不同的 BootLoader 以及特性。

(1) X86 的工作站和服务器上一般使用 LILO 和 GRUB。

(2) ARM 处理器的芯片商很多,所以每种芯片的开发板都有自己的 BootLoader。结果 ARM BootLoader 也变得多种多样。早期有为 ARM720 处理器开发板编写的固件,后来又有了 armboot,以及 StrongARM 平台的 blob,还有 S3C2410 处理器开发板上的 vivi 等。现在 armboot 已经并入了 U-Boot,所以 U-Boot 也支持 ARM/

XSCALE 平台。U-Boot 已经成为 ARM 平台事实上的标准 BootLoader。

表 5.1 BootLoader 的分类

BootLoader	Monitor	描述	x86	ARM	PowerPC
LILO	否	Linux 磁盘引导程序	是	否	否
GRUB	否	GNU 的 LILO 替代程序	是	否	否
Loadlin	否	从 DOS 引导 Linux	是	否	否
ROLO	否	从 ROM 引导 Linux 而不需要 BIOS	是	否	否
Etherboot	否	通过以太网卡启动 Linux 系统的固件	是	否	否
Linux BIOS	否	完全替代 BUIS 的 Linux 引导程序	是	否	否
BLOB	否	LART 等硬件平台的引导程序	否	是	否
U-Boot	是	通用引导程序	是	是	是
Redboot	是	基于 eCos 的引导程序	是	是	是

（3）PowerPC 平台的处理器有标准的 BootLoader，就是 PPCBOOT。PPCBOOT 在合并 armboot 等之后，创建了 U-Boot，成为各种体系结构开发板的通用引导程序。U-Boot 仍然是 PowerPC 平台的主要 BootLoader。

（4）MIPS 公司开发的 YAMON 是标准的 BootLoader，也有许多 MIPS 芯片商为自己的开发板写了 BootLoader。现在，U-Boot 也已经支持 MIPS 平台。

（5）SH 平台的标准 BootLoader 是 sh-boot。Redboot 在这种平台上也很好用。

（6）M68K 平台没有标准的 BootLoader。Redboot 和 U-Boot 能够支持 m68k 系列的系统。

5.2 多平台引导程序——U-Boot

本节将以 S3C2440 开发板作为硬件实验平台，ubuntu10.04 作为主机，U-boot-1.1.6 作为 BootLoader（位于光盘/work/bootloader/u-boot-1.1.6.tar.bz2），Linux-2.6.22.6 作为内核，GCC-3.4.5 和 glibc-2.3.6 作为交叉编译工具，来深入剖析 U-Boot。

5.2.1 U-Boot 简述

U-Boot，全称 Universal BootLoader，是遵循 GPL 条款的开放源码项目。从 FADSROM、8xxROM、PPCBOOT 逐步发展演化而来。其源码目录、编译形式与 Linux 内核很相似，事实上，不少 U-Boot 源码就是相应的 Linux 内核源程序的简化，尤其是一些设备的驱动程序，这从 U-Boot 源码的注释中能体现这一点。但是 U-Boot 不仅仅支持嵌入式 Linux 系统的引导，当前，它还支持 NetBSD，VxWorks,

QNX、RTEMS、ARTOS、LynxOS 嵌入式操作系统。

U-Boot 中 Universal 的另外含义则是 U-Boot 除了支持 PowerPC 系列的处理器外，还能支持 MIPS、x86、ARM、NIOS、XScale 等诸多常用系列的处理器。这两个特点正是 U-Boot 项目的开发目标，即支持尽可能多的嵌入式处理器和嵌入式操作系统。就目前来看，U-Boot 对 PowerPC 系列处理器支持最为丰富，对 Linux 的支持最完善。其他系列的处理器和操作系统基本是在 2002 年 11 月 PPCBOOT 改名为 U-Boot 后逐步扩充的。

5.2.2 U-Boot 的功能特性

- 开放源码；
- 支持多种嵌入式操作系统内核，如 Linux、NetBSD、VxWorks、QNX、RTEMS、ARTOS、LynxOS；
- 支持多个处理器系列，如 PowerPC、ARM、x86、MIPS、XScale；
- 较高的可靠性和稳定性；
- 高度灵活的功能设置，适合 U-Boot 调试、操作系统不同引导要求、产品发布等；
- 丰富的设备驱动源码，如串口、以太网、SDRAM、FLASH、LCD、NVRAM、EEPROM、RTC、键盘等；
- 较为丰富的开发调试文档与强大的网络技术支持。

这些也是我们使用 U-Boot 作为引导程序的原因。

5.2.3 U-Boot 目录结构

U-Boot 目录可分为 3 类：
- 第 1 类目录与处理器体系结构或者开发板硬件直接相关；
- 第 2 类目录是一些通用的函数或者驱动程序；
- 第 3 类目录是 U-Boot 的应用程序、工具或者文档。

U-Boot 引导程序目录结构如表 5-2 所列。

表 5-2 U-Boot 引导程序目录结构

目 录	特 性	解释说明
board	平台依赖	存放电路板相关的目录文件，例如：RPXlite（mpc8xx）、smdk2410（arm920t）、sc520_cdp（x86）等目录
cpu	平台依赖	存放 CPU 相关的目录文件，例如：mpc8xx、ppc4xx、arm720t、arm920t、xscale、i386 等目录
lib_arm	平台依赖	存放对 ARM 体系结构通用的文件，主要用于实现 ARM 平台通用的函数

续表 5-2

目录	特性	解释说明
include	通用	头文件和开发板配置文件，所有开发板的配置文件都在 configs 目录下
common	通用	通用的多功能函数实现，即 U-Boot 的命令
lib_generic	通用	通用库函数的实现，如 printf
Net	通用	存放网络的程序
Fs	通用	存放文件系统的程序
Post	通用	存放上电自检程序
drivers	通用	通用的设备驱动程序，主要有以太网接口的驱动已及 Nand Flash 驱动
Disk	通用	硬盘接口程序
Rtc	通用	RTC 的驱动程序
Dtt	通用	数字温度测量器或者传感器的驱动
examples	应用例程	一些独立运行的应用程序的例子，例如 helloworld
tools	工具	存放制作 S-record 或者 U-Boot 格式的映像等工具，例如 mkimage
Doc	文档	开发使用文档

5.3 U-Boot 的移植过程

5.3.1 安装和使用源代码阅读工具 Source Insight

磨刀不误砍柴功！

如果没有强大的源码阅读工具，阅读庞大的系统软件代码无疑是一场恶梦。由于我们即将开始阅读 U-Boot 源代码，所以必须先学习使用源码阅读工具。在 Linux 下最著名的是 Kscope，而在 Windows 下则是大名鼎鼎的 Source Insight。下面就来学习 Source Insight 的使用。

1. 安装 Source Insight

从网址 http://www.sourceinsight.com 上下载一个试用版，并进行安装。

2. 增加对分析汇编源文件的支持

启动 Source Insight 之后，它默认的支持文件中没有以". S"结尾的汇编文件。单击菜单"Options"→"Document Options"，在弹出对话框中选择"Document Type"为"C Source File"，在"File filter"中添加"*.S"和"*.s"类型。务必注意：*.h 和 *.S 和 *.s 之间的分隔符是英文的分号。添加窗口如图 5-1 所示。

第 5 章 构建 BootLoader

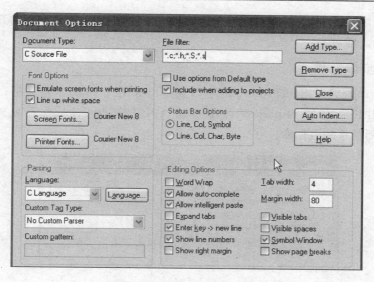

图 5-1 添加对 .s 文件的支持

3. 快速创建 U-boot-1.1.6 的 source insight 工程

单击菜单"Project"→"New Project",开始新建一个新的工程,将 U-boot-1.1.6 的源代码加入该工程。在图 5-2 中选中"U-boot-1.1.6"源码目录后,单击"Add Tree"按钮将 U-Boot 全部的源代码加入该工程。

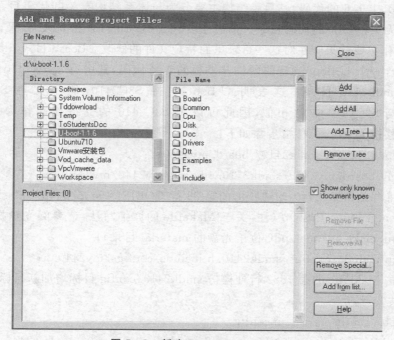

图 5-2 新建 Source Insight 工程

特别说明：其实不必将所有源码文件都加入工程，只需要将与使用的开发板相关的源文件加入即可。

4．同步源文件

单击"Project"→"Synchronize Files"，会弹出如图 5-3 所示对话框。选中其中的"Force all files to be re-parsed"，然后单击"OK"按钮即可生成保存源文件中各变量、函数之间关系的数据库。

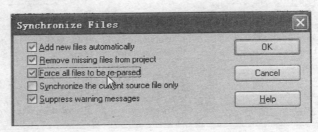

图 5-3　同步文件

5.3.2　U-Boot 的编译初步

使用 tar 命令解压源代码包到/work/bootloader 目录下，然后使用命令 cd/work/bootloader/u-boot-1.1.6 进入 U-Boot 源代码的根目录。

U-boot-1.1.6 的代码，其目录结构主要分为与体系结构有关的代码目录以及与体系结构无关（通用）的代码目录。前者主要包含 Board 目录和 CPU 目录，移植 U-Boot 的工作主要就集中在对这些目录里面特定文件的修改。Board 目录下每一个子目录都包含一个 U-Boot 支持的硬件开发板的支持代码，其中有 smdk2410 子目录，但没有 smdk2440 目录。这表明 U-Boot 支持 S3C2410，但不支持 S3C2440。S3C2440 与 S3C2410 非常相似，因此可以用 S3C2410 的支持代码作为基础，为 S3C2440 移植 U-Boot。移植步骤如下：

（1）cp -R board/smdk2410/ board/my2440；

（2）mv board/my2440/smdk2410.c board/my2440/my2440.c；

（3）将 board/my2440/Makefile 的第 28 行 COBJS：=smdk2410.o flash.o 改为 COBJS：=my2440.o flash.o（注：关于 Makefile 的详细写法，请参阅光盘提供的技术文档 gnu_make_manual.pdf，位于光盘的 material 目录）；

（4）cp include/configs/smdk2410.h include/configs/my2440.h；

（5）在 Makefile 的第 1882 行处模仿 smdk2410_config 目标增加新目标 my2440 _config（共 2 行）：

my2440_config ：   unconfig
@ $（MKCONFIG）　$（@：_config＝）　arm　arm920t　my2440　NULL

s3c24x0

(6) make my2440_config;

(7) make。

最终得到 u-boot.bin，但该程序是针对 S3C2410 的，不能运行在 S3C2440 上。这就需要修改源代码，但应该修改哪里呢？这就必须阅读源代码，但从哪个文件开始阅读呢？当然是程序的第 1 条指令所在文件，但这个文件是谁呢？查看 make 过程最后的链接命令：

```
arm-linux-ld -Bstatic -T /work/system/u-boot-1.1.6/board/my2440/u-boot.lds -Ttext 0x33F80000   $UNDEF_SYM cpu/arm920t/start.o \
        --start-group lib_generic/libgeneric.a board/my2440/libmy2440.a cpu/arm920t/libarm920t.a cpu/arm920t/s3c24x0/libs3c24x0.a lib_arm/libarm.a fs/cramfs/libcramfs.a fs/fat/libfat.a fs/fdos/libfdos.a fs/jffs2/libjffs2.a fs/reiserfs/libreiserfs.a fs/ext2/libext2fs.a net/libnet.a disk/libdisk.a rtc/librtc.a dtt/libdtt.a drivers/libdrivers.a drivers/nand/libnand.a drivers/nand_legacy/libnand_legacy.a drivers/sk98lin/libsk98lin.a post/libpost.a post/cpu/libcpu.a common/libcommon.a --end-group -L /work/tools/gcc-3.4.5-glibc-2.3.6/lib/gcc/arm-linux/3.4.5 -lgcc \
        -Map u-boot.map -o u-boot
```

其中有一个 -T 参数，/work/system/u-boot-1.1.6/board/my2440/u-boot.lds 可知链接脚本是 /work/system/u-boot-1.1.6/board/my2440/u-boot.lds。查看该链接脚本：

```
SECTIONS
{
. = 0x00000000;
. = ALIGN(4);
.text :
{
cpu/arm920t/start.o (.text)
*(.text)
}
```

可知程序第 1 条指令所在源代码文件是 cpu/arm920t/start.S。

注：关于 LD 的用法以及链接脚本的详细写法，请参阅光盘提供的技术文档 "using ld.pdf"，位于光盘的 material 目录下。

5.3.3 分析 U-Boot 的第一阶段代码(cpu/arm920t/start.S)

注：start.S 中有很多 GNU 语法的 ARM 汇编伪操作，这些伪操作的含义可查阅 "gnu-assembler.pdf"(位于光盘的 material 目录)。GNU 的 ARM 指令和伪指令与 ADS1.2 的功能完全一样。

使用 Source Insight 软件打开源代码,对 start.S 代码进行分析。

(1) 第 1 条指令在 42 行(reset 异常向量),是一条 b 指令,跳转到 114 行。

附带说明:42~49 为异常向量区,51~57 为 literal pool,供异常向量的跳转指令使用。57~102 定义了若干全局变量供后续代码使用,其中 76 行的 TEXT_BASE 由 GCC 编译时传入

```
arm-linux-gcc   -D__ASSEMBLY__ -g   -Os   -fno-strict-aliasing   -fno-common -ffixed-r8
-msoft-float -malignment-traps -D__KERNEL__ -DTEXT_BASE=0x33F80000 -I/work/system/u-
boot-1.1.6/include -fno-builtin -ffreestanding -nostdinc -isystem /work/tools/gcc-3.4.
5-glibc-2.3.6/lib/gcc/arm-linux/3.4.5/include -pipe   -DCONFIG_ARM -D__ARM__ -march=
armv4 -mapcs-32 -c -o start.o start.S
```

由-DTEXT_BASE=0x33F80000 可知,TEXT_BASE 的值为 0x33F80000。

(2) 114~117 切换模式到管理模式。由于 ARM 上电就处于管理模式,故此代码可以省略。

(3) 125~128,132~145 关闭 Watch Dog,屏蔽所有中断。

150~152 设置频率,此段代码针对 2410,对 2440 来说是错误的,但由于后续还有代码进行正确的设置,所以可以不理会这段错误代码。

(4) 160 行调用子程序 cpu_init_crit 完成清除 CPU cache(245~247),禁用 MMU(252~257),初始化内存控制器(265)。

(5) 初始化内存控制器(board/my2440/lowlevel_init.S)。

① 请思考 139 行为何要让 r0 减去 r1 的值?

回答:

137~149 行的目的是将 155~167 行存储的数赋给内存控制器的 13 个寄存器,因此必须要正确寻址 155~167 行存储的数据在内存中的位置。因为整个 U-boot.bin 是位于 Nor Flash 中的,所以 155 行存储的数据在内存中的地址为 0x100(假设 155 行存储的数据在 u-boot.bin 二进制文件中的位置为 0x100)。我们需要由 r0 来正确定位 155 行存储的数据的地址(即:0x100)。而 ldr r0,=SMRDATA 这条伪指令取的地址是标号的绝对地址(也就是程序的运行地址加上_SMRDATA 标号与程序第一条指令的偏移量),这将导致 137 行执行后 r0=0x33f80100+0x100。因此需要 139 行来将 r0 的值从 0x33f80100 变为 0x100(138 行执行后,r1=0x33f80000)。

事实上 137~139 行可以由 adr r0,SMRDATA 代替,而且这种替换还更好,因为这样一来就不需要 start.S 的第 159 行的 CONFIG_SKIP_LOWLEVEL_INIT 条件编译了。

② 请务必将 126 行 #define REFCNT   1113 改为 #define REFCNT   1269,思考为何要做这样的修改?

回答:

图 5-4 是 SDRAM 的 1 个 bit,存储电容上有电荷表示 1,无电荷表示 0。但由

第 5 章 构建 BootLoader

于存储电容有自动放电的物理属性,因此要维持 SDRAM 正确运行就必须定期给电容充电,这个周期性的充电操作被称为内存刷新,它是由内存控制器自动完成的,因此内存控制器必须知道刷新周期(即多长时间刷新 1 次)。刷新周期最终取决于 SDRAM 芯片的物理特性,通过查阅现代公司提供的 SDRAM 的芯片手册可知,64 ms 内最少需要刷新 8 192 次。再参阅 Samsumg 提供的 S3C2440 硬件手册关于内存控制器的说明,如表 5-3 所列。

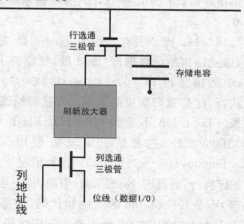

图 5-4 SDRAM 硬件原理图

表 5-3 内存控制器 REFRESH 寄存器

Register	Address	R/W	Description	Reset Value
REFRESH	0x48000024	R/W	SDRAM refresh control register	0xac0000

REFRESH	Bit	Description	Initial State
Refresh Counter	[10:0]	SDRAM refresh count value. Refer to chapter 6 SDRAM refresh controller bus priority section. Refresh period=(2^{11}-refresh_count+1)/HCLK Ex) If refresh period is 7.8 us and HCLK is 100 MHz, the refresh count is as follows: Refresh count=2^{11}+1-100×7.8=1269	0

由上文可知地址为 0x48000024 的寄存器的低 11 bit 应该写入值 X。X 需要满足:64 ms/8192=(2^{11}-X+1)/100M。由此可以计算出 X=1 268。

(6) 165~179 将 Nor Flash 中的 U-Boot 代码段(text 段)以及已初始化数据段(data 段)复制到 RAM 中(0x33f80000~?)。

① 思考:165 行后 r0 的值是多少?为何有 167、168 行,可不可以删掉它们,为什么?为何要将 U-Boot 的 text 和 data 段从 Nor Flash 复制到 RAM 中?

回答:

adr r0, _start 这条伪指令取的地址是相对于当前 pc 进行计算的地址。当程序在 Nor Flash 里运行(这正是当前的情况)时,假如 adr 这条指令相对于整个二进制程序的第 1 条指令的偏移量是 0x100,则_start 标号所代表的地址相对于 adr 伪指令所在地址的偏移量必然为 -0x100。所以编译器编译时就会把 adr 这条伪指令编译为

add r0, pc, #-0x100(忽略流水线对 pc 的影响),程序运行到 add r0, pc, #-0x100 这条指令时,pc 的值为 0x100(忽略流水线对 pc 的影响),所以该指令执行后 r0 的值为 0。

167、168 行必须有。因为 170~179 是将 Nor Flash 中的 U-Boot 代码段(text 段)以及已初始化数据段(data 段)复制到 RAM 中。当 u-boot.bin 是被烧写到 Nor Flash 的情况下,r0=0,r1=0x33f80000,167~168 行执行的结果将会使 170~179 行被执行,这是我们期望的结果。在这种情况下,不要 167~168 行,结果也一样。但是如果 u-boot.bin 不是烧写到 Nor Flash 中,而是由下载器直接下载到 RAM 的 0x33f80000 处(这种情况出现在 U-Boot 的开发调试过程中)运行,此时 r0=0x33f80000,r1=0x33f80000。这种情况下,如果不要 167 和 168 行将会导致 170~179 行执行,而此时 Nor Flash 中的内容(也就是将被复制到 RAM 0x33f80000 处的内容)不是 u-boot.bin 的二进制代码,而是随机的乱码。这样一来,在复制后,原先位于 RAM 0x33f80000 处正确的程序代码就被改变了,程序将不会再正确运行。反过来看,如果有 167、168 行,则 170~179 行不会被执行,程序就能继续正确运行。

.data 段要复制的原因是:由于 CPU 上电时 PC=0,这使得我们必须要将 u-boot.bin 放在 Nor Flash 中(当然这就导致.data 段也放在 Nor Flash 中)。而.data 段包含的是已初始化全局变量,这些变量的值很有可能在程序中会被改变,这就要求这些变量的存储位置必须在可以读写的 RAM 中,而不能在只读的 Nor Flash 中。所以我们必须将位于 Nor Flash 中的.data 段从 Nor Flash 复制到 RAM 中(为了保证程序运行后能正确地访问到位于 RAM 中的已初始化全局变量,还必须将程序的运行地址设置为 0x33f80000)。

.text 段要复制的原因是:从理论上讲,只要我们把.text 段的运行地址设为 0x0,就不需要复制.text 段。但由于代码在 RAM 中的运行速度要远快于在 Nor Flash 中的运行速度,所以从效率的角度考虑,也要把.text 段从 Nor Flash 复制到 RAM 中(同样,为了保证程序运行后能正确地跳转,还必须将程序的运行地址设置为 0x33f80000)。

(7) 初始化栈指针 SP(184~190)。

设置栈指针 SP 为 0x33f4df74(启用中断)或 0x33f4ff74(不启用中断)。

思考:为何要设置 SP 的初值?为何 SP 的值要设置为比 0x33f80000 小?

回答:

因为将来 U-Boot 还要运行 C 程序代码,这会导致出入栈操作。为了使出入栈操作正确完成,需要设置正确的栈顶位置(即:SP 的初值)。

因为满足 ATPCS 规则的 ARM 程序采用的是递减满堆栈,将 SP 的值设为小于 0x33f80000,可以防止入栈操作对存放在 0x33f80000 处的 U-Boot 程序和数据造成破坏。并且在存放 U-Boot 代码和数据的区域前,将来还会存放 U-Boot 环境变量、堆区、全局信息、预留给 Abotrt-stack 的区域,所以 SP 的值要在以上那些区域的底部。

(8) 193～200 清零 RAM 中的未初始化数据段(bss 段)。

思考：data 段在 Nor Flash 和 RAM 中各有一份复制，为何 bss 段仅在 RAM 中有一份复制，而在 Nor Flash 中没有？为何 bss 段要被清为 0，而不是置为 1？

回答：

bss 段是未初始化全局变量段，该段的变量的值是用户可以修改的，而 Nor Flash 是只读存储器，不能对其中的变量进行修改，因此 bss 段最终必须在 RAM 中。要想让 bss 段最终在 RAM 中，有两种办法。一种办法是像 data 段一样(即：先在 Nor Flash 中有一份复制，然后由程序将其复制到 RAM 中)；另一种办法是在 Nor Flash 中根本就不放置 bss 段的复制，而是直接由程序在 RAM 中对 bss 段进行初始化。不采用第 1 种办法的原因是，未初始化全局变量的初值一定是 0，所以未初始化全局变量不必在编译时就为其在二进制文件中分配空间(这样做的好处是可以减小二进制文件的大小)。这样一来，当我们将二进制文件烧写到 Nor Flash 中时，bss 段自然也就在 Nor Flash 中没有复制。但要注意，由于最终 bss 段必须出现在 RAM 中，所以我们要想办法让 bss 段的运行地址位于 RAM 中。这可以通过设置 text 段的运行地址位于 RAM 中，再由链接脚本文件指定 data 段位于 text 段后，bss 段位于 data 后来实现。链接脚本文件请参见 board/my2440 /u-boot.lds。

C 语言标准规定，未初始化的全局变量的初值必须为 0，所以要将 bss 段清 0，而不是置 1。

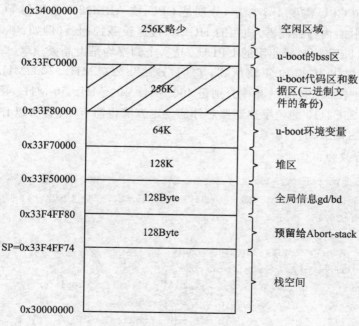

图 5-5 U-Boot 内存使用图

(9) 223 行,神奇一跳到 RAM 中,跳转到位于 RAM 中的第二阶段代码的 C 入口点(调用 lib_arm/board.c 中的 start_armboot 函数)。

思考:为何是跳到了 RAM 中,而不是仍在 Nor Flash 中?为何要用 ldr 指令,而不是 b 指令?

回答:

_start_armboot 处存放的 start_armboot 是 lib_arm/board.c 文件中的函数 start_armboot 的名称,所以 ldr pc, _start_armboot 执行之后,pc 的值就是函数 start_armboot 在内存中的首地址。start_armboot 在内存中的首地址在编译时就被编译器确定。编译器在确定某个函数的内存地址时是根据函数相对于整个程序的偏移量 + 程序的运行地址(0x33f80000),因此 start_armboot 代表的地址就位于 RAM 中。

b 指令的实现机制是:将机器码的低 24 位作为偏移量,跳转到当前指令位置 + 偏移量处,而 b 指令执行时程序还在 Nor Flash 中运行。这样一来 b 指令跳转后,程序仍然在 Nor Flash 中运行,并不能跳转到 RAM 中。

5.3.4 分析 U-Boot 的第二阶段代码

U-Boot 的第 2 阶段代码开始于 lib_arm/board.c 中的 start_armboot 函数。

(1) 216-234,258-262,执行系统初始化工作。

① 其中 board_init(board/my2440/my2440.c)函数完成了:

● 系统频率设定。

S3C2410 CPU 需要 4 个频率,分别是 CPU 核 ARM920t 使用的 FCLK、快速设备控制器(例如:内存控制器)使用的 HCLK、慢速设备控制器(例如:串口控制器)使用的 PCLK、USB 控制器使用的 UPLL。这 4 个频率均是由晶振频率(12 MHz)通过频率控制器芯片倍频和分频所得,它们分别为 200 MHz、100 MHz、50 MHz、48 MHz。由于 S3C2440 的频率分别是 400 MHz、100 MHz、50 MHz、48 MHz,并且 S3C2440 与 S3C2410 的频率控制器芯片的设定方法也略有不同,所以必须修改该段代码以匹配 S3C2440。

将 77 行改为:

```
#define S3C2440_MPLL_400MHZ  ((0x5c<<12)|(0x01<<4)|(0x01))
#define S3C2440_UPLL_48MHZ   ((0x38<<12)|(0x02<<4)|(0x02))
#define S3C2440_CLKDIV       0x05
    /* FCLK:HCLK:PCLK = 1:4:8 */
    clk_power->CLKDIVN = S3C2440_CLKDIV;
    /* Change to Asynchronous bus mode */
    __asm__( "mrc p15, 0, r1, c1, c0, 0\n"  /* read ctrl register */
    "orr r1, r1, #0xc0000000\n"   /* Asynchronous */
    "mcr p15, 0, r1, c1, c0, 0\n" /* write ctrl register */
    :::"r1"
```

```
    );
        /* configure MPLL */
        clk_power->MPLLCON = S3C2440_MPLL_400MHZ;
将 83 行改为:
    clk_power->UPLLCON = S3C2440_UPLL_48MHZ;
```

注:请查看"GCC-the-Complete-Reference.pdf"(位于光盘\material 目录)的第 322 页,了解 GNU 内嵌汇编语法。

- 初始化 GPIO(89-103)。
- 设定机器类型 ID,将在调用 kernel 时传给 kernel。

gd->bd->bi_arch_number = MACH_TYPE_SMDK2410

改为 gd->bd->bi_arch_number = MACH_TYPE_S3C2440,从匹配 S3C2410 变为匹配 S3C2440。

- 109 行,设定 kernel 启动参数在内存中的存放地址,将在调用 kernel 时传给 kernel

② 其中 serial_init 调用 serial_setbrg(cpu/arm920t/s3c24x0/serial.c)。

初始化串口以便对外输出文本。该函数需要将串口波特率设置为 115 200 bit/s, 因此需要获取 PCLK(58 行通过 get_PCLK 获得)。cpu/arm920t/s3c24x0/speed.c 中的 get_HCLK、get_PCLK、get_PLLCLK 函数获得 HCLK、PCLK、PLLCLK,但由于 2410 与 2440 计算 PLLCLK 和 HCLK、PCLK 的方法不一样,需要修改这 3 个函数。因此需要修改 cpu/arm920t/s3c24x0 下的 speed.c 的源代码。

光盘/work/bootloader/speed.c 文件含有重写后的代码,只需要简单将该文件复制覆盖 cpu/arm920t/s3c24x0 下的 speed.c 即可。

此外,由于 S3C2440 频率控制器比 S3C2410 的频率控制器多了一个寄存器 CAMDIVN,并且上述程序使用了该寄存器,因此还需要在 include/s3c24x0.h 中的结构体 S3C24X0_CLOCK_POWER 的最后增加一个字段 CAMDIVN(增加第 129 行:S3C24X0_REG32 CAMDIVN;)。

(2) 266 行初始化 Nor Flash(flash_init)。

(3) 299~302 初始化 Nand Flash(需自行实现与开发板相关的 board_nand_init 函数)。

由于该段代码是条件编译,故需修改 include/configs/my2440.h 文件,将第 81 行的注释去掉。这样做同时也条件编译了 U-Boot 的 nand 命令。

(4) 368 行初始化网卡 cs8900。

(5) 398 行调用 main_loop。

进入 U-Boot 的命令下载模式(或者在其中检查 bootdelay 和 bootcmd 环境参数,超时进入启动加载模式执行 bootcmd 环境变量中的命令,启动 Linux)。

5.3.5 继续移植、编译 U-Boot

(1) 到此为止,再次使用 make 编译 U-Boot,会出现如下错误:

```
in file included from /work/system/u-boot-1.1.6/include/nand.h:29,
                 from nand.c:28:
/work/system/u-boot-1.1.6/include/linux/mtd/nand.h:412: error: 'NAND_MAX_CHIPS' un-
declared here (not in a function)
nand.c:35: error: 'CFG_MAX_NAND_DEVICE' undeclared here (not in a function)
nand.c:38: error: 'CFG_NAND_BASE' undeclared here (not in a function)
nand.c:35: error: storage size of 'nand_info' isn't known
nand.c:37: error: storage size of 'nand_chip' isn't known
nand.c:38: error: storage size of 'base_address' isn't known
nand.c:37: warning: 'nand_chip' defined but not used
nand.c:38: warning: 'base_address' defined but not used
make[1]: *** [nand.o] Error 1
make[1]: Leaving directory '/work/system/u-boot-1.1.6/drivers/nand'
make: *** [drivers/nand/libnand.a] Error 2
```

根据提示,在 include/configs/my2440.h 倒数第 2 行增加宏定义:

```
#define CFG_MAX_NAND_DEVICE 1
#define NAND_MAX_CHIPS 1
#define CFG_NAND_BASE 0
```

再次 make,会出现如下错误:

```
drivers/nand/libnand.a(nand.o)(.text+0x24): In function 'nand_init':
/work/system/u-boot-1.1.6/drivers/nand/nand.c:50: undefined reference to 'board_nand_
init'
make: *** [u-boot] Error 1
```

这是由于 U-Boot 的编写者并不知道最终开发板所使用的 Nand Flash 的类型,因此也不可能编写具体 Nand Flash 的裸驱动,这个任务留给了移植者。因此我们需要自行编写 Nand Flash 的裸驱动。

(2) 新建 cpu/arm920t/s3c24x0/nand_flash.c 文件(光盘中/work/bootloader\nand_flash.c 已写好),以实现与具体开发板相关的 board_nand_init 函数。

(3) 在 include/s3c24x0.h 文件,仿照 S3C2410_NAND 定义 2440 的 Nand Flash 控制器寄存器的数据结构,以供 board_nand_init 函数使用。

```
typedef struct {
    S3C24X0_REG32    NFCONF;
    S3C24X0_REG32    NFCONT;
    S3C24X0_REG32    NFCMD;
```

```
    S3C24X0_REG32        NFADDR;
    S3C24X0_REG32        NFDATA;
    S3C24X0_REG32        NFMECCD0;
    S3C24X0_REG32        NFMECCD1;
    S3C24X0_REG32        NFSECCD;
    S3C24X0_REG32        NFSTAT;
    S3C24X0_REG32        NFESTAT0;
    S3C24X0_REG32        NFESTAT1;
    S3C24X0_REG32        NFMECC0;
    S3C24X0_REG32        NFMECC1;
    S3C24X0_REG32        NFSECC;
    S3C24X0_REG32        NFSBLK;
    S3C24X0_REG32        NFEBLK;
} /* __attribute__((__packed__)) */ S3C2440_NAND;
```

(4) 在 include/s3c2410.h 文件中仿照 S3C2410_GetBase_NAND 函数定义函数 S3C2440_GetBase_NAND，以供 board_nand_init 函数调用。

```
static inline S3C2440_NAND * const S3C2440_GetBase_NAND(void)
{
    return (S3C2440_NAND * const)S3C2410_NAND_BASE;
}
```

(5) 修改 cpu/arm920t/s3c24x0/Makefile 第 29 行为 usb_ohci.o nand_flash.o，以将 Nand Flash 裸驱动编译进 U-Boot。

(6) 移植的其他辅助工作。

到此为止，我们已经得到一个可以在 S3C2440 开发板上运行的 U-Boot（不信？试一试吧！）。不过这个 U-Boot 还有一些令我们稍感不快的瑕疵，例如：提示符不是你的 logo；不能执行 ping 命令，不能在命令行进行编辑，不能记忆命令历史，不能自动加载 Linux 操作系统。下面就一一解决，其实只需要修改 include/configs/my2440.h 即可。

```
#define CONFIG_ETHADDR    08:00:3e:26:0a:5b
#define CFG_PROMPT        "my2440> "
#define CONFIG_AUTO_COMPLETE
#define CONFIG_CMDLINE_EDITING
#define CONFIG_BOOTCOMMAND    "nand read.jffs2 0x32000000 0x100000 0x300000; bootm 0x32000000"
#define CONFIG_BOOTARGS    "noinitrd root=/dev/mtdblock3 console=ttySAC0 rootfstype=yaffs2"
```

第 82 行增加：CFG_CMD_PING。

(7) 使用 H-jtag（或 JLink）将 Nor Flash 全部擦除（使用方法见第 3 章），以删除其中存放的 U-Boot 环境变量。然后重新将 U-Boot 烧写到 Nor Flash 中。

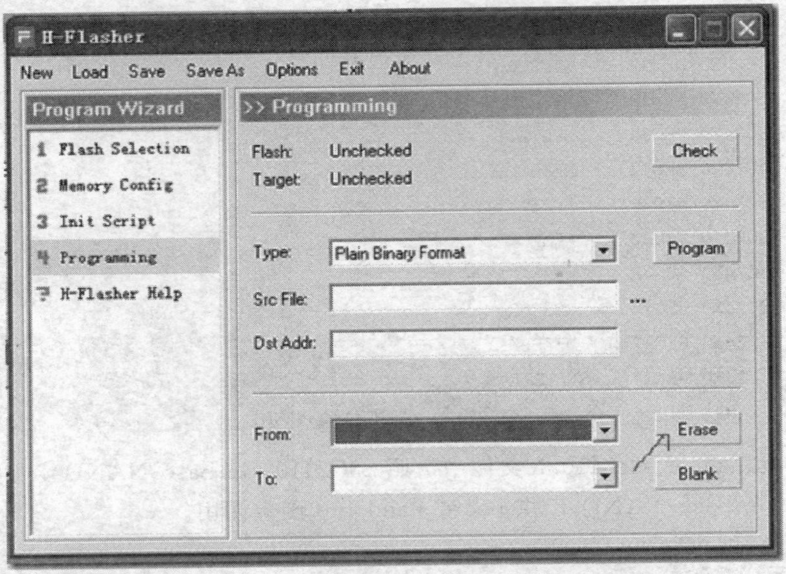

图 5-6 擦除 Nor Flash

(8) 进行配置,以支持 dm9000 网卡。

目前移植出来的 U-Boot 使用的是 cs8900 的网卡。目前市面上买到的 S3C2440 开发板有不少使用的是 dm9000 网卡,因此如果你的开发板使用的是 dm9000 网卡,就需要修改配置,将支持的网卡从 cs8900 改为 dm9000。由于 U-Boot 已经内置了 dm9000 的网卡驱动,所以只需要进行简单的配置就可以了。

① 去除对 cs8900 的支持。

在 include/configs/my2440.h 中将如下 3 行注释掉。

```
#define CONFIG_DRIVER_CS8900    1           /* we have a CS8900 on-board */
#define CS8900_BASE             0x19000300
#define CS8900_BUS16            1 /* the Linux driver does accesses as shorts */
```

② 加入对 dm9000 的支持。

在 include/configs/my2440.h 中定义如下宏。

```
1  #define CONFIG_DRIVER_DM9000 1
2  #define CONFIG_DM9000_BASE 0x20000300
3  #define DM9000_IO CONFIG_DM9000_BASE
4  #define DM9000_DATA (CONFIG_DM9000_BASE + 4)
5  #define CONFIG_DM9000_USE_16BIT 1
6  #undef  CONFIG_DM9000_DEBUG
```

第 1 行定义的宏会启用 dm9000 网卡,即:编译 dm9000 网卡驱动。U-Boot 总是

第 5 章 构建 BootLoader

用宏作为开关来控制是否编译某个源代码文件,不妨看看 dm9000 驱动源码:drives/dm9000x.c。

```
#ifdef CONFIG_DRIVER_DM9000    //在文件的最前面
……
#endif /* CONFIG_DRIVER_DM9000 */    //此行是文件的最后一行
```

在 drivers/cs8900.c 和 driveres/dm9000x.c 中均实现了 eth_send、eth_rx 等,操作具体网卡硬件的发送、接收函数,供上层程序(例如 ping)调用。如果 CONFIG_DRIVER_DM9000 有定义,而 CONFIG_DRIVER_CS8900 没有定义,则 dm9000x.c 中的函数被编译进 u-boot.bin 中,cs8900.c 中的函数则没有被编译。这就是 U-Boot 中多个同类型设备驱动并存的原理。

第 2 行定义 dm9000 网卡的访问基地址,这也许是你为不同开发板移植 dm9000 驱动,可能唯一需要修改的源代码。其值是多少取决于网卡芯片与 S3C2440 芯片的连接方式,这需要查看硬件连接图。

第 3、4 行定义 dm9000 网卡的 I/O 和 DATA 访问基地址。

第 5 行定义 dm9000 数据总线的宽度为 16 bit。

(9) 让 U-Boot 支持能从 Nand Flash 启动

S3C2440 除了可以从 Nor Flash 启动外,还可以从 Nand Flash 启动。当从 Nand Flash 启动的时候,S3C2440 硬件会自动将 Nand Flash 的前 4 KB 内容复制到其内部的一个 4 KB 的 RAM(被称为 stepping stone)中,且该 RAM 的内存地址被映射为 0~4095。

目前得到的 U-Boot 只能烧入 Nor Flash 中才能使用,请进行如下移植操作,使得那可以从 Nor Flash 又可以从 Nand Flash 中启动。

① 在 cpu/arm920t/start.S 的 191 行之后加入以下代码:

```
/* Test boot from Nand flash or Nor flash, Add by Dennis Yang */
1    ldr r1, = 4092
2    ldr r2, = 0x55555555
3    str r2, [r1]
4    ldr r0, [r1]
5    teq r0, r2
6    bne clear_bss
7    ldr r2, = 0xaaaaaaaa
8    str r2, [r1]
9    ldr r0, [r1]
10   teq r0, r2
11   bne clear_bss
/* Load U-boot from Nand flash to RAM, Add by Dennis Yang */
12   ldr r0, _TEXT_BASE
```

```
13      mov r1, #0
14      ldr r2, _bss_start
15      sub r2, r2, r0      /* r2 <- size of armboot     */
16      bl nand_read_ll
```

这段代码的 1~11 行是在测试目前 U-Boot 是从 Nor Flash 中还是从 Nand Flash 中启动。其原理是：当从 Nand Flash 启动时，内存 0~4 KB 的 stepping stone 是 RAM，可写入；而从 Nor Flash 启动，内存 0~4 KB 是 Nor Flash，不可写入。因此如果往内存 4092 写入一个字 0x55555555，之后再从 4092 读出数据，如果该数据是 0x55555555 的话，就说明 0~4 KB 是可写入的，也就说明是从 Nand Flash 启动的。当然可能 4092 处本来就存放的是 0x55555555，所以为了应对这种情况，7~11 行执行了对内存 4092 进行写入 0xaaaaaaaa，再读出、比较。至于选择 4 KB RAM 的后部作为写入目的地，是为了避免破坏 4 KB RAM 中的 U-Boot 代码。

在确认 U-Boot 是从 Nand Flash 启动后，第 16 行调用 C 子函数 nand_read_ll，将存放在 Nand Flash 上的 u-boot.bin 复制到内存 0x33f80000 处。

② 实现 nand_read_ll 函数。
- 将光盘中的 /work/bootloader/nand_read_ll.c（该文件实现了 nand_read_ll 函数）放到 u-boot-1.1.6 源代码的 cpu/arm920t/s3c24x0 中。
- 修改 cpu/arm920t/s3c24x0/Makefile，将第 29 行改为：
  usb_ohci.o nand_flash.o nand_read_ll.o
  以使 nand_read_ll 能被编译进 u-boot.bin。
- 修改 board/my2440/u-boot.lds，增加第 36 行。
  cpu/arm920t/s3c24x0/nand_read_ll.o (.text)，以确保 nand_read_ll 能被编译进 u-boot.bin 的前 4 KB。

③ 修改 include/configs/my2440.h 里面的配置参数，使得 U-Boot 的环境变量保存到 Nand Flash 中而不是 Nor Flash 中。注释掉下面 2 行，添加下面 3 行。

```
//#define         CFG_ENV_IS_IN_FLASH     1
//#define CFG_ENV_SIZE           0x10000 /* Total Size of Environment Sector */

#define CFG_ENV_IS_IN_NAND 1
#define CFG_ENV_OFFSET 0x60000
#define CFG_ENV_SIZE 0x20000 /* Total Size of Environment Sector */
```

5.3.6 U-Boot 常用命令使用简介

在串口中进入 U-Boot 控制界面后，可以运行各种命令，比如下载文件到内存、擦除、读写 Flash，在内存中运行程序，查看、修改、比较内存中的数据等。

使用各种命令时，可以使用其开头的若干个字母代替它。比如 tftpboot 命令，可

第 5 章　构建 BootLoader

以使用 t、tf、tft、tftp 等字母代替,只要其他命令不以这些字母开头即可。

当运行一个命令之后,如果它是可重复执行的(代码中使用 U_BOOT_CMD 定义这个命令时,第 3 个参数是 1),若想再次运行可以直接输入回车。

U-Boot 接受的数据都是 16 进制,输入时可以省略前缀 0x、0X。

下面介绍常用的命令。

1. 帮助命令 help

运行 help 命令可以看到 U-Boot 中所有命令的作用,如果要查看某个命令的使用方法,运行"help 命令名",比如"help bootm"。

可以使用"?"来代替"help",比如直接输入"?"、"? bootm"。

2. 下载命令

U-Boot 支持串口下载、网络下载、USB 下载,相关命令有:loadb、loads、loadx、loady 和 tftpboot、nfs、usbslave。

前几个串口下载命令使用方法相似,以 loadx 命令为例,它的用法为"loadx [off] [baud]"。中括号"[ ]"表示里面的参数可以省略,off 表示文件下载后存放的内存地址,baud 表示使用的波特率。如果 baud 参数省略,则使用当前的波特率;如果 off 参数省略,存放的地址为配置文件中定义的宏 CFG_LOAD_ADDR。

tftpboot 命令使用 TFTP 协议从服务器下载文件,服务器的 IP 地址为环境变量 serverip。用法为"tftpboot [loadAddress] [bootfilename]",loadAddress 表示文件下载后存放的内存地址,bootfilename 表示要下载的文件的名称。如果 loadAddress 省略,存放的地址为配置文件中定义的宏 CFG_LOAD_ADDR;如果 bootfilename 省略,则使用单板的 IP 地址构造一个文件名,比如单板 IP 为 192.168.1.222,则缺省的文件名为 C0A80711.img。

nfs 命令使用 NFS 协议下载文件,用法为"nfs [loadAddress] [host ip addr: bootfilename]"。loadAddress、bootfilename 的意义与 tftpboot 命令一样,host ip addr 表示服务器的 IP 地址,默认为环境变量 serverip。

usbslave 命令:在 PC 段使用 dnw 工具发送文件,U-Boot 通过 USB Device 接口接收文件。用法为"usbslave [wait] [loadAddress]",wait 可以取值 1 或 0,表示是否等得数据传输完成。当 wait 取 0 时,在后台进行下载,这时在 U-Boot 仍可执行其他操作。下载文件成功后,U-Boot 会自动创建或更新环境变量 filesize,它表示下载的文件的长度,可以在后续命令中使用"$(filesize)"来引用它。

3. 内存操作命令

常用的命令有:查看内存命令 md、修改内存命令 mm、填充内存命令 mw、复制命令 cp。这些命令都可以带上后缀".b"、".w"或".l",表示以字节、字(2 个字节)、双字(4 个字节)为单位进行操作。比如"cp.l 30000000 31000000 2"将从开始地址

0x30000000 处,复制 2 个双字到开始地址为 0x31000000 的地方。

md 命令用法为"md[.b,.w,.l] address [count]",表示以字节、字或双字(默认为双字)为单位,显示从地址 address 开始的内存数据,显示的数据个数为 count。mm 命令用法为"mm[.b,.w,.l] address",表示以字节、字或双字(默认为双字)为单位,从地址 address 开始修改内存数据。执行 mm 命令后,输入新数据后回车,地址会自动增加,Ctrl+C 退出。

mw 命令用法为"mw[.b,.w,.l] address value [count]",表示以字节、字或双字(默认为双字)为单位,往开始地址为 address 的内存中填充 count 个数据,数据值为 value。cp 命令用法为"cp[.b,.w,.l] source target count",表示以字节、字或双字(默认为双字)为单位,从源地址 source 的内存复制 count 个数据到目的地址的内存。

4. Nor Flash 操作命令

常用的命令有查看 Flash 信息的 flinfo 命令、加/解写保护命令 protect、擦除命令 erase。

由于 Nor Flash 的接口与一般内存相似,所以一些内存命令可以在 Nor Flash 上使用,比如读 Nor Flash 时可以使用 md、cp 命令,写 Nor Flash 时可以使用 cp 命令(cp 根据地址分辨出是 Nor Flash,从而调用 Nor Flash 驱动完成写操作)。

直接运行"flinfo"即可看到 Nor Flash 的信息,有 Nor Flash 的型号、容量、各扇区的开始地址、是否只读等信息。比如对于本书基于的开发板,flinfo 命令的结果如下:

```
Bank # 1: AMD: 1x Amd29LV800BB (8Mbit)
Size: 1 MB in 19 Sectors
Sector Start Addresses:
00000000 (RO) 00004000 (RO) 00006000 (RO) 00008000 (RO) 00010000 (RO)
00020000 (RO) 00030000 00040000 00050000 00060000
00070000 00080000 00090000 000A0000 000B0000
000C0000 000D0000 000E0000 000F0000 (RO)
```

其中的 RO 表示该扇区处于写保护状态,只读。

对于只读的扇区,在擦除、烧写它之前,要先解除写保护。最简单的命令为"protect off all",解除所有 Nor Flash 的写保护。

erase 命令常用的格式为:

"erase start end"——擦除的地址范围为 start 至 end;

"erase start +len"——擦除的地址范围为 start 至(start+len−1);

"erase all"——表示擦除所有 Nor Flash。

注意:其中的地址范围,刚好是一个扇区的开始地址到另一个(或同一个)扇区的

第 5 章 构建 BootLoader

结束地址。比如要擦除 Amd29LV800BB 的前 5 个扇区,执行的命令为"erase 0 0x2ffff",而非"erase 0 0x30000"。

5．Nand Flash 操作命令

Nand Flash 操作命令只有一个:nand。它根据不同的参数进行不同操作,比如擦除、读取、烧写等。

"nand info"查看 Nand Flash 信息。

"nand erase [clean] [off size]"擦除 Nand Flash。加上"clean"时,表示在每个块的第一个扇区的 OOB 区加写入清除标记;off、size 表示要擦除的开始偏移地址和长度,如果省略 off 和 size,表示要擦除整个 Nand Flash。

"nand read[.jffs2] addr off size"从 Nand Flash 偏移地址 off 处读出 size 个字节的数据,存放到开始地址为 addr 的内存中。是否加后缀".jffs"的差别只是读操作时的 ECC 较验方法不同。

"nand write[.jffs2] addr off size"把开始地址为 addr 的内存中的 size 个字节数据,写到 Nand Flash 的偏移地址 off 处。是否加后缀".jffs"的差别只是写操作时的 ECC 较验方法不同。

"nand read.yaffs addr off size"从 Nand Flash 偏移地址 off 处读出 size 个字节的数据(包括 OOB 区域),存放到开始地址为 addr 的内存中。

"nand write.yaffs addr off size"把开始地址为 addr 的内存中的 size 个字节数据(其中有要写入 OOB 区域的数据),写到 Nand Flash 的偏移地址 off 处。

"nand dump off",将 Nand Flash 偏移地址 off 的一个扇区的数据打印出来,包括 OOB 数据。

6．环境变量命令

"printenv"命令打印全部环境变量,"printenv name1 name2 ..."打印名字为 name1、name2、……"的环境变量。

"setenv name value"设置名字为 name 的环境变量的值为 value。

"setenv name"删除名字为 name 的环境变量。

上面的设置、删除操作只是在内存中进行,"saveenv"将更改后的所有环境变量写入 Nor Flash(或 Nand Flash)中。

7．启动命令

不带参数的"boot"、"bootm"命令都是执行环境变量 bootcmd 所指定的命令。

"bootm [addr [arg ...]]"命令启动存放在地址 addr 处的 U-Boot 格式的映像文件(使用 U-Boot 目录 tools 下的 mkimage 工具制作得到),[arg ...]表示参数。如果 addr 参数省略,映像文件所在地址为配置文件中定义的宏 CFG_LOAD_ADDR。

"go addr [arg ...]"与 bootm 命令类似,启动存放在地址 addr 处的二进制文

件，[arg...]表示参数。

"nboot [[[loadAddr] dev] offset]"命令将 Nand Flash 设备 dev 上偏移地址 off 处的映像文件复制到内存 loadAddr 处。然后，如果环境变量 autostart 的值为 "yes"，就启动这个映像。

如果 loadAddr 参数省略，存放地址为配置文件中定义的宏 CFG_LOAD_ADDR；如果 dev 参数省略，则它的取值为环境变量 bootdevice 的值；如果 offset 参数省略，则默认为 0。

5.3.7 U-Boot 命令实现框架的分析

lib_arm/board.c 的第 398 行调用 main_loop 函数（位于 common/Main.c）进入命令行模式。简化后的 main_loop 函数，如下：

```
1  void main_loop (void)
2  {
3      static char lastcommand[CFG_CBSIZE] = { 0, };
4      int len;
5      int rc = 1;
6      int flag;
7
8  #if defined(CONFIG_BOOTDELAY) && (CONFIG_BOOTDELAY >= 0)
9      char * s;
10     int bootdelay;
11 #endif
12
13 #if defined(CONFIG_BOOTDELAY) && (CONFIG_BOOTDELAY >= 0)
14     s = getenv ("bootdelay");
15     bootdelay = s ? (int)simple_strtol(s, NULL, 10) : CONFIG_BOOTDELAY;
16     s = getenv ("bootcmd");
17     if (bootdelay >= 0 && s && ! abortboot (bootdelay)) {
18         run_command (s, 0);
19     }
20 #endif   /* CONFIG_BOOTDELAY */
21     /*
22      * Main Loop for Monitor Command Processing
23      */
24     for (;;) {
25         len = readline (CFG_PROMPT);
26         flag = 0;    /* assume no special flags for now */
27         if (len > 0)
28             strcpy (lastcommand, console_buffer);
```

```
29              else if (len = = 0)
30                  flag | = CMD_FLAG_REPEAT;
31              if (len = = -1)
32                  puts ("<INTERRUPT>\n");
33              else
34                  rc = run_command (lastcommand, flag);
35              if (rc < = 0) {
36                  /* invalid command or not repeatable, forget it */
37                  lastcommand[0] = 0;
38              }
39          }
40 }
41
42 static __inline__ int abortboot(int bootdelay)
43 {
44      int abort = 0;
45
46      printf("Hit any key to stop autoboot: %2d ", bootdelay);
47      while ((bootdelay > 0) && (! abort)) {
48          int i;
49
50          --bootdelay;
51          /* delay 100 * 10ms */
52          for (i = 0; ! abort && i<100; + + i) {
53              if (tstc()) {      /* we got a key press  */
54                  abort = 1;     /* don't auto boot     */
55                  bootdelay = 0; /* no more delay       */
56                  (void) getc(); /* consume input       */
57                  break;
58              }
59              udelay (10000);
60          }
61          printf ("\b\b\b %2d ", bootdelay);
62      }
63      putc ('\n');
64      return abort;
65 }
```

显然其功能是从终端读入用户输入的命令字符串,然后将该字符串作为参数调用 34 行的 run_command 函数(位于 common/Main.c)执行该命令,然后循环读取下一个用户输入的命令。简化后的 run_command 函数如下:

```
1  int run_command (const char * cmd, int flag)
2  {
3      cmd_tbl_t * cmdtp;
4      char cmdbuf[CFG_CBSIZE];        /* working copy of cmd       */
5      char * token;           /* start of token in cmdbuf          */
6      char * sep;             /* end of token (separator) in cmdbuf */
7      char finaltoken[CFG_CBSIZE];
8      char * str = cmdbuf;
9      char * argv[CFG_MAXARGS + 1];   /* NULL terminated           */
10     int argc, inquotes;
11     int repeatable = 1;
12     int rc = 0;
13     clear_ctrlc();         /* forget any previous Control C */
14     strcpy (cmdbuf, cmd);
15     /* Process separators and check for invalid
16      * repeatable commands
17      */
18     while ( * str) {
19         /*
20          * Find separator, or string end
21          * Allow simple escape of ';' by writing "\;"
22          */
23         for (inquotes = 0, sep = str; * sep; sep + + ) {
24             if (( * sep = = '\"') &&
25                 ( * (sep-1) ! = '\\'))
26                     inquotes = !inquotes;
27
28             if (!inquotes &&
29                 ( * sep = = ';') &&     /* separator              */
30                 ( sep ! = str) &&       /* past string start      */
31                 ( * (sep-1) ! = '\\')) /* and NOT escaped         */
32                     break;
33         }
34         /*
35          * Limit the token to data between separators
36          */
37         token = str;
38         if ( * sep) {
39             str = sep + 1;  /* start of command for next pass */
40             * sep = '\0';
41         }
42         else
```

```
43              str = sep;      /* no more commands for next pass */
44          /* find macros in this token and replace them */
45          process_macros (token, finaltoken);
46          /* Extract arguments */
47          if ((argc = parse_line (finaltoken, argv)) == 0) {
48              rc = -1;        /* no command at all */
49              continue;
50          }
51          /* Look up command in command table */
52          if ((cmdtp = find_cmd(argv[0])) == NULL) {
53              printf ("Unknown command '%s' - try 'help'\n", argv[0]);
54              rc = -1;        /* give up after bad command */
55              continue;
56          }
57          /* found - check max args */
58          if (argc > cmdtp->maxargs) {
59              printf ("Usage:\n%s\n", cmdtp->usage);
60              rc = -1;
61              continue;
62          }
63          /* OK - call function to do the command */
64          if ((cmdtp->cmd) (cmdtp, flag, argc, argv) != 0) {
65              rc = -1;
66          }
67          repeatable &= cmdtp->repeatable;
68          /* Did the user stop this? */
69          if (had_ctrlc ())
70              return 0;       /* if stopped then not repeatable */
71      }
72      return rc ? rc : repeatable;
73 }
    struct cmd_tbl_s {
    char        *name;          /* Command Name             */
    int         maxargs;        /* maximum number of arguments  */
    int         repeatable;     /* autorepeat allowed?      */
                                /* Implementation function  */
    int         (*cmd)(struct cmd_tbl_s *, int, int, char *[]);
    char        *usage;         /* Usage message    (short)     */
};
    typedef struct cmd_tbl_s    cmd_tbl_t;
```

很明显，第 50 行之前均是在解析用户命令字符串。例如，如果用户输入的是

ping 192.168.1.11,则当程序运行到 50 行时,argv[0]为字符串"ping"。52 行以字符串"ping"作为参数调用 find_cmd 函数,得到一个指向结构体的指针 cmdtp,cmdtp 所指向的结构体存放的内容是:{"ping", 2, 1, do_ping, "ping\t- send ICMP ECHO_REQUEST to network host\n"}(为何是这样的值,请见后面的分析)。查看第 3 和 64 行可知,64 行实际上是执行 do_ping 函数。查阅 common/Cmd_net.c 的 224~243 可知,函数 do_ping 就是 ping 命令对应的实现代码。现在只剩下一个问题,就是:为什么 find_cmd 函数仅根据参数"ping"就能找到一个结构体,且该结构体的第 4 个字段存放的就是实现 ping 命令的函数的函数指针。

查阅 common/cmd_net.c 的 245~249 行:

```
U_BOOT_CMD(
    ping,  2,  1,  do_ping,
    "ping\t- send ICMP ECHO_REQUEST to network host\n",
    "pingAddress\n"
);
```

以及 include/common.h 相关行:

```
#define U_BOOT_CMD(name,maxargs,rep,cmd,usage,help) \
cmd_tbl_t __u_boot_cmd_##name Struct_Section = {#name, maxargs, rep, cmd, usage}
```

宏替换后变为:

```
cmd_tbl_t __u_boot_cmd_ping Struct_Section = {"ping", 2, 1, do_ping, "ping\t- send ICMP ECHO_REQUEST to network host\n"};
#define Struct_Section  __attribute__ ((unused,section (".u_boot_cmd")))
```

宏替换后变为:

```
cmd_tbl_t __u_boot_cmd_ping __attribute__ ((unused,section (".u_boot_cmd"))) = {"ping", 2, 1, do_ping, "ping\t- send ICMP ECHO_REQUEST to network host\n"};
```

这句代码:① 定义了一个全局已初始化变量;② 变量名为__u_boot_cmd_ping;③ 变量类型是结构体类型 cmd_tbl_t;④ 该结构体变量的第一个字段存放的是用户将来会在 U-Boot 命令行中输入的命令名称字符串——"ping";⑤ 该结构体变量的第 4 个字段存放的是实现该命令的函数的函数名称;⑥ 该变量存放在 u-boot.bin 的二进制代码的.u_boot_cmd 段。

再查看链接脚本:

```
48      . = .;
49      __u_boot_cmd_start = .;
50      .u_boot_cmd : { *(.u_boot_cmd) }
51      __u_boot_cmd_end = .;
```

可知:

- U-Boot 所支持的每个命令均有一个结构体与其相对应,该结构体的第 1 个字段存放的是命令名字符串,第 4 个字段存放的是命令实现函数的函数指针;
- 所有结构体依次存放在 U-Boot 最终的二进制代码中;
- 结构体集合在内存中的起始地址由符号__u_boot_cmd_start 表示;结束地址由符号__u_boot_cmd_end 表示。

简化后的 find_cmd 函数如下:

```
1  cmd_tbl_t *find_cmd (const char *cmd)
2  {
3      cmd_tbl_t *cmdtp;
4      cmd_tbl_t *cmdtp_temp = &__u_boot_cmd_start;       /* Init value */
5      const char *p;
6      int len;
7      int n_found = 0;
8      /*
9       * Some commands allow length modifiers (like "cp.b");
10      * compare command name only until first dot.
11      */
12     len = ((p = strchr(cmd, '.')) = = NULL) ? strlen (cmd) : (p - cmd);
13     for (cmdtp = &__u_boot_cmd_start;
14          cmdtp ! = &__u_boot_cmd_end;
15          cmdtp + +) {
16         if (strncmp (cmd, cmdtp->name, len) = = 0) {
17             if (len = = strlen (cmdtp->name))
18                 return cmdtp;           /* full match */
19             cmdtp_temp = cmdtp;         /* abbreviated command ? */
20             n_found + +;
21         }
22     }
23     if (n_found = = 1) {                 /* exactly one match */
24         return cmdtp_temp;
25     }
26     return NULL;        /* not found or ambiguous command */
27 }
```

由 13~22 不难看出,find_cmd 函数以命令名字符串为查找标准遍历整个结构体集合,从而找到与该命令对应的结构体。

由此可得,如果需要向 U-Boot 中增加自定义命令(以点亮或熄灭 led 灯的命令为例),需要执行以下步骤:

- 编写实现 leds 命令的函数以及 U_BOOT_CMD 宏,形成源代码文件 cmd_

leds.c(光盘\work\bootloader\cmd_leds.c);
- 将该文件放到 common 目录下,并修改 commmon/Makefile 以使该 c 文件能被编译;
- 在 include/cmd_confdefs.h 第 98 行增加宏定义 CFG_CMD_LEDS,以便使 leds 命令能被用户通过 include/configs/my2440.h 进行裁减;

```
#define CFG_CMD_LEDS    0x8000000000000000ULL    /* Control LEDS, Add by Dennis Yang */
```

- 修改 include/configs/my2440.h 中对 CONFIG_COMMANDS 宏的定义,使其包含 CFG_CMD_LEDS 宏。

特别说明,由于对 led 的控制,需要增加对 GPIO(GPB5-8)进行一次性的设置的代码,这段代码放在 board_init 函数中最合适:

```
gpio->GPBCON = (gpio->GPBCON & ~(0xff<<10)) | (0x55<<10);   //configure GPB5-8 as output for LEDs, Add by Dennis Yang
```

在 U-Boot 命令行中可以使用下面的命令点亮第 4 号灯:

```
my2440 > leds 3 1
```

5.3.8　U-Boot 引导 Linux 操作系统的过程分析

在 U-Boot 命令提示符下,我们输入 boot 后就可以看到成功引导了 Linux,但遗憾的是在 Linux 启动的最后阶段不能够成功地挂载根文件系统,这是因为 Linux 没有获得正确的启动参数,该参数应由 U-Boot 在引导 Linux 前准备好。

在 U-Boot 命令提示符下,输入 boot 就可以引导 Linux,这是因为 bootcmd 环境变量的定义为:nand read.jffs2 0x32000000 0x100000 0x300000; bootm 0x32000000。输入 boot 时,U-Boot 将执行 bootcmd 环境变量中定义的命令。第 1 条命令是将 Linux kernel 从 Nand Flash 上 0x100000~0x400000 这个位置读入到 RAM 的 0x32000000 这个位置,第 2 条命令则是使用已经位于 RAM 地址 0x32000000 处的 Linux kernel 启动操作系统。所以,分析 U-Boot 引导 Linux 操作系统的过程就从分析 bootm 命令的实现开始。

bootm 命令的实现函数是 do_bootm(位于 common/cmd_bootm.c)。简化的 do_bootm 函数如下:

```
1  int do_bootm (cmd_tbl_t *cmdtp, int flag, int argc, char *argv[])
2  {
3      ulong    iflag;
4      ulong    addr;
5      ulong    data, len, checksum;
6      int      i, verify;
7      char     *name, *s;
```

```c
8       image_header_t * hdr = &header;
9       s = getenv ("verify");
10      verify = (s && (*s = = 'n')) ? 0 : 1;
11      if (argc<2) {
12          addr = load_addr;
13      } else {
14          addr = simple_strtoul(argv[1], NULL, 16);
15      }
16      printf ("# # Booting image at %08lx ...\n", addr);
17      /* Copy header so we can blank CRC field for re-calculation */
18      memmove (&header, (char *)addr, sizeof(image_header_t));
19      if (ntohl(hdr->ih_magic) ! = IH_MAGIC) {
20          puts ("Bad Magic Number\n");
21          return 1;
22      }
23      data = (ulong)&header;
24      len = sizeof(image_header_t);
25      checksum = ntohl(hdr->ih_hcrc);
26      hdr->ih_hcrc = 0;
27      if (crc32 (0, (uchar *)data, len) ! = checksum) {
28          puts ("Bad Header Checksum\n");
29          return 1;
30      }
31      print_image_hdr ((image_header_t *)addr);
32      data = addr + sizeof(image_header_t);
33      len = ntohl(hdr->ih_size);
34      if (verify) {
35          puts ("   Verifying Checksum ... ");
36          if (crc32 (0, (uchar *)data, len) ! = ntohl(hdr->ih_dcrc)) {
37              printf ("Bad Data CRC\n");
38              return 1;
39          }
40          puts ("OK\n");
41      }
42      if (hdr->ih_arch ! = IH_CPU_ARM)
43      {
44          printf ("Unsupported Architecture 0x%x\n", hdr->ih_arch);
45          return 1;
46      }
47      switch (hdr->ih_type) {
48      case IH_TYPE_KERNEL:
49          name = "Kernel Image";
```

```
50        break;
51    }
52    /*
53     * We have reached the point of no return: we are going to
54     * overwrite all exception vector code, so we cannot easily
55     * recover from any failures any more...
56     */
57    iflag = disable_interrupts();
58    switch (hdr->ih_comp) {
59    case IH_COMP_NONE:
60        if(ntohl(hdr->ih_load) == addr) {
61            printf ("   XIP %s... ", name);
62        } else {
63            memmove ((void *) ntohl(hdr->ih_load), (uchar *)data, len);
64        }
65        break;
66    }
67    puts ("OK\n");
68    switch (hdr->ih_os) {
69    default:              /* handled by (original) Linux case */
70    case IH_OS_LINUX:
71        do_bootm_linux  (cmdtp, flag, argc, argv,
72                addr, len_ptr, verify);
73        break;
74    }
75    return 1;
76 }
   typedef struct image_header {
   uint32_t    ih_magic;    /* Image Header Magic Number  */
   uint32_t    ih_hcrc;     /* Image Header CRC Checksum  */
   uint32_t    ih_time;     /* Image Creation Timestamp   */
   uint32_t    ih_size;     /* Image Data Size            */
   uint32_t    ih_load;     /* Data     Load   Address    */
   uint32_t    ih_ep;       /* Entry Point Address        */
   uint32_t    ih_dcrc;     /* Image Data CRC Checksum    */
   uint8_t     ih_os;       /* Operating System           */
   uint8_t     ih_arch;     /* CPU architecture           */
   uint8_t     ih_type;     /* Image Type                 */
   uint8_t     ih_comp;     /* Compression Type           */
   uint8_t     ih_name[IH_NMLEN];  /* Image Name          */
   } image_header_t;
```

第 5 章 构建 BootLoader

可用于 U-Boot 的 kernel 是在常规内核 zImage 前加了个 64 byte 头的 uImage，这个头包含了：① kernel 的加载和运行地址 0x30008000；② zImage 的 CRC 校验码等信息（见上面 struct image_header 的定义）。8、14、18 行将 uImage 中的 64 byte 头暂存在 hearder 所指向的内存中供后续程序校验 kernel 是否完整正确。19～51 校验 64 byte 头以及 zImage 是否完整正确。63 行将 zImage 从 0x32000040 复制到 kernel 的正确加载地址 0x30008000。71 行调用 do_bootm_linux 函数（位于 lib_arm/armlinux.c）启动 linux。简化后的 do_bootm_linux 如下：

```
1  void do_bootm_linux (cmd_tbl_t * cmdtp, int flag, int argc, char * argv[],
2             ulong addr, ulong * len_ptr, int verify)
3  {
4      ulong data;
5      void ( * theKernel)(int zero, int arch, uint params);
6      image_header_t * hdr = &header;
7      bd_t * bd = gd->bd;
8      char * commandline = getenv ("bootargs");
9      theKernel = (void ( * )(int, int, uint))ntohl(hdr->ih_ep);
10     setup_start_tag (bd);
11 #ifdef CONFIG_SETUP_MEMORY_TAGS
12     setup_memory_tags (bd);
13 #endif
14 #ifdef CONFIG_CMDLINE_TAG
15     setup_commandline_tag (bd, commandline);
16 #endif
17     setup_end_tag (bd);
18     /* we assume that the kernel is in place */
19     printf ("\nStarting kernel ...\n\n");
20     cleanup_before_linux ();
21     theKernel (0, bd->bi_arch_number, bd->bi_boot_params);
22 }
```

第 9 行实际上是 theKernel＝0x30008000。

第 21 行实际上相当于：mov r0, #0; mov r1, #362（362 是 Linux 对 s3c2440 的编号）; mov r2, #0x30000100（内核的启动参数在内存中的存放位置）; ldr pc, ＝0x30008000。

由于在执行 21 行时，内存 0x30008000 处已经存放了内核 zImage，所以执行 21 行就相当于跳转到 Linux 内核的第 1 条指令，同时将 0、362、0x30000100 这 3 个参数传递给了内核。这样克林顿同志就和小布什同志顺利实现了历史性的交接握手，从此克林顿时代（U-boot）一去不复还，小布什时代（Linux 操作系统）到来了。

遗憾的是，Linux 虽然能够启动，却不能正确挂载根文件系统，这是为什么呢？

应该说，在将内核映像复制到 RAM 空间中后，就可以准备启动 Linux 内核了。但是在调用内核之前，应该作一步准备工作，即：设置 Linux 内核的启动参数（根文件系统在 Nand Flash 上的位置是其中的 1 个参数）。U-Boot 必须将正确的内核的启动参数放到内存 0x30000100 处，然后将存放地址（0x30000100）告知内核（这通过 21 行完成）。内核启动后，到 0x30000100 处去取得参数，内核必须取得正确的根文件系统在 Nand Flash 上的位置参数后，才能挂载根文件系统。

Linux 2.4.x 以后的内核都期望以标记列表（tagged list）的形式来传递启动参数。启动参数标记列表以标记 ATAG_CORE 开始，以标记 ATAG_NONE 结束。每个标记由标识被传递参数的 tag_header 结构以及随后的参数值数据结构来组成。数据结构 tag 和 tag_header 定义在 Linux 内核源码的 include/asm/setup.h 头文件（U-Boot 复制了该定义，放在 include/asm-arm/setup.h）中：

```
struct tag {
    struct tag_header hdr;
    union {
        struct tag_core      core;
        struct tag_mem32     mem;
        struct tag_videotext videotext;
        struct tag_ramdisk   ramdisk;
        struct tag_initrd    initrd;
        struct tag_serialnr  serialnr;
        struct tag_revision  revision;
        struct tag_videolfb  videolfb;
        struct tag_cmdline   cmdline;
    } u;
};

struct tag_header {
    u32 size;
    u32 tag;
};
```

内核至少需要 4 个 tag：start_tag、end_tag、memory_tags、commandline_tag 才能正确启动，这 4 个 tag 分别由 10、17、12、15 行将其复制到 RAM 的 0x30000100 处。

```
static void setup_start_tag (bd_t *bd)
{
    params = (struct tag *) bd->bi_boot_params;
    params->hdr.tag = ATAG_CORE;
    params->hdr.size = tag_size (tag_core);
    params->u.core.flags = 0;
    params->u.core.pagesize = 0;
    params->u.core.rootdev = 0;
```

```
        params = tag_next (params);
    }
    static void setup_memory_tags (bd_t *bd)
    {
        int i;
        for (i = 0; i < CONFIG_NR_DRAM_BANKS; i++) {
            params->hdr.tag = ATAG_MEM;
            params->hdr.size = tag_size (tag_mem32);
            params->u.mem.start = bd->bi_dram[i].start;
            params->u.mem.size = bd->bi_dram[i].size;
            params = tag_next (params);
        }
    }
    static void setup_commandline_tag (bd_t *bd, char *commandline)
    {
        char *p;
            if (!commandline)
        return;
            /* eat leading white space */
        for (p = commandline; *p == ' '; p++);
            /* skip non-existent command lines so the kernel will still
             * use its default command line.
             */
        if (*p == '\0')
            return;
              params->hdr.tag = ATAG_CMDLINE;
        params->hdr.size =
            (sizeof (struct tag_header) + strlen (p) + 1 + 4) >> 2;
              strcpy (params->u.cmdline.cmdline, p);
                params = tag_next (params);
    }
    static void setup_end_tag (bd_t *bd)
    {
        params->hdr.tag = ATAG_NONE;
        params->hdr.size = 0;
    }
```

但遗憾的是：12、15 行是条件编译，它并没有被编译进 U-Boot，这样一来内核就得不到正确的根文件系统位置，当然就不能正确挂载根文件系统了。所以我们要做的就是，在 include/configs/my2440.h 中定义 2 个宏：

```
#define CONFIG_SETUP_MEMORY_TAGS 1
#define CONFIG_CMDLINE_TAG 1
```

附带说明：

第20行的cleanup_before_linux()完成了：① 关闭中断；② 清空数据cache；③ 关闭数据cache。第21行传递了3个参数：① 0；② Linux对S3C2440的编号；③ 内核的启动参数在内存中的存放位置。这些都是Linux操作系统要求的必须满足的条件，这些要求详见Linux源代码的帮助文档：Documentation/arm/Booting。

5.3.9 让 U-Boot 支持从 USB slave 接口获得数据

通过USB slave接口下载数据到开发板是最快的方法，非常具有实用性。光盘中提供了补丁文件/work/bootloader/u-boot-1.1.6-usbslave-dm9000-yaffs.patch（如果你的开发板使用的是cs8900网卡，请使用u-boot-1.1.6-usbslave-cs8900-yaffs.patch）。用该文件给原始的u-boot-1.1.6源码打上补丁后，就具备了通过USB slave接口下载数据到开发板的功能

/work/bootloader $ patch -p0 < u-boot-1.1.6-usbslave-dm9000-yaffs.patch

将开发板与PC机通过usb线连接起来后，在U-Boot命令行输入：

```
my2440>usbslave 1 0x32000000
USB host is connected.
```

在PC机运行dnw，就可将用户指定的PC机上的文件下载到开发板内存0x32000000地址处。

要想让U-Boot支持USB slave，主要需要完成以下4个工作：

- 增加USB slave的驱动以及dma2、usbd的ISR；
- 启用U-Boot对中断的支持（因为默认情况下，U-Boot禁用了中断）；
- 初始化并设置DMA控制器（因为USB批量传输使用的是DMA通道）；
- 增加usbslave命令作为用户接口。

感兴趣的读者，可以自行分析补丁文件和u-boot-1.1.6源码。

5.3.10 让 U-Boot 支持读写 Yaffs 文件系统

希望在U-Boot中增加一个nand write.yaffs命令来烧写yaffs文件系统，所以按照以下步骤来增加yaffs命令和功能。

（1）增加nand.yaffs命令。

修改do_nand函数，增加对yaffs命令的处理功能，打开common/cmd_nand.c，在355行之后增加对yaffs命令的支持。

```
else if (s != NULL && !strcmp(s, ".yaffs") || !strcmp(s, ".y")) {
    if (read) {
```

```
                              /* read */
                              nand_read_options_t opts;
                              memset(&opts, 0, sizeof(opts));
                              opts.buffer = (u_char *) addr;
                              opts.length = size;
                              opts.offset = off;
                              opts.quiet = quiet;
                              opts.readoob = 1;
                              ret = nand_read_opts(nand, &opts);
                       } else {
                              /* write */
                              nand_write_options_t opts;
                              memset(&opts, 0, sizeof(opts));
                              opts.buffer = (u_char *) addr;
                              opts.length = size;
                              opts.offset = off;
                              /* opts.forcejffs2 = 1; */
                              opts.blockalign = 1;
                              opts.quiet = quiet;
                              opts.writeoob = 1;
                              opts.noecc = 1;
                              opts.skipfirstblk = 1;
                              ret = nand_write_opts(nand, &opts);
                       }
              }
```

由于 yaffs 文件系统的第一个块用于存放整个文件系统的信息,所以真实的数据应该从第二个块开始,所以增加了 nand_write_options 结构体的 skipfirstblk 成员,代表跳过第一个块。nand_write_options 结构体在 include/nand.h 中定义,增加一个成员。

```
       int skipfirstblk; /* skip first good block for yaffs image by dennis */
```

(2) 修改 nand_write_opts 函数代码,在 430 行增加对第一个块烧写的判断。

```
301         int skipfirstblk = opts->skipfirstblk;
430         /* modified by dennis */
431         if (skipfirstblk) {
432                mtdoffset += erasesize_blockalign;
433                skipfirstblk = 0;
434                continue;
435         }
```

5.3.11 增加 mtd 设备层支持

(1) 打开 include/configs/my2440.h 头文件,加入以下宏定义:

```
/* mtdparts command line support */
#define CONFIG_JFFS2_CMDLINE
#define CONFIG_JFFS2_NAND          1
#define MTDIDS_DEFAULT "nand0 = nandflash0"
#define MTDPARTS_DEFAULT "mtdparts = nandflash0:1m@0(bootloader)," \
                         "3m(kernel)," \
                         "12m(jffs2)," \
                         "-(yaffs2)"
```

增加以上宏定义,便打开了 U-Boot 对 mtd 分区系统的支持,当然还需要在 my2440 增加:

```
#define CONFIG_COMMANDS \
......
CFG_CMD_JFFS2         | \
......
```

以上 MTDIDS_DEFAULT 定义了分区设备的设备名称。

MTDPARTS_DEFAULT 则告诉我们把 Nand Flash 划分成了 4 个分区,0～1 MB 为 BootLoader、1～4 MB 为 kernel、4～16 MB 为 jffs2 文件系统、余下的为 yaffs2 分区。

功能实现是在 cmd_jffs2.c 中,打开这些宏就可以实现这些功能,我们可以通过 U-Boot 源码下的 CHANGELOG-before-U-Boot-1.1.5 文件的 1 839 行得到答案。

(2) 打开 common/main.c 文件,加入以下代码。

虽然打开了让 U-Boot 实现对分区的识别,但是还要增加到环境环境变量中,让其他命令在执行时可以使用这些分区,所以在 common/main.c 的 main_loop 函数中增加分区到环境变量中。

```
366 #ifdef CONFIG_JFFS2_CMDLINE
367     extern int mtdparts_init(void);
368     if (!getenv("mtdparts"))
369     {
370         run_command("mtdparts default", 0);
371     }
372     else
373     {
374         mtdparts_init();
375     }
376 #endif
```

(3) 修改 include/configs/my2440.h 头文件。

```
#define CONFIG_BOOTARGS    "noinitrd root=/dev/mtdblock3 console=ttySAC0 rootfs-type=yaffs2
#define CONFIG_BOOTCOMMAND    " nand read.jffs2 0x32000000 kernel; bootm 0x32000000"
```

我们看到 nand read.jffs2 0x32000000 0x100000 0x300000 中的 offset 和 length 便可以使用 kernel 来代替，我们要擦除某一个分区时，直接使用 nand erase kernel、nand erase jffs2、nand erase yaffs2 就可以了。

5.3.12 光盘中的补丁使用

考虑到操作的复杂度，在光盘的 \work\bootloader 目录下：

u-boot-1.1.6.tar.bz2 是 U-Boot 的原始代码；

u-boot-1.1.6-usbslave-dm9000-yaffs.patch 是支持 usbslave 命令、dm9000 网卡驱动、yaffs 文件系统的补丁文件；

u-boot-1.1.6-usbslave-cs8900-yaffs.patch 是支持 usbslave 命令、cs8900 网卡驱动、yaffs 文件系统的补丁文件。

读者可以把以上3个文件放在同一个目录下，并解压 u-boot-1.1.6.tar.bz2 到当前目录下。进入 u-boot-1.1.6 目录，执行以下补丁命令，便可以得到本章节对 U-Boot 的最终修改版本的源代码。

```
patch -p1 < ../u-boot-1.1.6-usbslave-dm9000-yaffs.patch
patch -p1 < ../u-boot-1.1.6-usbslave-cs8900-yaffs.patch
```

输入以下命令进行编译即可直接得到可用的 u-boot.bin 文件了。

```
make my2440_config
make
```

5.4 实战：制作小型的能够快速引导内核的 iBoot

5.4.1 iBoot 简介

iBoot 大小：iBoot 的大小不超过 4 KB。借助 S3C2440 的启动特点，我们可以把这个程序烧写到 Nand Flash 的前 4 KB。Nand Flash 方式启动时就可以执行我们的 iBoot。

iBoot 存放位置：iBoot 一定要烧写到 Nand Flash 的 0x0 地址中，这样才能借助 S3C2440 的 Nand 启动特性来快速引导内核。

iBoot 功能：iBoot 有两个功能，串口打印和引导内核代码运行，比 U-Boot 启动内核要快很多。

iBoot 原理：原理上 S3C2440 有 2 种启动方式，与内存等待位控制寄存器 BWSCON 的 OM[2:1]位有关系，都为 0 时是 Nand 启动方式，S3C2440 会读取 Nand Falsh 中的前 4 KB 代码到 S3C2440 内部的 steppingstone 里执行，而这个地址在 Nand 启动时被映射到了 0 地址。我们借助这一原理，开发一个能够快速引导内核的引导程序 iBoot，而 U-Boot 我们可以放到 Nor Flash 中，用于调试代码和内存、烧写镜像文件使用。使用 iBoot 来直接引导内核，系统启动时间会大大降低。

iBoot 优点：体积小，相对于 U-Boot 不用再执行各种硬件的初始化，这些初始化工作内核也都会做；直接引导内核，对于不到 2 MB 的内核，1 秒钟左右的时间，内核便能够在内存中正常运行。

iBoot 源码位置：提供的 iBoot 源代码位于光盘/work/bootloader/iBoot.tar.gz。

5.4.2　iBoot 源码目录结构及说明

文件名称	功能说明
head.S	iBoot 入口函数，初始化必要的硬件，包括内存、串口、Nand Flash、时钟等
init.c	各硬件的初始化函数代码
def.h	硬件寄存器的宏定义和函数申明
main.c	设置 CPU ID、传递给内核的参数列表，并复制内核到内存
lib.c	串口的初始化代码和其他的一些库函数
nand.c	支持 512 和 2 048 页的 Nand Flash 读取功能函数和校验代码
Makefile	源代码编译管理工程文件
iboot.lds	影响生成的 iBoot.bin 的代码布局文件

5.4.3　iBoot 代码解释

代码的执行流程如图 5-7 所示：

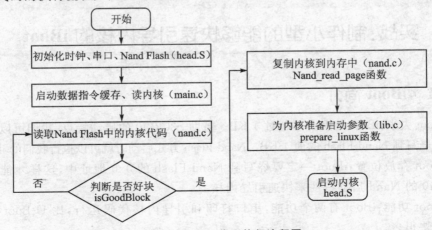

图 5-7　iBoot 代码执行流程图

第 5 章 构建 BootLoader

由图 5-7 我们可知,代码的起始执行点和把执行权交给内核的代码都在 head.S 中,中间的流程最主要的就是为了一件事情:把内核代码"安全地"搬运到内存中,然后再运行内核代码。其中有几个地方是要注意的,一是把 Nand Flash 中的内核代码放到内存的代码操作;二是如何向内核传递正确的参数,才能让内核代码正常启动。下面我们通过对源代码的分析,来让读者体会到制作一个 mini 引导程序的过程。

head.s:

```
        /*定义这个文件的端名称为.start,后面是它的属性*/
        .section ".start", #alloc, #execinstr

        /*定义一个函数类型 Start*/
        .type Start, #function
Start:
        b Reset                 /*直接跳转到 Reset 处执行初始化代码*/
        ldr pc, HandlerUndef    /*以下为异常向量表,我们并没有实现它*/
        ldr pc, HandlerSWI
        ldr pc, HandlerPabort
        ldr pc, HandlerDabort
        ldr pc, HandlerNotUsed
        ldr pc, HandlerIRQ
        ldr pc, HandlerFIQ


HandlerUndef:
        .word __undef
HandlerSWI:
        .word __swi
HandlerPabort:
        .word __pabort
HandlerDabort:
        .word __dabort
HandlerNotUsed:
        .word __notused
HandlerIRQ:
        .word __irq
HandlerFIQ:
        .word __fiq

        .align

/*硬件初始化进入点*/
```

```
Reset:
    mov sp, #4096               /* 从 Nand Flash 启动,最大空间 4 KB,设置栈顶 */
    bl disable_watchdog         /* 关闭看门口,以防 reset 系统 */
    bl disable_interrupt        /* 关闭中断,防止跳转到异常向量处执行代码 */
    bl clock_init               /* 初始化时钟,分频和倍频 */
    bl cpu_init                 /* 关闭 MMU */
    bl uart_init                /* 初始化串口,因为要往终端打印消息 */
    bl memsetup                 /* 初始化内存控制器,因为要搬运代码到内存 */
    bl nand_init                /* 初始化 Nand 控制器,因为要把内核代码搬出来 */
    bl xmain                    /* 进入 C 代码,执行搬运操作 */

    /* 启动内核,r1 为传入的机器号 */
    mov r0, #0
    ldr r1, =362
    mov ip, #0
    ldr pc, =0x30008000


/* 异常处理向量 */
__undef:
__swi:
__pabort:
__dabort:
__notused:
__irq:
__fiq:
```

main.c:

```
#include "def.h"

extern int g_iPageSize;         /* 代码搬运的时候用于区分 Nand 的大小页 */

void xmain()
{
    /* 开启指令数据缓存,代码在 init.c 中,主要设置协处理 p15 的
       c1 寄存器的相应位,查询相应的 ARM 核手册可知设置方法
    */
    mmu_enableIcache();
    mmu_enableDcache();

    /* GPIO 管脚的设置,这里包含了太多内容,虽然只有 10 多行,但是信息量非常大,要
       去仔细查看这些管脚的相应位都和哪些硬件连接,功能是什么再进行相应的设置,
       否则某些硬件将无法正常工作。
```

第5章 构建 BootLoader

```
    */
        GPACON = 0x007FFFFF;
        GPBCON = 0x00044555;
        GPBUP = 0x000007FF;
        GPCCON = 0xAAAAAAAA;
        GPCUP = 0x0000FFFF;
        GPDCON = 0xAAAAAAAA;
        GPDUP = 0x0000FFFF;
        GPECON = 0xAAAAAAAA;
        GPEUP = 0x0000FFFF;
        GPFCON = 0x000055AA;
        GPFUP = 0x000000FF;
        GPGCON = 0xFF95FFBA;
        GPGUP = 0x0000FFFF;
        GPHCON = 0x002AFAAA;
        GPHUP = 0x000007FF;

        /*打印版本信息,前面已经初始化了串口,这将直接把 VER_INFO 字符串
          打印到串口的数据寄存器中输出,puts 函数代码在 lib.c 中实现
        */
        puts(VER_INFO);
/*函数在 nand.c 中实现,nand.c 的功能是把 Nand Flash 中存放的内核镜像搬运到
    内存中运行
  */
        read_image_from_nand();
}
```

nand.c

```
/*
 * 复制 Nand Flash 中的 Linux 内核代码到 SDRAM 中运行
 */
void read_image_from_nand()
{
    unsigned int len;
    unsigned char * sdram;
    unsigned int block_num;
    unsigned int pos;

    unsigned int i;

    /*要搬运 Nand Flash 中内核代码的长度,OS_LENGTH 在 def.h 中定义 */
    len = OS_LENGTH;
```

```c
        len = (len + BLOCK_SIZE - 1) >> (BYTE_SECTOR_SHIFT + SECTOR_BLOCK_SHIFT) <<
    (BYTE_SECTOR_SHIFT + SECTOR_BLOCK_SHIFT); // align to Block Size

    /* 计算从多少块开始复制数据 */
    block_num = OS_NAND_BASE >> (BYTE_SECTOR_SHIFT + SECTOR_BLOCK_SHIFT);
    /* 内核代码会被搬运到 sdram 中, OS_RAM_START 是 0x30008000 减去 64 的目的是因为
        我们放在 Nand Flash 中的内核代码是 uImage 需要去掉 64 字节的内核信息
    */
    sdram = (unsigned char *)OS_RAM_START - 64;
    for (pos = 0; pos < len; pos += BLOCK_SIZE) {
        for (;;) {
            /* isGoodBlock 函数用于检测坏块, 比如说大页的 Nand Flash,
    1 块的大小是 64 页, 我们需要查找每一个块的 spare 区的硬件
    ECC 信息是否为 0xff。如果是就是好块, 把其中的代码放到
    SDRAM 中通过 break 到下面的 for 循环中, 否则跳过这一个坏块
    */
            if (isGoodBlock
                (block_num <<
                    (BYTE_SECTOR_SHIFT + SECTOR_BLOCK_SHIFT))) {
                break;
            }
            block_num++;
        }
        /* 通过 nand_read_page 函数读取这一个好块里的内核代码, 并放到 SDRAM 内存
            中, 由于我们已经在 head.S 中通过 nand_init 函数调用了 NandCheckId 函数, 即
            判断出了是大页还是小页的 Flash
        */
        for (i = 0; i < BLOCK_SIZE; i += SECTOR_SIZE) {
            int ret =
                nand_read_page(sdram,
                    (block_num <<
                        (BYTE_SECTOR_SHIFT +
                        SECTOR_BLOCK_SHIFT)) + i);
            sdram += SECTOR_SIZE;
            ret = 0;

        }
        block_num++;
    }
    /* 准备内核参数列表, 在 lib.c 中实现 */
    prepare_linux();
}
```

lib.c:

```c
/*
 * 运行 Linux 内核
 */
void prepare_linux()
{
    /* 这个结构体是从内核中复制过来的,因为内核在启动的时候要求引导程序传递参数
       给它,告诉它如何加载根文件系统,使用的终端设备,机器号等。这是内核的要求
       (虽然不是必需的,因为内核里面也是有默认的命令行参数的),通过内核的 Docu-
       metation/Booting 文件中的 BOOTING THE KERNEL 一节可以查看内核对引导程序传递
       参数的协议要求。
    */
    struct param_struct {
        union {
            struct {
                unsigned long page_size;            /*  0 */
                unsigned long nr_pages;             /*  4 */
                unsigned long ramdisk_size;         /*  8 */
                unsigned long flags;                /* 12 */
                unsigned long rootdev;              /* 16 */
                unsigned long video_num_cols;       /* 20 */
                unsigned long video_num_rows;       /* 24 */
                unsigned long video_x;              /* 28 */
                unsigned long video_y;              /* 32 */
                unsigned long memc_control_reg;     /* 36 */
                unsigned char sounddefault;         /* 40 */
                unsigned char adfsdrives;           /* 41 */
                unsigned char bytes_per_char_h;     /* 42 */
                unsigned char bytes_per_char_v;     /* 43 */
                unsigned long pages_in_bank[4];     /* 44 */
                unsigned long pages_in_vram;        /* 60 */
                unsigned long initrd_start;         /* 64 */
                unsigned long initrd_size;          /* 68 */
                unsigned long rd_start;             /* 72 */
                unsigned long system_rev;           /* 76 */
                unsigned long system_serial_low;    /* 80 */
                unsigned long system_serial_high;   /* 84 */
                unsigned long mem_fclk_21285;       /* 88 */
            } s;
            char unused[256];
        } u1;
```

```c
        union {
            char paths[8][128];
            struct {
                unsigned long magic;
                char n[1024 - sizeof(unsigned long)];
            } s;
        } u2;
        char commandline[1024];
    };

    /* 我们把要传递给内核的参数列表放到了 PARAM_BASE 地址,即 0x30000100
    处,内核启动时会主动到这个地址取出参数中的内容来解析,这样内核
    就知道如何向终端输出显示内容,以及如何挂载根文件系统了。U-Boot 中向
    内核传递参数列表的变量为 bootargs,一般我们都会这样给这个变量赋值:
    setenv bootargs noinitrd root = /dev/mtdblock3 init = /linuxrc console = ttySAC0
    内核拿到这个参数就知道要挂载的文件系统是/dev/mtdblock3 等。
    那么为什么要把参数放在 0x30000100 处呢? 还记得内核中的开发板初始化
    宏吧:MACHINE_START(S3C2440, "SMDK2440"),其中有一个字段是这样
    写的:.boot_params = S3C2410_SDRAM_PA + 0x100,值就是 0x30000100
    */
    struct param_struct *p = (struct param_struct *)PARAM_BASE;
    memset(p, 0, sizeof(*p));
    memcpy(p->commandline, LINUX_CMD_LINE, sizeof(LINUX_CMD_LINE));
    p->u1.s.page_size = 4 * 1024;
    p->u1.s.nr_pages = 64 * 1024 * 1024 / (4 * 1024);

    {
        /* zImage,即内核镜像的偏移 0x24 字节存放了 zImage 的"识别码",
        如果这个值都不对,那么可以简单地做出判断,你加载的内核错了
        */
        unsigned int *pp = (unsigned int *)(0x30008024);
        if (pp[0] == 0x016f2818) {
            //puts("\n\rOk\n\r");
        } else {
            puts("\r\nWrong Linux Kernel\r\n");
            for (;;) ;
        }
    }
}
```

以上的函数执行完毕之后会返回 main 函数,main 函数又会返回到调用处,即 head.S 函数中继续执行以下代码:

```
/*启动内核,r1 为传入的机器号*/
mov r0, #0
ldr r1, =362
mov ip, #0
ldr pc, =0x30008000
```

通过最后一条 ldr pc,=0x30008000 指令,把代码的执行权交给复制进内存的内核。

以上的代码流程已经分析完成了,但是有些问题是不得不说的,为什么会是 head.S 处的 Start 标号处的代码先执行呢？我们把编译出来的 iBoot.bin 代码放到 Nand 的什么位置？为什么跳线设置到 Nand Flash,iBoot.bin 就会运行呢？这些问题首先要看一下编译的时候的链接脚本了。

iboot.lds：

```
/* linker script */
OUTPUT_ARCH(arm)
ENTRY(_start)
SECTIONS
{
  . = 0;
  _text = .;

  .text :
  {
      _start = .;
      *(.start)
      *(.text)
      *(.rodata)
      *(.rodata.*)
      . = ALIGN(4);
  }

  _etext = .;

  .data           : { *(.data) }
  _edata = .;

  __bss_start = .;
  .bss            : { *(.bss) }
  _end = .;

}
```

所谓链接脚本，是在编译的链接阶段完成对代码数据的整合，并放到最终的可执行文件中的一个指引文件。由于我们把 head.S 定义成了 .start 段，所以看一下链接脚本就知道，最终的可执行文件的开始部分由 head.S 中的代码来填充。一般我们在 SECTIONS 中，只要说明 .text 文本段、.data 数据段、.bss 段的位置就可以了。当然有些特殊情况下，我们也可以通过 __attribute__((__section__("段名称")))，来把一些结构体数据放到指定的段，例如 U-Boot 中的命令就是这样做的。

以上说明了为什么 head.S 会先执行，当然我们还要搞清楚为什么启动就会执行我们的代码。这要求把 iBoot.bin 代码通过 U-Boot 或者其他工具烧写到 Nand Flash 的 0 地址。这是必须的，因为 S3C2440 的内存映射表会在你选择 Nand 方式启动的时候把 Nand Flash 的前 4KB 代码放到 0 地址，由于 pc 刚上电的值为 0，所以会直接执行我们放在 Nand Flash 前 4 KB 的代码。这也解释了为什么我们的代码只能是 4 KB，而且最好不能恰好是 4 KB，因为我们的函数还要使用到栈空间。

由于我们的代码是放在 0 地址的，所以在 SECTIONS 的一开始就告诉编译器，代码会在 0 地址运行。这样编译器在编译代码的绝对地址时，就以 0 开始计算了，也不会存在加载地址和运行地址的问题了。

为了方便大家阅读，下面把整个代码剩余的部分也贴出来。读者也可以通过光盘中的 /work/bootloader/iBoot.tar.gz 文件来查看源代码。

init.c：

```c
#include "def.h"
int g_iPageSize = -1;

static inline void delay(unsigned long loops)
{
    __asm__ volatile ("1:\n"
        "subs %0, %1, #1\n"
        "bne 1b":"=r" (loops):"0" (loops));
}

void disable_watchdog()
{
        WTCON = 0;
}

void disable_interrupt()
{
    INTMSK = 0xffffffff;
    INTSUBMSK = 0x7fff;
}
```

```c
/*
 * 时钟初始化
 */
void clock_init(void)
{
    LOCKTIME = 0x00ffffff;
    CLKDIVN = 0x05;                    // FCLK:HCLK:PCLK = 1:4:8, HDIVN = 2, PDIVN = 1

    /* 如果 HDIVN 非 0, CPU 的总线模式应该从"fast bus mode"变为"asynchronous bus mode" */
    __asm__(
    "mrc    p15, 0, r1, c1, c0, 0\n"   /* 读出控制寄存器 */
    "orr    r1, r1, #0xc0000000\n"     /* 设置为"asynchronous bus mode" */
    "mcr    p15, 0, r1, c1, c0, 0\n"   /* 写入控制寄存器 */
    );

    MPLLCON = S3C2440_MPLL_400MHZ;
    delay(4000);
    UPLLCON = S3C2440_UPLL_48MHZ;
    delay(8000);
}

/*
 * 禁止 I/D、MMU
 */
void cpu_init()
{
__asm__(
    /*
     * flush v4 I/D caches
     */
    "mov    r0, #0\n"
    "mcr    p15, 0, r0, c7, c7, 0\n"   /* flush v3/v4 cache */
    "mcr    p15, 0, r0, c8, c7, 0\n"   /* flush v4 TLB */

    /*
     * disable MMU stuff and caches
     */
    "mrc    p15, 0, r0, c1, c0, 0\n"
    "bic    r0, r0, #0x00002300\n"     /* clear bits 13, 9:8 (--V- --RS) */
    "bic    r0, r0, #0x00000087\n"     /* clear bits 7, 2:0 (B--- -CAM) */
```

```c
        "orr   r0, r0, #0x00000002\n"        /* set bit 2 (A) Align */
        "orr   r0, r0, #0x00001000\n"        /* set bit 12 (I) I-Cache */
        "mcr   p15, 0, r0, c1, c0, 0\n"
    );
}

/*
 * 使能数据缓存
 */
void mmu_enableIcache()
{
    __asm__(
        "mrc p15,0,r0,c1,c0,0\n"
        "orr r0,r0,#(1<<12)\n"
        "mcr p15,0,r0,c1,c0,0\n"
    );
}


/*
 * 使能指令缓存
 */
void mmu_enableDcache()
{
    __asm__(
        "mrc p15,0,r0,c1,c0,0\n"
        "orr r0,r0,#(1<<2)\n"
        "mcr p15,0,r0,c1,c0,0\n"
    );
}


/*
 * 串口 0 控制器初始化,115 200 bit/s,8N1,无流控
 */
void uart_init()
{
    GPHCON |= 0xa0;              /* GPH2、GPH3 为 TXD0,TRD0 */
    GPHUP = 0x0c;                /* GPH2、GPH3 上拉禁止 */
    ULCON0 = 0x3;                /* 8N1、XOFF */
    UCON0 = 0x5;                 /* 查询方式 */
    UFCON0 = 0x0;                /* 禁止 FIFO */
    UMCON0 = 0x0;                /* 不使用流控 */
    UBRDIV0 = UART0_BRD;         /* 波特率为 115 200 bit/s */
```

```c
}

/*
 * 存储控制器初始化
 */
void memsetup()
{
    volatile unsigned long *p = (volatile unsigned long *)MEM_CTL_BASE;

    /* 存储控制器13个寄存器的值 */
    p[0] = 0x22011110;      //BWSCON
    p[1] = 0x00000700;      //BANKCON0
    p[2] = 0x00000700;      //BANKCON1
    p[3] = 0x00000700;      //BANKCON2
    p[4] = 0x00000700;      //BANKCON3
    p[5] = 0x00000700;      //BANKCON4
    p[6] = 0x00000700;      //BANKCON5
    p[7] = 0x00018005;      //BANKCON6
    p[8] = 0x00018005;      //BANKCON7

    /*
     * REFRESH
     * HCLK = 12MHz: 0x008C07A3,
     * HCLK = 100MHz: 0x008C04F4
     */
    p[9] = 0x008C04F4;
    p[10] = 0x000000B1;     //BANKSIZE
    p[11] = 0x00000030;     //MRSRB6
    p[12] = 0x00000030;     //MRSRB7
}
```

nand.c 中其余部分的代码：

```c
#include "def.h"

extern int g_iPageSize;

static S3C2410_NAND * s3c2410nand = (S3C2410_NAND *)0x4e000000;
static S3C2440_NAND * s3c2440nand = (S3C2440_NAND *)0x4e000000;

static t_nand_chip nand_chip;
static int isCheckGoodBlock2048;
```

```c
/* Nand Flash操作的总入口,它们将调用S3C2410或S3C2440的相应函数 */
static void nand_reset(void);
static void wait_idle(void);
static void nand_select_chip(void);
static void nand_deselect_chip(void);
static void write_cmd(int cmd);
static void write_addr(unsigned int addr);
static unsigned char read_data(void);

/* S3C2410的Nand Flash处理函数 */
static void s3c2410_nand_reset(void);
static void s3c2410_wait_idle(void);
static void s3c2410_nand_select_chip(void);
static void s3c2410_nand_deselect_chip(void);
static void s3c2410_write_cmd(int cmd);
static void s3c2410_write_addr(unsigned int addr);
static unsigned char s3c2410_read_data(void);

/* S3C2440的Nand Flash处理函数 */
static void s3c2440_nand_reset(void);
static void s3c2440_wait_idle(void);
static void s3c2440_nand_select_chip(void);
static void s3c2440_nand_deselect_chip(void);
static void s3c2440_write_cmd(int cmd);
static void s3c2440_write_addr(unsigned int addr);
static unsigned char s3c2440_read_data(void);

/* S3C2410的Nand Flash操作函数 */

/* 复位 */
static void s3c2410_nand_reset(void)
{
    s3c2410_nand_select_chip();
    s3c2410_write_cmd(0xff);    //复位命令
    s3c2410_wait_idle();
    s3c2410_nand_deselect_chip();
}

/* 等待Nand Flash就绪 */
static void s3c2410_wait_idle(void)
{
    int i;
```

```c
    volatile unsigned char *p = (volatile unsigned char *)&s3c2410nand->NFSTAT;
    while(!(*p & BUSY))
        for(i=0; i<10; i++);
}

/* 发出片选信号 */
static void s3c2410_nand_select_chip(void)
{
    int i;
    s3c2410nand->NFCONF &= ~(1<<11);
    for(i=0; i<10; i++);
}

/* 取消片选信号 */
static void s3c2410_nand_deselect_chip(void)
{
    s3c2410nand->NFCONF |= (1<<11);
}

/* 发出命令 */
static void s3c2410_write_cmd(int cmd)
{
    volatile unsigned char *p = (volatile unsigned char *)&s3c2410nand->NFCMD;
    *p = cmd;
}

/* 发出地址 */
static void s3c2410_write_addr(unsigned int addr)
{
    //int i;
    volatile unsigned char *p = (volatile unsigned char *)&s3c2410nand->NFADDR;

    *p = addr & 0xff;
    //for(i=0; i<10; i++);
    *p = (addr >> 9) & 0xff;
    //for(i=0; i<10; i++);
    *p = (addr >> 17) & 0xff;
    //for(i=0; i<10; i++);
    *p = (addr >> 25) & 0xff;
    //for(i=0; i<10; i++);
}
```

```c
/* 读取数据 */
static unsigned char s3c2410_read_data(void)
{
    volatile unsigned char *p = (volatile unsigned char *)&s3c2410nand->NFDATA;
    return *p;
}

/* S3C2440 的 Nand Flash 操作函数 */

/* 复位 */
static void s3c2440_nand_reset(void)
{
    s3c2440_nand_select_chip();
    s3c2440_write_cmd(0xff);   // 复位命令
    s3c2440_wait_idle();
    s3c2440_nand_deselect_chip();
}

/* 等待 Nand Flash 就绪 */
static void s3c2440_wait_idle(void)
{
    int i;
    volatile unsigned char *p = (volatile unsigned char *)&s3c2440nand->NFSTAT;
    while(!(*p & BUSY))
        for(i=0; i<10; i++);
}

/* 发出片选信号 */
static void s3c2440_nand_select_chip(void)
{
    int i;
    s3c2440nand->NFCONT &= ~(1<<1);
    for(i=0; i<10; i++);
}

/* 取消片选信号 */
static void s3c2440_nand_deselect_chip(void)
{
    s3c2440nand->NFCONT |= (1<<1);
}

/* 发出命令 */
```

```c
static void s3c2440_write_cmd(int cmd)
{
    volatile unsigned char *p = (volatile unsigned char *)&s3c2440nand->NFCMD;
    *p = cmd;
}


/* 发出地址 */
static inline void s3c2440_write_addr(unsigned int addr)
{
    int i;
    volatile unsigned char *p = (volatile unsigned char *)&s3c2440nand->NFADDR;
    switch(g_iPageSize) {
        case 512:
            *p = 0x0;
            for(i = 0; i<10; i++);
            *p = addr & 0xff;
            for(i = 0; i<10; i++);
            *p = (addr >> 8) & 0xff;
            for(i = 0; i<10; i++);
            *p = (addr >> 16) & 0xff;
            for(i = 0; i<10; i++);
            break;
        case 2048:
            if(isCheckGoodBlock2048) {
                *p = 2048 & 0xff;
                //for(i = 0; i<10; i++);
                *p = (2048 >> 8) & 0xff;
                //for(i = 0; i<10; i++);
            } else {
                *p = 0x0;
                //for(i = 0; i<10; i++);
                *p = 0x0;
                //for(i = 0; i<10; i++);
            }
            *p = addr & 0xff;
            //for(i = 0; i<10; i++);
            *p = (addr >> 8) & 0xff;
            //for(i = 0; i<10; i++);
            *p = (addr >> 16) & 0xff;
            //for(i = 0; i<10; i++);
            break;
    }
}
```

```c
}

/* 读取数据 */
static inline unsigned char s3c2440_read_data(void)
{
    volatile unsigned char *p = (volatile unsigned char *)&s3c2440nand->NFDATA;
    return *p;
}

/* 在第一次使用 Nand Flash 前,复位一下 Nand Flash */
static inline void nand_reset(void)
{
    nand_chip.nand_reset();
}

static void wait_idle(void)
{
    nand_chip.wait_idle();
}

static void nand_select_chip(void)
{
    int i;
    nand_chip.nand_select_chip();
    for(i = 0; i<10; i++);
}

static void nand_deselect_chip(void)
{
    nand_chip.nand_deselect_chip();
}

static void write_cmd(int cmd)
{
    nand_chip.write_cmd(cmd);
}
static void write_addr(unsigned int addr)
{
    nand_chip.write_addr(addr);
}

static unsigned char read_data(void)
```

```
{
    return nand_chip.read_data();
}

/*
 * Nand Flash 芯片使能
 */
inline void NandReset()
{
    NF_nFCE_L();
    NF_CLEAR_RB();
    NF_CMD(0xFF);           //reset command
    NF_DETECT_RB();
    NF_nFCE_H();
}

/*
 * Nand Flash 芯片使能
 */
inline unsigned int NandCheckId()
{
    unsigned char Mid, Did, DontCare, id4th;

    NF_nFCE_L();

    NF_CMD(0x90);
    NF_ADDR(0x0);

    Mid = _NFDATA;
    Did = _NFDATA;
    DontCare = _NFDATA;
    id4th = _NFDATA;

    NF_nFCE_H();

    switch(Did) {
        case 0x76:
            g_iPageSize = 512;
            break;
        case 0xF1:
        case 0xD3:
        case 0xDA:
```

```c
            case 0xDC:
                g_iPageSize = 2048;
                break;
            default:
                break;
        }

        return ((Mid << 24) | (Did << 16) | (DontCare << 8) | id4th);
}

/* 初始化 Nand Flash */
void nand_init(void)
{
#define TACLS    0
#define TWRPH0   3
#define TWRPH1   0

    /* 判断是 S3C2410 还是 S3C2440 */
    if ((GSTATUS1 == 0x32410000) || (GSTATUS1 == 0x32410002))
    {
        nand_chip.nand_reset          = s3c2410_nand_reset;
        nand_chip.wait_idle           = s3c2410_wait_idle;
        nand_chip.nand_select_chip    = s3c2410_nand_select_chip;
        nand_chip.nand_deselect_chip  = s3c2410_nand_deselect_chip;
        nand_chip.write_cmd           = s3c2410_write_cmd;
        nand_chip.write_addr          = s3c2410_write_addr;
        nand_chip.read_data           = s3c2410_read_data;

        /* 使能 Nand Flash 控制器,初始化 ECC,禁止片选,设置时序 */
        s3c2410nand->NFCONF = (1<<15)|(1<<12)|(1<<11)|(TACLS<<8)|(TWRPH0<<4)|(TWRPH1<<0);
    }
    else
    {
        nand_chip.nand_reset          = s3c2440_nand_reset;
        nand_chip.wait_idle           = s3c2440_wait_idle;
        nand_chip.nand_select_chip    = s3c2440_nand_select_chip;
        nand_chip.nand_deselect_chip  = s3c2440_nand_deselect_chip;
        nand_chip.write_cmd           = s3c2440_write_cmd;
        nand_chip.write_addr          = s3c2440_write_addr;
        nand_chip.read_data           = s3c2440_read_data;
```

```c
        /* 设置时序 */
        s3c2440nand->NFCONF = (TACLS<<12)|(TWRPH0<<8)|(TWRPH1<<4);
        /* 使能 Nand Flash 控制器,初始化 ECC,禁止片选 */
        s3c2440nand->NFCONT = (1<<4)|(1<<1)|(1<<0);
    }

    /* 复位 Nand Flash */
    nand_reset();
    NandCheckId();
}

/*
 * 判断 512 页的 Nand Flash 是否存在坏块
 */
int isGoodBlockP512(unsigned int addr)
{
    unsigned int sector = addr >> 9;
    unsigned char bad_value;

    /* 选中芯片 */
    nand_select_chip();

    /* 读取 spare 区域 */
    write_cmd(0x50);

    /* 写地址,读出 spare 第 6 个字节 */
    write_addr(sector + 5);

    wait_idle();

    bad_value = read_data();

    /* 取消片选信号 */
    nand_deselect_chip();

    if (bad_value == 0xff)
        return 1;

    return 0;
}

/*
```

```c
 * 判断 2 048 页的 Nand Flash 是否存在坏块
 */
static inline int IsGoodBlockP2048(unsigned int addr)
{
    unsigned char bad_value;

    /* 选中芯片 */
    nand_select_chip();

    /* 读取 spare 区域 */
    write_cmd(0x0);

    /* 写地址,读取 spare 区第一个字节 */
    isCheckGoodBlock2048 = 1;
    write_addr(addr>>11);
    isCheckGoodBlock2048 = 0;

    write_cmd(0x30);

    wait_idle();
    bad_value = read_data();
    nand_deselect_chip();

    if (bad_value = = 0xff)
        return 1;

    return 0;
}

/*
 * 是否是一个可以用的块总接口
 */
int isGoodBlock(unsigned int addr)
{
    int ret;
    unsigned int i;

    switch(g_iPageSize) {
        case 512:
        {
            for (i = 0; i < 128 * 1024; i+ = 16 * 1024) {
                ret = isGoodBlockP512(addr/(128 * 1024) * (128 * 1024) + i);
```

```c
                    if (!ret) {
                        break;
                    }
                }
            }
            break;
        case 2048:
            ret = IsGoodBlockP2048(addr);
            break;
        default:
            for(;;);
    }
    return ret;
}


/*
 * 读取小页(512B/页)Nand Flash一页的大小
 */
int nand_read_page512(unsigned char * buf, unsigned int addr)
{
    int i;

    /* 重启芯片 */
    NandReset();

    /* 选中芯片 */
    nand_select_chip();

    /* 发出READ0命令 */
    write_cmd(0);

    /* Write Address */
    write_addr(addr>>9);

    wait_idle();

    for(i = 0; i < SECTOR_SIZE; i++) {
        //*buf = read_data();
        *buf = *((volatile unsigned char *)&s3c2410nand->NFDATA);
        buf++;
    }
```

```c
    /* 取消片选信号 */
    nand_deselect_chip();

    return 1;
}

/*
 * 读取大页(2048B/页)Nand Flash一页的大小
 */
int nand_read_page2048(unsigned char * buf, unsigned int addr)
{
    int i;
    NandReset();
    nand_select_chip();
    write_cmd(0);
    write_addr(addr>>11);
    write_cmd(0x30);

    wait_idle();

    for(i = 0; i < SECTOR_SIZE; i++) {
        //*buf = read_data();
        *buf = *((volatile unsigned char *)&s3c2440nand->NFDATA);
        buf++;
    }

    /* 取消片选信号 */
    nand_deselect_chip();

    return 1;
}

/*
 * 读取 Nand Flash 一页的大小的总接口
 */
int nand_read_page(unsigned char * buf, unsigned int addr)
{
    int ret;

    switch(g_iPageSize) {
        case 512:
            ret = nand_read_page512(buf, addr);
```

第 5 章 构建 BootLoader

```
                break;
        case 2048:
                ret = nand_read_page2048(buf, addr);
                break;
        default:
                for(;;);
    }
    return ret;
}
```

最后是 Makefile 文件：

```
# iBoot Makefile

CROSSCOMPILE = arm-linux-

HOSTCC = gcc
HOSTLD = ld
HOSTSTRIP = strip
HOSTDUMP = objdump
HOSTCOPY = objcopy
RM = @rm -rf

CC = $(CROSSCOMPILE)$(HOSTCC)
LD = $(CROSSCOMPILE)$(HOSTLD)
STRIP = $(CROSSCOMPILE)$(HOSTSTRIP)
DUMP = $(CROSSCOMPILE)$(HOSTDUMP)
OBJCOPY = $(CROSSCOMPILE)$(HOSTCOPY)


OBJS = head.o main.o init.o nand.o lib.o delay.o
CFLAGS = -Wall -Os -mno-thumb-interwork -fno-builtin
LDFLAGS = -T iboot.lds -Bstatic

iBoot.bin : iBoot
    $(OBJCOPY) -O binary -S $< $@

iBoot : $(OBJS)
    $(LD) $(LDFLAGS) $(OBJS) -o $@
    $(DUMP) -D $@ > $@.dis
    $(STRIP)   $@

%.o = %.c

clean:
    $(RM) *.o iBoot*
```

此外，有兴趣的读者可以查看一下 iBoot 的反汇编文件 iBoot.dis，它是 iBoot 代码在开发板执行的真实指令文件。

5.5 小　结

不管是 U-Boot 还是自己制作的 iBoot，都有各自的优点。由于 U-Boot 的功能完善，所以我们经常把 u-boot.bin 二进制文件放在 Nor Flash 中用于实现烧写代码或引导内核等功能；而 iBoot 小巧、执行快速，所以我们经常会通过 U-Boot 的 nand write.jffs2 命令把 iBoot.bin 二进制文件烧写到 Nand Flash 中用于快速启动内核。

为了提高 iBoot 加载 uImage 内核镜像文件的速度（iBoot 执行搬运代码，将 uImage 从 Nand Flash 中搬运到内存中），读者可以对 iBoot 代码进行优化。不难发现，把 uImage 从 Nand Flash 搬运到内存这个过程的起始执行函数是 nand.c 的 read_image_from_nand() 函数。这个函数中有两层 for 循环，且循环中会调用坏块检测函数 isGoodBlock() 和 Nand 页复制函数 nand_read_page()。由于函数会使用到局部变量，因此这两个函数在 for 循环中会有频繁的出入栈操作，影响了复制的效率和速度。

读者可以根据以上的分析对 iBoot 做优化，对于一些短小、频繁执行的函数可以使用内联函数来替换。需要注意的是，由于 S3C2440 的 Nand 启动特性，iBoot 不能大于 4 KB，而且要为 iBoot 中的函数栈保留足够的空间。可以想象到，假设 iBoot.bin 正好为 4 KB，代码运行时，由于 sp＝4 096，栈向下生长，那么栈会覆盖 iBoot.bin 的代码部分，运行时就会出现问题了。

第 6 章
构建嵌入式 Linux 内核

6.1 Linux 内核简介

  Linux 内核可以说是由 C 语言编写的软件系统,它主要负责对内存、进程、设备、文件、网络等资源的管理,因此我们更形象地称它为资源管理器。由于 Linux 是符合 POSIX 标准的类 Unix 作业系统,且遵循 GPL 协议并基于 GNU 开发,使得 Linux 内核成为非常受欢迎的操作系统之一。Linux 操作系统的体系结构如图 6-1 所示。

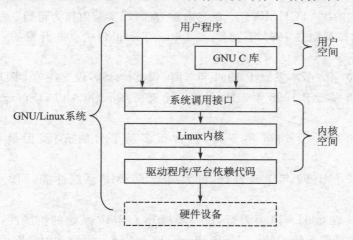

图 6-1 Linux 操作系统的体系结构

  由上图,我们把整个软件系统分为两大块,用户空间和内核空间。用户通过调用库函数来访问系统调用接口,例如 open、ioctl、read、write 等系统调用接口。而这些系统调用库函数再通过请求 Linux 内核的服务,从而 Linux 内核根据调用的函数和参数类别来决定为用户提供怎样的服务。进程管理、内存管理、文件管理、设备管理、网络管理都属于 Linux 内核所服务的范畴。

由于硬件设备的差异、应用领域的特殊要求,我们下载的 Linux 内核源码不可能完全符合我们的要求,这时候就需要我们进入 Linux 内核代码框架中,去寻找符合我们需要的 Linux 内核功能,并裁剪和移植到适合的硬件设备上。这也是我们本章节所要解决的主要问题。

6.2 Linux 内核版本历史

Linux 内核源码的官网下载地址:www.kernel.org。

ARM 体系结构的内核源码补丁可从 www.arm.linux.org.uk/developer 获得。

Linux 内核的版本号可以从源码顶层目录下的 Makefile 中看到,下面几行构成 Linux 版本号:2.6.22.6。我们选择了一个并不是太新的内核,但这正是我们选择这个内核版本的原因,因为很多内核的功能在新的版本里面已经被完善,而作为学习者,需要去发现更多的问题并且去解决,以获得移植内核的经验和技巧,较低版本内核的不完善,正好提供给了学习者这样的机会。

```
VERSION = 2
PATCHLEVEL = 6
SUBLEVEL = 22
EXTRAVERSION = .6
```

内核版本的 PATCHLEVEL,稳定内核为偶数,实验内核为奇数。

Linux 内核最初在 1991 年发布,是 Linus Torvalds 为 386 开发的一个类 Minix 的操作系统。

Linux1.0 官方版本发行于 1994 年 3 月,仅支持 386,仅支持单 CPU 系统。

Linux1.2 发行于 1995 年 3 月,是第 1 个支持多平台(Alpha\Sparc\Mips 等)的版本。

Linux2.0 发行于 1996 年 6 月,包含很多新平台的支持,但最重要的是支持 SMP。

Linux2.2 在 1999 年 1 月发行,极大提升了 SMP 系统性能,同时支持更多的硬件。

Linux2.4 在 2001 年 1 月发行,进一步提升了 SMP 系统的扩展性,同时集成了很多用于支持桌面系统的特性:USB、PC 卡(PCMCIA)、内置的即插即用等。

Linux2.6 发布于 2003 年 12 月。
- 支持更多的平台,从小规模的嵌入式到服务器级的 64 位系统;
- 使用新的调度器,进程的切换效率更高;
- 内核服务可被抢占,使得用户操作可得到更快的响应;
- I/O 子系统进行了大修改,使得在各种工作负荷下都更具响应性;

- 模块子系统、文件系统都作了大量的改进；
- 合并了 uClinux 的功能，以支持没有 MMU 的 CPU。

Linux3.0 发布于 2011 年 7 月 21 日，但只是改进了一些虚拟化和文件系统，新特性如下：

- Btrfs 实现自动碎片整理、数据校验和检查，并且提升了部分性能；
- 支持 sendmmsg() 函数调用，UDP 发送性能提升 20%，接口发送性能提升约 30%；
- 支持 XEN dom0；
- 支持应用缓存清理（CleanCache）；
- 支持柏克莱封包过滤器（Berkeley Packet Filter）实时过滤，配合 libpcap/tcpdump 提升包过滤规则的运行效率；
- 支持无线局域网（WLAN）唤醒；
- 支持非特殊授权的 ICMP_ECHO 函数；
- 支持高精度计时器 Alarm-timers；
- 支持 setns() syscall，更好地命名空间管理；
- 支持微软 Kinect 体感设备；
- 支持 AMD Llano APU 处理器；
- 支持 Intel iwlwifi 105/135 无线网卡；
- 支持 Intel C600 SAS 控制器；
- 支持雷凌 Ralink RT5370 无线网卡；
- 支持多种 Realtek RTL81xx 系列网卡；
- 大量新驱动；
- 大量 bug 修正和改进。

6.3 Linux 内核源代码目录结构

如果使用 Source Insight 软件去加载 Linux 的源代码，默认情况下会加载 2 万多个文件。虽然这些文件中有些并不是代码，而是一些帮助或是说明，但从文件的数量级别，你应该会明白你将面对的是一个数百万行的软件项目。

我们可以使用以下的命令对内核的代码行数做个粗浅的统计：

```
find ./ -name "*.[chS]" | xargs cat | wc -l
```

这是用于递归统计当前目录之下所有文件行数的 shell 命令。进入 Linux 源码主目录下，使用上面的命令，结果显示内核代码多于 1000 万行。这并不是想告诉你 Linux 源代码学习的难度，而是希望你能够找到一个简单的方法去接触内核，那么就从进入内核这个目录开始说起吧。

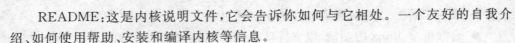

README：这是内核说明文件，它会告诉你如何与它相处。一个友好的自我介绍、如何使用帮助、安装和编译内核等信息。

Documentation：内核帮助文档之源头。很多时候遇到问题，我们都可以在这个目录下寻找到答案。例如内核的编译配置结构是由 Kbuild 机制联系起来的，如果我们想弄明白内核是如何组织源代码的，Documentation/kbuild 目录下有你寻找的答案。

init：内核初始化代码（非引导代码），相当于应用程序的 main 函数。包含 main.c 和 version.c 等文件，是研究核心如何工作的好起点。比如 main.c 中的 start_kernel 函数便是系统初始化及启动的总接口函数。

kernel：主核心代码，主要包括信号、进程管理和 irq（中断）。与平台相关的代码在 arch/*/kernel 目录下。

mm：内存管理代码。与平台相关的代码（如 MMU）在 arch/*/mm 中。

ipc：进程间通信代码。

net：网络协议栈代码（ipv4、ipx、802、bluetooth、atm），每个子目录对应网络的一个方面。

fs：文件系统（如 ext3、fat、ntfs、yaffs2）代码。

lib：内核代码用到的库函数（如 strlen、memcpy），与平台相关的代码在 arch/*/lib 中。

scripts：在配置内核时用到，存放了配置内核的一些脚本文件，如"make menuconfig"命令用到的脚本。

drivers：设备驱动程序（如 Nand Flash、串口、cs8900），占整个内核代码的一半以上，有些是与平台相关的，有些是平台无关的。

arch：各平台相关代码，比如有关 ARM 平台的代码放在 arch/arm 目录下。

include：存放头文件。平台无关的头文件被放在 include/linux 目录下，include/mtd 目录下存放与 mtd 层代码相关的头文件。

当然，除了这些主要的目录用于存放内核各模块代码外，还有一个 Makefile 文件和 Kbuild 文件。Makefile 文件构成了源代码的编译框架，每个需要被编译的源代码目录下都会有一个 Makefile 文件用于描述被编译的源文件。Kbuild，即 kernel build，用于编译 Linux 内核文件。kbuild 对 makefile 进行了功能上的扩充，使其在编译内核文件时更加高效，简捷。大部分内核中的 Makefile 都是使用 Kbuild 组织结构的 kbuild Makefile。关于内核的 Kbuild 机制会在后面的章节详细说明。

6.4 Linux 编译运行体验

构建一个 Linux 内核，就是编译一个目标板上能够正常运行的操作系统核心代码。由于开发板外接设备的不同，往往我们需要对内核做大量的改动，然而我们并不能确切地知道哪些部分需要增加和修改，因此我们需要先编译出一个 Linux 内核镜像文件。可能这个镜像文件并不能正常地运行在我们的板子上,但这却提供一些错误信息来帮助我们找到需要修改的内容,这正是我们需要的。更重要的是,通过这个步骤掌握了内核编译的流程,就像是进入一个新的平台,总会通过一个 hello world 程序来测试整个环境的正确性。

通常编译一个能够被 U-Boot 引导程序加载的内核镜像需要以下几步:

(1) make config;

(2) make;

(3) make uImage。

make config 的目的是生成".config"文件,为第二步 make 做准备工作。

make 解释执行 Makefile 文件,根据.config 文件编译内核代码,生成 zImage 内核压缩镜像文件,zImage 默认放在 arch/ $(ARCH)/boot 目录下。

make uImage 生成 64byte+zImage 的文件。64byte 是 U-Boot 引导程序要求的校验信息。

详细步骤:

(1) 修改 Linux 源码根目录下的 Makefile 内容。

```
# ARCH                ? = $(SUBARCH)
# CROSS_COMPILE       ? =
ARCH                  ? = arm
CROSS_COMPILE         ? = arm-linux-
```

这里 ARCH 为我们开发板的硬件平台,CROSS_COMPILE 为编译器的前缀。

(2) 生成.config 文件,.config 文件为内核编译的配置文件,内核中的哪些源文件会最终被编译进内核,由.config 文件决定。

```
make  s3c2410_defconfig
```

Documentation/arm/Samsung-S3C24XX/Overview.txt 文件的第 16 行会告诉你为了编译 S3C24xx 系列的 CPU 你应该首先执行这个命令,这将决定哪些源代码最终被编译进内核。这些需要被编译进内核的文件信息会以变量的方式保存到.config 中,等待 make 来编译。我们使用了 mini2440、tq2440 开发板,属于 S3C24xx。

(3) 在 Linux 根目录下执行 make 进行内核的编译操作。

```
make
```

执行 Linux 源码根目录下的 Makefile 文件,生成内核镜像文件 zImage,默认放在 arch/ $(ARCH)/boot 目录下。

(4) 生成能为 U-Boot 引导的内核文件 uImage。

```
make uImage
```

uImage 是 U-Boot 使用的镜像文件,uImage 与 zImage 的区别:uImage =

64Bytes+zImage。两者都是内核的压缩镜像文件,只不过 U-Boot 在引导内核时,需要知道这个内核的版本、加载地址、生成的时间、大小信息,这些信息被存储在这 64Bytes 中。生成 uImage 还需要 mkimage 文件,在 U-Boot 中,通过 make tools 生成 mkimage。

(5)运行测试

使用 U-Boot 的 nfs 或是 usbslave 命令把制作好的 Linux 内核镜像文件 uImage 放到开发板内存中运行,如下:

```
nfs    0x32000000   <主机 IP>:/work/linux.2.6.22.6/arch/arm/boot/uImage
bootm  0x32000000
```

这里的<主机 IP>为生成 uImage 文件的主机 IP,通过 ifconfig 命令获得。
":"号后面的路径为主机上存放 uImage 的绝对路径。

以上两条命令,是通过 U-Boot 的 nfs 网络命令把主机上编译好的 uImage 文件传输到开发板的内存 0x32000000 地址处,bootm 命令执行后面参数所指定内存处的代码,并且会打印出 64Bytes 对应的信息内容。运行结果如下如所示:

```
## Booting image at 32000000 ...
    Image Name:    Linux-2.6.22.6
    Image Type:    ARM Linux Kernel Image (uncompressed)
    Data Size:     2019612 Bytes = 1.9 MB
    Load Address:  30008000
    Entry Point:   30008000
    Verifying Checksum ... OK
OK

Starting kernel ...
Uncompressing Linux......................................................done,
booting the kernel.
```

以上是开发板通过串口打印出的信息,在"OK"之前的内容是 64 Bytes 打印出的内容,之后的是 Linux 内核自解压程序输出的内容。在打印出"booting the kernel."后,内核遇到错误停止运行。我们先保留这个问题,在后面详细的移植中解决。而接下来,即在内核移植之前,有必要去了解 Linux 内核源代码构造框架——Kbuild 机制,这是进行内核代码增删改的基础。

6.5 Kbuild——Linux 内核构造框架

6.5.1 内核 make 流程

若是编译一个完善的内核,有必要认识 2 条命令和 3 个文件,分别是 make %

config 命令、make menuconfig 命令、.config 文件、Makefile 文件、Kconfig 文件。内核的 make 编译流程就是由它们组成的，它们也是组成 Kbuild 机制的成员。我们需要像学习 shell 命令一样，明白它们如何使用，以便在制作完整的 Linux 内核过程中不会有障碍。

图 6-2 是内核编译的流程及其各环节关系：

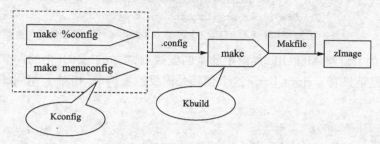

图 6-2　内核 make 流程及各环节的关系

make %config 和 make menuconfig 的目的是为了生成 .config 文件，而 Kconfig 作为生成 make menuconfig 等图形配置界面工具而存在。

.config 文件中决定了内核中的哪些代码被编译进内核，哪些代码被当作模块编译。

make 根据 .config 中的描述，通过解析 Makefile 文件来进行编译，最终生成 zImage 文件。

流程中涉及的文件与命令，再加上 Linux 内核的 scripts 目录构成了内核的 Kbuild 机制，内核通过这种方式，最终编译得到内核镜像文件 zImage。

但是仅仅知道这些内容对于编译一个我们需要的内核是不现实的。我们还需要深入 Kbuild 机制来掌握对这些文件和命令的学习，以便通过这种框架结构获得需要的内核。

6.5.2　Kbuild 简介

Kbuild 是内核为了简化开发人员的移植工作，而把复杂的构建过程写成了接口形式的一种内核编译机制。简单来说，就是我们不需要关心编译的细节，只要按照要求使用内核提供的公共接口，就可以编译得到自己想要的内核，而这种接口的表现形式就是由 6.5.1 小节所提及的 2 个命令和 3 个文件。

在我们把主要精力放在怎样做出一个完善功能的内核之前，还是应该虚心地学习掌握 Kbuild 机制。当然，内核中 Documentation/kbuild 这一目录也列出了如何使用 kbuild 机制的方法。

6.5.3　make %config 的实现过程

由于 make 依赖 Linux 内核源码顶层目录下的 .config 配置文件，所以我们为了生成一个近似的.config文件，根据开发板，执行命令 make s3c2410_defconfig。

s3c2410_defconfig 作为 make 的目标，执行的代码相对于 Makefile 文件中的内容如下。有兴趣的读者可以跟随下面的指引，查询 Makefile 中的相应内容，因为这就是内核的编译框架。

```
417 config %config: scripts_basic outputmakefile FORCE
418         $(Q)mkdir -p include/linux include/config
419         $(Q)$(MAKE) $(build)=scripts/kconfig $@
```

417行的"%"是 Makefile 规则中的全匹配规则，类似于 shell 中的"*"。依赖文件有 3 个，但是只有 scripts_basic 这个依赖是需要被重构的，相对于 Makefile 中的代码如下：

```
349 scripts_basic:
350         $(Q)$(MAKE) $(build)=scripts/basic
```

其中变量 MAKE＝make，Q＝@，build＝-f scripts/Makefile.build obj，因此，在扩展之后，实际 make s3c2410_defconfig 所执行的命令为：

```
make -f scripts/Makefile.build obj=scripts/basic
mkdir -p include/linux include/config
make -f scripts/Makefile.build obj=scripts/kconfig s3c2410_defconfig
```

这 3 条命令的执行将会生成.config 文件。

其中 make 会把-f 后面的文件当作 Makefile 来解析，所以第一条命令其实执行了 scripts/Makefile.build 文件，obj 指定了哪个目录下面的源代码要被编译，所以在 scripts/basic 目录下的 fixdep 和 docproc 程序被创建，分别用于产生依赖信息和内核帮助文档。

第 2 条命令是创建两个目录。在后面编译的过程中，会产生系统和开发板相关的头文件。

第 3 条命令会编译 scripts 目录下的 conf.c 文件，这个文件用于解析 Kconfig 语法。最终执行命令：scripts/kconfig/conf -D arch/arm/configs/s3c2410_defconfig arch/arm/Kconfig。含义是建立.config，按照 arch/arm/configs/s3c2410_defconfig 文件的要求基于 arch/arm/Kconfig 配置文件。因此，也可以使用一条命令来替代 make %config：

```
cp arch/arm/configs/s3c2410_defconfig  .config
```

6.5.2 小节提到了接口的概念，其中 scripts/Makefile.build 文件就是内核的接口文件，如果需要对内核的构造系统增加新的功能，可以在这个文件中加入新的特性。

6.5.4　make menuconfig 配置解析

1. 什么是 make menuconfig

menuconfig 作为 make 的目标,是一个图形界面化的菜单,由 Kconfig 配合 .config 文件构成一个立体的图形菜单,通过菜单对 .config 文件做进一步的修改。涉及到 Kconfig 的内容,可以在 6.5.6 小节找到。

由上一节生成的 .config 文件,不完全符合 S3C2440 开发板。不用急于执行 make,这是因为 S3C2410_defconfig 生成的 .config 配置文件是针对 S3C2410 的,而我们的 CPU 是 S3C2440。不仅 CPU 的控制器不一样,CPU 核也不一样,况且开发板外接设备是开发板生产商决定的,什么样的设备用什么样的驱动,驱动或许在内核源代码中,也可能没有,那么就需要自己添加。针对实际的开发板,我们需要有一个工具来帮助我们完成这样的事情,它就是我们这节的主题 make menuconfig。

在 Linux 内核源码顶层目录下,执行 make menuconfig,弹出菜单如图 6 – 3 所示。

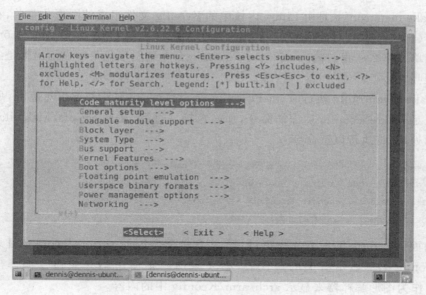

图 6 – 3　make menuconfig 配置主菜单

2. make menuconfig 主菜单操作

首先它是一个使用键盘操作的菜单,表 6 – 1 列出不同的符号所对应的操作。

使用上下左右 4 个按键来选择不同的选择项,菜单中的每一行为一个选项,每个选项的首字母都是一个索引,可通过直接键入选项的首字母来快速定位到一个选项。

表 6-1 make menuconfig 菜单与键盘操作对应关系

符 号	对应的键盘操作及功能	Kconfig 中的符号
—>	Enter 键进入,功能为进入子菜单	menu
[ ]	Y 键选中,效果为[*],对应的功能会被编译进内核 N 键取消选中,效果为[ ],不会被编译进内核	bool
< >	Y 键选中,效果为< * >,被编译进内核 M 键选中,效果为<M>,被编译成模块 N 键取消选中,效果为< >,不会被编译进内核	tristate
(·)	Enter 键进入,其中的内容将被内核所使用	int/hex/string
/	菜单中按下"/"符号,进入符号查找模式	string
?	"?"号用来查看选中项的功能说明	help
Esc	双击"Esc"键为返回菜单的上一级	

3. make menuconfig 菜单原理

make menuconfig 是由 Linux 内核中的 Kconfig 文件组成的图形化菜单,在选中平台后(比如 ARM,对应顶层 Makefile 中的 ARCH 变量),则 arch/arm/Kconfig 做为主菜单。那么从我们输入 make menuconfig 命令到图形化菜单显示出来是怎样一个过程呢?

make menuconfig 执行时,menuconfig 作为目标,也属于%config 范围,所以执行的也是 make %config 后面的命令,那么在扩展过后,通过 scripts/Makefile.build 接口的处理,将执行以下命令:

```
make -f scripts/Makefile.build obj = scripts/basic
mkdir -p include/linux include/config
make -f scripts/Makefile.build obj = scripts/kconfig menuconfig
scripts/kconfig/mconf arch/arm/Kconfig
```

前面两条在 6.5.3 小节介绍过,第 3 条命令会编译 scripts/kconfig 目录下和 menuconfig 菜单显示有关的源代码;第 4 条命令则使用第 3 条命令编译出来的 mconf 作为图形解释器来显示 arch/arm/Kconfig 中的内容。

6.5.5 Kbuild 机制实现原理

从编译过程来看,每一个被编译的目录下都会生成一个 build-in.o 文件,它们都是由自己目录下的源代码编译生成,所有目录下的 build-in.o 文件最终链接生成 vmlinux 文件,最后由内核压缩程序加工 vmlinux 生成内核压缩镜像文件 zImage。

从原理来看,Kbuild 机制只会把 obj-y 的值编译进内核。每一个 Makefile 文件中都有这个变量,只不过 obj-后面一般都跟着一个变量,这个变量的值来自于.config。

以 arch/arm/mach-s3c2440 为例说明：

```
……
obj-$(CONFIG_CPU_S3C2440)        += s3c2440.o dsc.o
obj-$(CONFIG_CPU_S3C2440)        += irq.o
obj-$(CONFIG_CPU_S3C2440)        += clock.o
obj-$(CONFIG_S3C2440_DMA)        += dma.o
……
```

CONFIG_CPU_S3C2440 变量来自 .config，如果我们在配置的过程中定义了它，那么在源代码中的 s3c2440.o、dsc.o、irq.o、clock.o、dma.o 会被编译进 build-in.o。obj-y 列表的格式有 3 种，单个 .o 文件、多个 .o、目录。

内核编译 build-in.o 时会调用 make-f scripts/Make le.build obj=arch/arm/mach-s3c2440，Makefile.build 中的 src：=$(obj)，所以 src：=arch/arm/mach-s3c2440。内核编译时候的目标为 Makefile.build 中的 built-target 变量，built-target：=$(obj)/built-in.o，这样我们的源代码就被编译进内核中了。

待编译目录树下的 Makefile，如有 Kbuild，则 Kbuild 优先，唯一使用 Kbuild 而不是 Makefile 的就是顶层目录。

6.5.6 Kconfig 语法

Kconfig 的作用就是为 menuconfig 产生图形界面的脚本文件，它有一定的书写格式。下面是一个 Kconfig 文件的片段：

```
 1 mainmenu "Linux Kernel Configuration"
 2 config ARM
 3         bool
 4         default y
 5         select RTC_LIB
 6         help
 7           The ARM
 8 source "init/Kconfig"
 9 menu "System Type"
10 choice
11         prompt "ARM system type"
12         default ARCH_VERSATILE
13 config ARCH_S3C2410
14         bool "Samsung S3C2410, S3C2412, S3C2413, S3C2440, S3C2442, S3C2443 "
15         depends on ARM
16         help
17           ……
18 endchoice
19 endmenu
```

对应于 make menucofnig 的菜单如图 6-4 所示。

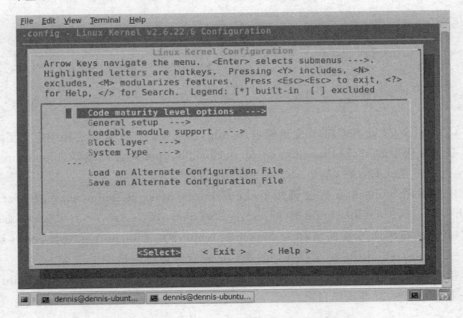

图 6-4　Kconfig 与 make menuconfig 对应关系

(1) Kconfig 文件的基本要素：config 条目（entry）。

上面的 Kconfig 片段中 config 为菜单中的一个选择条目，各个部分的含义是：
- ARM 为变量名，将在.config 中以 CONFIG_ARM=y 或 n 的形式出现。
- bool 为变量取值的类型，可为 y 或 n。
- prompt 后边是出现在配置菜单中的对应于一个配置选项的文字，没有 prompt 条目，将使得用户不能在配置界面中显示并配置该配置选项。
- default 为变量缺省值，可被用户设置值覆盖。
- depends on ARM 表示该变量必须在 ARM 被设置的情况下才能进行设置，否则取值为 n，即使 default 为 y。
- select 表示它将影响到变量 RTC_LIB，使得 RTC_LIB 至少应该配置为 y 或 m（如果它最终取值为 y 或 m）。
- help 中的文字将作为配置界面中的帮助信息。

附加说明：
- 无 depends on，default 为 y：默认为 y。一般用于必须要设置的选项，此时不要设置 prompt。
- 有 depends on，default 为 y：所依赖的条目已设置，则默认为 y；所依赖的条目未设置，则为 n。
- 有 depends on，default 为 n：所依赖的条目已设置，则默认为 n；所依赖的条目

第6章 构建嵌入式 Linux 内核

未设置,则为 n。
- 无 depends on,default 为 n：默认为 n。在未设置 prompt 的情况下,此选项想要被设置,需要由其他选项来 select 它。

（2）Kconfig 中变量的取值类型总共有 5 种。其中最常见的是 tristate 和 bool,分别对应于 make menuconfig 配置界面中＜＞和［］选项。
- tristate：可取 y、n、m。
- bool(其为 tristate 的变体)：可取 y、n。
- string：取值为字符串,如：CONFIG_CMDLINE="root=/dev/hda1 ro init=/bin/bash console=ttySAC0"。
- hex(其为 string 的变体)：取值为十六进制数据字符串,如：CONFIG_VECTORS_BASE=0xffff0000。
- int(其为 string 的变体)：取值为十进制数据字符串,如：CONFIG_SPLIT_PTLOCK_CPUS=4096。

（3）Kconfig 文件的要素：menu。

在 menu 和 endmenu 中间可配置若干 config 条目；

体现在配置菜单上为 System type --->,按下该条目后,将出现各个 config 条目。

（4）Kconfig 文件的要素：choice。

在 choice 和 endchoice 之间可定义若干 config 条目。

体现在配置菜单上为 ARM system type --->,按下该条目后,将出现各个 config 条目。

choice 中的 config 条目变量只能有 2 种类型：bool 或 tristate,且不能同时有这 2 种类型的变量。对于 bool 型变量只能在多个选择中选择 1 个为 y;对于 tristate 型变量要么将多个（当然也可以是 1 个）设为 m,要么仅将 1 个设为 y,其余为 n。这好比一个硬件有多个驱动,要么选择 1 个编入内核,要么把多个全编为模块。

（5）Kconfig 文件的要素：comment。

用于定义帮助信息,将出现在配置界面的第一行;并且还会出现在配置文件.config 中（作为注释）。

（6）Kconfig 文件的要素：source。

由于内核源代码中大多数目录下都有各自的 Kconfig 文件,因此需要一种手段将所有的 Kconfig 文件组织为一个整体。这就是 source 的功能,它用于引入另一个 Kconfig 文件,有点类似于 C 语言中的 #include。

.config 文件说明。

make menuconfig 配置完成退出时,选择保存,则用户所做的选择将保存在内核源代码顶层目录的 .config 文件中。下面 .config 文件的片断显示内核配置做了如下选择：将 BLK_DEV_LOOP、CONFIG_BLK_DEV_RAM 功能编译进 zImage;不编译

BLK_DEV_COW_COMMON、BLK_DEV_CRYPTOLOOP、BLK_DEV_UB 功能；将 BLK_DEV_NBD 功能编译为模块。

```
484 #
485 # Block devices
486 #
487 # CONFIG_BLK_DEV_COW_COMMON is not set
488 CONFIG_BLK_DEV_LOOP = y
489 # CONFIG_BLK_DEV_CRYPTOLOOP is not set
490 CONFIG_BLK_DEV_NBD = m
491 # CONFIG_BLK_DEV_UB is not set
492 CONFIG_BLK_DEV_RAM = y
```

Makefile 文件精解：

下面是 drivers/net/Makefile 文件的片断。

```
12 obj-$(CONFIG_ATL1) += atl1/
13 obj-$(CONFIG_GIANFAR) += gianfar_driver.o
14
15 gianfar_driver-objs := gianfar.o \
16           gianfar_ethtool.o \
17           gianfar_mii.o \
18           gianfar_sysfs.o

26 obj-$(CONFIG_PLIP) += plip.o
```

它的含义是：

(1) 第 26 行，如果.config 文件中变量 CONFIG_PLIP=y，那么将编译本目录下的 plip.c 文件并将其功能集成进 zImage；如果.config 文件中变量 CONFIG_PLIP=m，那么将编译本目录下的 plip.c 文件生成模块 plip.ko；否则，将不编译 plip.c。

(2) 第 13～18 行，如果.config 文件中变量 CONFIG_GIANFAR=y，那么将编译本目录下的 gianfar.c、gianfar_ethtool.c、gianfar_mii.c、gianfar_sysfs.c 文件并将其功能集成进 zImage；如果.config 文件中变量 CONFIG_GIANFAR=m，那么将编译本目录下的 gianfar.c、gianfar_ethtool.c、gianfar_mii.c、gianfar_sysfs.c 文件生成模块 gianfar_driver.ko；否则，将不编译 gianfar.c、gianfar_ethtool.c、gianfar_mii.c、gianfar_sysfs.c。

(3) 第 12 行，如果.config 文件中变量 CONFIG_ATL1=y，将递归进入本目录的子目录 atl1，并根据该子目录下的 Makefile 文件的内容决定该子目录如何进行编译；否则，将不进入本目录的子目录 atl1 进行编译。

6.5.7 实战：添加 DM9000 网卡驱动

目前我们的内核还不支持 dm9000 网卡的驱动，下面就来解决这个问题。

注：如果你的开发板是 cs8900 的网卡，请使用光盘提供的 cs8900.c 和 cs8900.h，仿照下面的步骤即可。

（1）首先，先将 dm9000 的驱动源代码文件 mydm9000.c 和 mydm9000.h（位于光盘\work\bootloader\目录）放到 drivers/net 目录（其实放到任何目录都可以，只是根据惯例，网络设备驱动都放置于 drivers/net）。

（2）在 drivers/net/Kconfig 增加 config 条目，以使 mydm9000 驱动的配置选项能够出现在 make menuconfig 的配置界面中。

```
878 config MYDM9000
879     tristate "MYDM9000 support"
880     default y
881     depends on ARCH_S3C2410 && NET_ETHERNET
882     select CRC32
883     select MII
884     help
885       Support for dm9000 chipset on S3C2440. Added by Dennis Yang.
```

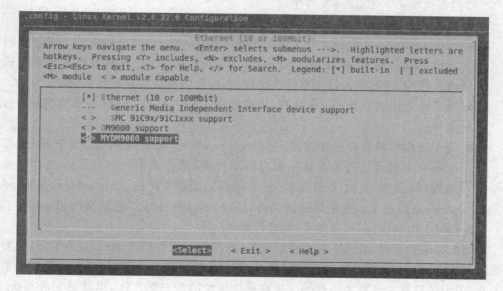

图 6-5　网卡驱动配置

（3）在 drivers/net/Makefile（第 198 行）增加条目，以使 mydm9000 驱动能被编译进 zImage 中。

```
198 obj-$(CONFIG_MYDM9000) += mydm9000.o
```

(4) 测试新内核。

支持 dm9000 网卡驱动。

```
# ifconfig eth0 192.168.1.222
# ping 192.168.1.11
PING 192.168.1.11 (192.168.2.11): 56 data bytes
64 bytes from 192.168.1.11: seq = 0 ttl = 64 time = 4.275 ms
64 bytes from 192.168.1.11: seq = 1 ttl = 64 time = 3.154 ms
64 bytes from 192.168.1.11: seq = 2 ttl = 64 time = 3.938 ms
--- 192.168.1.11 ping statistics ---
3 packets transmitted, 3 packets received, 0 % packet loss
round-trip min/avg/max = 3.154/3.789/4.275 ms
```

这一节的内容虽然不是移植过程,却有承上启下的作用。本节之前是为了移植的实施做一些准备工作,而从下节开始,移植过程则直接进入到了内核的片段中修改代码,会显得有些突然。如果对下面将要全面展开的移植过程抓不住线索,应该浏览一下这一节的内容,这将帮助你了解 Linux 系统的整个启动过程。

6.5.8　zImage 文件组成结构

我们先来看一下 zImage 文件生成过程:
- 内核代码首先被编译生成了 vmlinux,放在 Linux 源码的顶层目录下;
- 这个 vmlinux 可执行文件又通过 arm-linux-objcopy 命令转化为二进制代码文件 Image(放在 arch/arm/boot/目录下),其实这个 Image 文件才是真实的内核代码文件,因为这个文件会比较大,所以内核会对它做压缩处理;
- 为了最大化减小 Image 的体积,内核调用 gzip 工具把 Image 压缩成 piggy.gz 文件;
- 为了让内核具有自引导功能,在 arch/arm/boot/compressed 目录下由 head.o、misc.o 两个文件构成解压和自引导代码,而让真实的 piggy.gz 文件也参与编译,最终生成了另外一个 vmlinux 文件(放在 arch/arm/boot/compressed 目录下),并最终调用 arm-linux-objcopy 生成二进制文件 zImage。

我们把上面的描述,再用图 6 – 6 进行解释。

那么如果想了解 zImage 的文件组成结构,我们不仅要知道 zImage 的来历,还需关注两次 vmlinux 文件的文件组成结构。第一次的 vmlinux 是如何生成的我们先不关心,因为还没有去分析内核代码。现在更应该关心的是第二次,也就是 arch/arm/boot/compressed 目录下生成的 vmlinux 文件,因为 zImage 是由它最终生成的。第二次的 vmlinux 可执行文件是由 arch/arm/boot/compressed 目录下的 vmlinux.lds 文件生成,我们看下 vmlinux.lds 文件中的内容:

第 6 章　构建嵌入式 Linux 内核

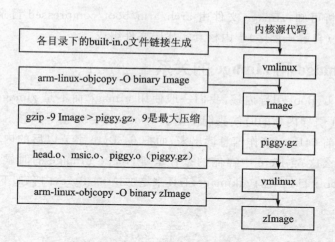

图 6-6　zImage 文件的生成图解

```
OUTPUT_ARCH(arm)
ENTRY(_start)
SECTIONS
{
  . = 0;
  _text = .;
  .text : {
    _start = .;
    *(.start)      /* arch/arm/boot/compressed/head.S */
    *(.text)       /* arch/arm/boot/compressed/misc.c */
    ……
    *(.piggydata)  /* arch/arm/boot/compressed/piggy.S */
    . = ALIGN(4);
  }
  ……
  .comment 0       : { *(.comment) }
}
```

以上的链接脚本决定了 vmlinux 的文件布局，也是 zImage 的文件布局。
head.S 文件中有这么一行：

```
.section ".start", #alloc, #execinstr
```

head.S 作为.start 段被链接到了 vmlinux 整个文件的最开头部位；piggy.S（其实就是 Image 文件）在 piggy.S 代码里被定义成了.piggydata 段，所以被放在 vmlinux 代码段的最后面；misc.c 文件是 c 代码文件，所以默认的段名称是.text 段，被放在了 vmlinux 代码段中间部分。

由以上分析可知，zImage 文件由 arch/arm/boot/compressed 目录下的 head.S 和 misc.c 文件（自解压程序）+内核真实代码文件组成。

6.5.9　uImage 和 zImage 的关系

如果使用 U-Boot 引导内核，我们一般使用 uImage 而不是 zImage。为什么呢？因为在 U-Boot 引导内核的时候我们使用了 bootm 命令来引导内核。bootm 命令会把内核文件的前 64Byte 当作信息读出来，而把 64 Byte 字节以后的内容当作内核代码来执行。那么这 64 Byte 中存储的是什么呢，make uImage 的时候，会使用到 U-Boot 源代码 tools 目录下的 mkimage 工具来增加这 64 Byte，内容如下：

```
typedef struct image_header {
    uint32_t        ih_magic;       /* Image Header Magic Number */
    uint32_t        ih_hcrc;        /* Image Header CRC Checksum */
    uint32_t        ih_time;        /* Image Creation Timestamp */
    uint32_t        ih_size;        /* Image Data Size */
    uint32_t        ih_load;        /* Data Load Address */
    uint32_t        ih_ep;          /* Entry Point Address */
    uint32_t        ih_dcrc;        /* Image Data CRC Checksum */
    uint8_t         ih_os;          /* Operating System */
    uint8_t         ih_arch;        /* CPU architecture */
    uint8_t         ih_type;        /* Image Type */
    uint8_t         ih_comp;        /* Compression Type */
    uint8_t         ih_name[IH_NMLEN]; /* Image Name */
} image_header_t;
```

其中前 4 个字节是由 zImage 生成的二进制编码。U-Boot 通过 crc 校验来测试被加载进内存的 zImage 文件是否正常，其他的是有关 zImage 文件的大小、使用的系统、zImage 文件的类型和名称等。如果正常，将正确引导内核，并打印出类似下面的内容：

```
## Booting image at 32000000 ...
   Image Name:   Linux-2.6.22.6
   Created:      2012-04-22   10:40:12 UTC
   Image Type:   ARM Linux Kernel Image (uncompressed)
   Data Size:    1641980 Bytes =   1.6 MB
   Load Address: 30008000
   Entry Point:  30008000
   Verifying Checksum ... OK
OK

Starting kernel ...
```

第6章 构建嵌入式 Linux 内核

Image Name 对应 image_header_t 结构中的 ih_name，Created 对应 ih_time，Image Type 对应 ih_type(U-Boot 中用宏来代替系统的名称)，uncompressed 对应 ih_type，依次类推，也很容易能够明白。

6.5.10 zImage 在内存中的布局

zImage 文件内的布局结构明白了，接下来就应该看一下 zImage 文件是怎样被加载进内存的了。像 U-Boot 一样，我们也对 zImage 在内存中的布局做一个简单的分析。通过上面的说明，我们已经看到了 uImage 被我们放到了内存的 0x32000000 地址(由于已经知道 uImage 和 zImage 的关系，所以后面只说 zImage 而不再说 uImage)，而我们的加载地址却是 0x30008000(zImage 想要执行的地址)。我们前面在分析的时候已经知道 zImage 文件的最开始被执行的部分是 arch/arm/boot/compressed/head.S 代码的.start 段内容，而这段代码是与内存位置无关的指令，head.S 代码主要的功能就是为了 misc.c(解压代码)提供必要的信息。

首先分析 arch/arm/boot/compressed/head.S(zImage 首先被执行的代码)。

(1) 保存引导程序传递进来的参数，r1 为机器 ID，r2 为标记列表指针，并保存到 r7、r8 寄存器中。

```
start:
        .type   start, #function    @ 申明一个函数类型 start
        .rept   8                   @ 伪操作，循环 8 次
        mov     r0, r0              @ 被 GCC 编译器翻译为 nop 指令，其实为了中断向量保存空间
        .endr

        b       1f
        .word   0x016f2818          @ Linux 内核识别码，U-Boot 会用此作为识别码
        .word   start               @ zImage 加载地址地址，链接脚本设置成了 0x0
        .word   _edata              @ zImage 被搬运的结束地址
1:      mov     r7, r1              @ uboot 传递进来的第二个参数
        mov     r8, r2              @ 保存参数列表 atags 指针
```

(2) 判断是否是采用调试模式(Angel)启动内核。

```
#ifndef __ARM_ARCH_2__
        mrs     r2, cpsr            @ 通过 mrc 把 cpsr 状态寄存器的值传递给 r2
        tst     r2, #3              @ 测试 cpsr 低两位是否被设置
        bne     not_angel           @ 没设置是 user 启动模式
        mov     r0, #0x17
        swi     0x123456            @ 为调终端准备的软中断号，执行调试代码
/* Angel 是 ARM 处理器的一种调试协议，AXD 使用的也是这个 */
not_angel:
        mrs     r2, cpsr
```

```
                orr     r2, r2, #0xc0
                msr     cpsr_c, r2              @ 设置 cpsr 的 I、F 位为 1,关闭 IRQ、FIQ
        #else
                teqp    pc, #0x0c000003         @ 最早设置 I、F、S0、S1 位的方法使用它
        #endif
```

(3) 把 LC0 数据符号中的数据导入寄存器。LC0 加载地址 r1、r2 和 r3 存放了未初始化数据段的起始和结束地址;r4 存放 Image 内核期望被加载的地址;r5 存放 zImage 的起始加载地址,因为链接时链接脚本的基址为 0x0,所以值为 0;r6 和 ip 分别保存全局变量偏移表的起始地址和结束地址,sp 指向分配的栈空间。其中 zreladdr 的值是在 arch/arm/mach-s3c2410/Makefile.boot 文件中指定的,然后被 arch/arm/boot/Makefile 包含,并 export 这个符号,在链接的时候使用--defsym=zreladdr(0x30008000)来把值传递给编译器。

```
        .text
                adr     r0, LC0         @adr 指令用于计算运行时 pc + LC0 的偏移赋值给 r0
                ldmia   r0, {r1, r2, r3, r4, r5, r6, ip, sp}
                subs    r0, r0, r1      @ r0 保存的是 zImage 链接地址和运行地址的偏移
                                        @ if delta is zero, we are
                beq     not_relocated   @ 上面的 subs 影响标志位,如果不是 0,则搬运
                add     r5, r5, r0      @否则把偏移量赋值给 r5,r6,ip
                add     r6, r6, r0      @计算了偏移量,才能在 GOT 表中找到全局变量
                add     ip, ip, r0

                .type   LC0, #object
        LC0:    .word   LC0                     @ r1
                .word   __bss_start             @ r2
                .word   _end                    @ r3
                .word   zreladdr                @ r4
                .word   _start                  @ r5
                .word   _got_start              @ r6
                .word   _got_end                @ ip
                .word   user_stack + 4096       @ sp
```

(4) 修改 GOT 表的内容,因为 GOT 表中提供了全局变量的偏移,而 C 代码在执行时,由于加载地址和运行地址不一样,所以需要修正 GOT 表,根据加载地址和运行地址的偏移,这个偏移已经通过计算放在了 r0 中。

```
        #ifndef CONFIG_ZBOOT_ROM
                /*
                 *      对于 bss 段和栈指针也需要作出修正.
                 *      r2 - BSS start
                 *      r3 - BSS end
```

```
                 *    sp - stack pointer
                 */
                add    r2, r2, r0
                add    r3, r3, r0
                add    sp, sp, r0

                /*
                 * Relocate all entries in the GOT table.
                 */
1:              ldr    r1, [r6, #0]           @ 根据 r0 的偏移值,修改真实的全局变量偏移
                add    r1, r1, r0
                str    r1, [r6], #4
                cmp    r6, ip
                blo    1b
#else
                /*
                 * 如果定义了 CONFIG_ZBOOT_ROM,则只重定位 bss 段之外的 GOT 内容
                 */
1:              ldr    r1, [r6, #0]           @ relocate entries in the GOT
                cmp    r1, r2                 @ entry < bss_start ||
                cmphs  r3, r1                 @ _end < entry
                addlo  r1, r1, r0             @ table.  This fixes up the
                str    r1, [r6], #4           @ C references.
                cmp    r6, ip
                blo    1b
#endif
```

(5) 清除 bss 段为 0。

r2 已经是修正过的 bss 段地址。zImage 链接的时候的加载地址为 0x0,而我们在运行的时候把 zImage 镜像放在了 0x32000000 内存地址,那么 r2 就是基于 0x32000000 的偏移地址,其中 r3 是代码 bss 段的结束地址。

```
not_relocated:       mov    r0, #0
1:              str    r0, [r2], #4           @ clear bss
                str    r0, [r2], #4
                str    r0, [r2], #4
                str    r0, [r2], #4
                cmp    r2, r3
                blo    1b
```

(6) 使能 MMU,打开缓存,建立虚拟页表。

```
                bl     cache_on
                mov    r1, sp                 @ malloc space above stack
                add    r2, sp, #0x10000       @ 64k max
```

(7) 下面的代码主要是围绕放在内存中的 zImage 怎样搬运到 0x30008000 的问题。

由于我们把 Nand Flash 中的 zImage 放到了 0x32000000。首先判断放在内存中的 zImage 的 malloc 结束位置，即 r2，和我们要搬运到的地址 r4，即实际地址 0x30008000，如果 r4 都大于 r2 的话，那就不用考虑了，直接搬运就好了，因为不会覆盖我们的 zImage 代码。由于我们的 zImage 其实是放在 0x32000000 上的，那么就继续往下面执行了，首先计算出 zImage 的大小放到 r3 中，然后基于 0x30008000 地址加上这个值的 4 倍，如果还是小于 r5（放在内存中的 zImage）的话，也不会覆盖，而我们的地址肯定是不会被覆盖的，所以，会执行到 wont_overwrite 函数，把 r4 中存放的 0x30008000 放到 r0 中，r7 中保存的机器码放到 r3 中，便去执行 decompress_kernel 解压 Image 内核（真实的内核代码），最后调用 call_kernel。

```
        cmp     r4, r2
        bhs     wont_overwrite
        sub     r3, sp, r5          @ > compressed kernel size
        add     r0, r4, r3, lsl #2  @ allow for 4x expansion
        cmp     r0, r5
        bls     wont_overwrite

        mov     r5, r2              @ decompress after malloc space
        mov     r0, r5
        mov     r3, r7
        bl      decompress_kernel

        add     r0, r0, #127 + 128  @ alignment + stack
        bic     r0, r0, #127        @ align the kernel length

wont_overwrite:  mov    r0, r4
        mov     r3, r7
        bl      decompress_kernel
        b       call_kernel
```

(8) 这里又会关闭缓存，并且把引导程序传递过来的机器码放到 r1 中，内核参数列表的地址（0x30000100）放到 r2 中，r4（0x30008000）赋值给 pc，启动真实的内核代码。

```
call_kernel:    bl      cache_clean_flush
        bl      cache_off
        mov     r0, #0              @ must be zero
        mov     r1, r7              @ restore architecture number
        mov     r2, r8              @ restore atags pointer
        mov     pc, r4              @ call kernel
```

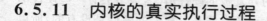

6.5.11 内核的真实执行过程

真实的内核就是 Image,它的起始执行代码在 arch/arm/kernel/head.S 中,一开始执行的还是汇编代码,然后通过调用 start_kernel 进入到 C 语言编写的代码中,我们看一下真实的内核代码执行的流程:

(1) 判断系统是否处于 SVC 模式;

(2) 关闭 IRQ、FIQ;

(3) 调用__lookup_processor_type 函数,读协处理器 p15,并和内核镜像中的对比,确定支持我们的 CPU 类型;

(4) 调用__lookup_machine_type 函数,确定通过引导程序传递进来的机器码和.arch.info.init 段中的机器类型是否匹配;

(5) 调用__create_page_tables 建立一级页表;

(6) 调用__enable_mmu 使能 MMU;

(7) 调用__mmap_switched:函数(在 head-common.S 中实现),做进入 C 语言代码前的准备工作,设置栈指针、清零 BSS 段、保存 CPU 类型和机器码,最后调用 start_kernel 执行 C 语言函数;

(8) start_kernel 在 init/main.c 中实现,调用 printk(linux_banner)函数打印内核版本、作者、编译器版本和日期等信息,这其实就是我们能在终端看到的第一条 Linux 内核打印的消息;

(9) 调用 setup_arch(&command_line),我们在终端看到的 CPU 的名字、ID 号、机器类型、还有引导程序参数的获取就是这个函数打印出来的;

(10) 调用 sched_init()函数初始化 0 号进程;

(11) 调用 softirq_init()软中断初始化;

(12) 调用 console_init()初始化控制台;

(13) 调用 mem_init()对内存进行初始化管理工作;

(14) 调用 fork_init()进行进程相关数据的初始化工作;

(15) 调用 rest_init()函数启动 init 内核线程;

(16) init 线程会初始化文件系统,并且调用内核 initcall 表中的函数,然后挂载设备到根目录下,并调用 free_initmem 释放内存空间,终端会打印 freeing init memeory:120K,最后 init 线程会到 sbin、etc、bin 目录下查找 init 用户进程,找到便进入用户态执行 init 代码了。

6.5.12 在移植中需要为开发板做哪些改动

随后便进入移植阶段,通过内核流程分析我们也可以看得到,系统包含了内存、进程、网络、设备、文件系统等的管理工作,而内存、进程、文件系统都是系统内部软件层次的东西,不必要的情况下不需要去修改它们。而我们的开发板上面有很多的硬件设备,内核的编写者并不知道我们使用的开发板的硬件情况,最多会有一些硬件的工作方式和接口协议都是类似和通用的,然而还有些开发板上的硬件是没有的,所以在整个移植阶段最重要的工作就是移植修改驱动,以使得我们开发板上面的硬件都能够正常工作。以下就以一种普通的移植方法,讲解开发板移植的整个过程。

6.6 创建目标平台——my2440

6.6.1 基于三星 SMDK2440 创建目标平台

我们的目标开发板的 CPU 类型是 S3C2440,而在 arch/arm 目录下已经有以 S3C2440 架构的开发板——SMDK2440。因此我们选择 SMDK2440 作为母板,来构建我们自己的开发板。因为 SMDK2440 和我们需要构建的开发板的外接设备不一定一样,所以,移植和构建工作的重点就落在了对外接设备驱动代码的修改、增加和移植的处理上。

选择编译内核的编译器名称,修改内核根目录下的 Makefile 文件:

```
185 ARCH            ? = arm
186 CROSS_COMPILE   ? = arm-linux-
```

生成 .config 配置文件,使用系统提供的 s3c2410_defconfig 作为默认配置。

```
make s3c2410_defconfig
```

输入 make menuconfig 命令弹出以下菜单,进入选择机器类型(System Type),依次按照图 6-7、图 6-8、图 6-9 进行操作,从而选择 CPU 为 S3C24xx 系列的 CPU。

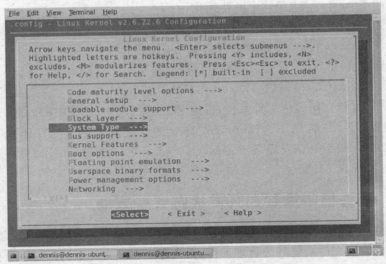

图 6-7 CPU 平台类型选择

第 6 章 构建嵌入式 Linux 内核

然后依次按照图 6-10、图 6-11 进行操作，从而选中对 SMDK2440 开发板的支持。

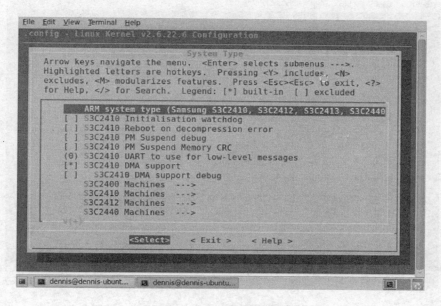

图 6-8 平台选择主界面

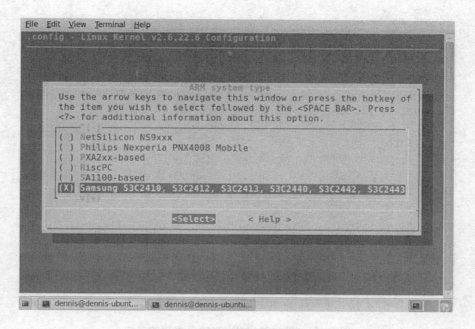

图 6-9 平台选择为 S3C24XX 系列

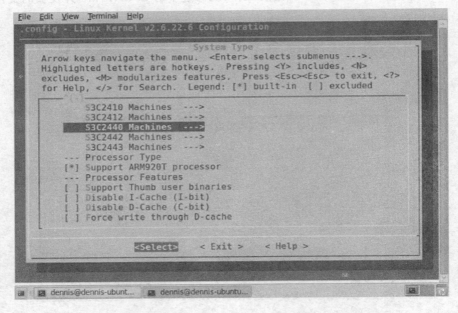

图 6-10 配置机器类型（S3C2410 中的 SMDK2410 需要选中）

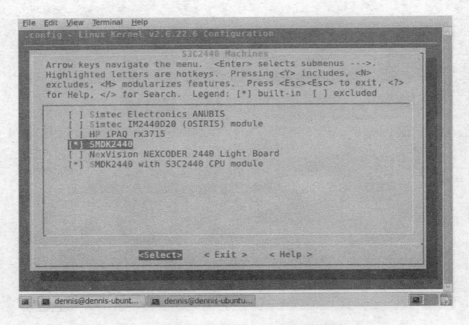

图 6-11 选中对 SMDK2440 开发板的支持

6.6.2 时钟源频率的更改

一般开发板都会外接时钟晶振来提供时钟周期让开发板正常工作。S3C2440 的芯片手册中描述 S3C2440 可以接收两种外部晶振时钟频率，16.934 4 MHz 和 12.000 0 MHz。以下代码 arch/arm/mach-s3c2440/mach-smdk2440.c 的 180 行是内核开发者默认选择的 16.934 4 MHz，由于我们的开发板一般都采用 12 MHz 的外部晶振源，因此需要注释掉 180 行，使用 181 行代码替换。如果此处设置不正确，内核启动后将会出错，出错的最明显的特征是导致串口输出乱码或者干脆不显示任何东西。

```
177 static void __init smdk2440_map_io(void)
178 {
179     s3c24xx_init_io(smdk2440_iodesc, ARRAY_SIZE(smdk2440_iodesc));
180     //s3c24xx_init_clocks(16934400);
181     s3c24xx_init_clocks(12000000);
182     s3c24xx_init_uarts(smdk2440_uartcfgs, ARRAY_SIZE(smdk2440_uartcfgs));
183 }
```

6.6.3 机器码的修改

在启动内核的时候，经常会遇到在串口输入以下内容就停止了，这是由于参数传递失败或是机器码配置不正确导致的。

```
Uncompressing Linux.................................................done,
booting the kernel.
```

检查是否向内核传递启动参数：打开引导程序（U-Boot）代码的 include/configs 目录，确认头文件中的 CONFIG_BOOTARGS 宏已经打开，并且设置正确。

检查引导程序代码的机器码和内核选择的机器码是否一致，如果不一致需要改为一致。例如，U-Boot 代码中的机器码被我们设置为。

```
gd->bd->bi_arch_number = MACH_TYPE_S3C2440;
```

这里 MACH_TYPE_S3C2440 是我们为 U-Boot 引导程序设置的机器码，值为 362，是在 mach-types.h 头文件中定义的。

内核启动时，也会设置机器码，且必须和引导程序传递过来的一致，则我们在配置内核的时候，修改 arch/arm/mach-s3c2440/mach-smdk2440.c 文件的以下内容：

```
MACHINE_START(S3C2440, "SMDK2440")
……
MACHINE_END
```

MACHINE_START 宏的第一个参数 S3C2440，会被替换成 MACH_TYPE_

S3C2440，会和引导程序传递过来的机器码进行匹配，当不相等时，就会停止内核代码的执行。

6.6.4 运行测试

我们在6.6节的内核的真实执行过程一节中给出了Linux内核代码的执行流程，是对Linux整体执行流程的一个梳理。由于Linux内核在运行的时候，会把一些关键的执行过程信息打印到终端上（如表6-2），而默认的终端就是串口。因此通过串口打印的信息来定位内核的执行流程将更加有针对性，也能够更明确地了解整个Linux内核执行的顺序。

表6-2 内核启动过程的输出信息及其含义

终端信息	含义	相关Linux内核函数
Uncompressing Linux... done, booting the kernel.	解压被gzip工具压缩的内核代码到内核中运行	compressed/misc.c decompress_kernel()
Linux version 2.6.22.6 (dennis@dennis-ubuntu910) (gcc version 3.4.5) #7 Mon May 14 23:09:45 CST 2012	打印Linux内核版本、编译主机、编译器版本、编译日期信息	init/main.c start_kernel()/ printk(linux_banner)
CPU：ARM920T [41129200] revision 0 (ARMv4T), cr=c0007177	获取处理器的版本	arch/arm/kernel/setup.c setup_arch()/ setup_processor()
Machine：SMDK2440	获取开发板类型名称	arch/arm/kernel/setup.c setup_arch()/ setup_machine()
Memory policy：ECC disabled, Data cache writeback	根据ARM版本设置内存页表访问方式	arch/arm/mm/mmu.c build_mem_type_table()
CPU S3C2440A (id 0x32440001)	获得CPU的ID信息	arch/arm/plat-s3c24xx/cpu.c setup_arch()/ paging_init()/ devicemaps_init()/ mdesc->map_io()/ s3c24xx_init_io()
S3C244X：core 405.000 MHz, memory 101.250 MHz, peripheral 50.625 MHz	设置PCCL、HCLK、FCLK	arch/arm/plat-s3c24xx/cpu.c setup_arch()/ paging_init()/ devicemaps_init()/ mdesc->map_io()/ s3c244x_init_clocks()

续表 6-2

终端信息	含义	相关 Linux 内核函数
S3C24XX Clocks, (c) 2004 Simtec Electronics	初始化系统时钟	目录同上 s3c24xx_setup_clocks()
CLOCK: Slow mode (1.500 MHz), fast, MPLL on, UPLL on	设置 MPLL 输入模式	目录同上 s3c24xx_setup_clocks()/ s3c2410_baseclk_add()
CPU0: D VIVT write-back cache	设置 cache 为"回写"式（也可设置穿透式）	arch/arm/kernel/setup.c cpu_init()/ dump_cpu_info()
CPU0: I cache: 16384 bytes, associativity 64, 32 byte lines, 8 sets	显示指令缓存的大小	arch/arm/kernel/setup.c cpu_init()/ dump_cpu_info()/ dump_cache()
CPU0: D cache: 16384 bytes, associativity 64, 32 byte lines, 8 sets	显示数据缓存的大小	arch/arm/kernel/setup.c cpu_init()/ dump_cpu_info()/ dump_cache()
Built 1 zonelists. Total pages: 16256	创建页与页之间的链表	init/main.c build_all_zonelists()
Kernel command line: noinitrd root=/dev/mtdblock3 console=ttySAC0 rootfstype=yaffs	获得 BootLoader 传递过来的启动参数	init/main.c
irq: clearing subpending status 00000002	初始化 irq 中断	arch/arm/plat-s3c24xx/irq.c init_IRQ() init_arch_irq()/ s3c24xx_init_irq()
PID hash table entries: 256 (order: 8, 1024 bytes)	构建 pid 的散列表	init/main.c pidhash_init()
timer tcon=00000000, tcnt a4ca, tcfg 00000200,00000000, usec 00001e57	初始化软时钟相关数据结构和时钟软中断	init/main.c init_timer()

续表 6-2

终端信息	含 义	相关 Linux 内核函数
Console：colour dummy device 80x30	内核中所有的驱动等内核模块的加载。加载的原理与 arch/arm/kernel 目录下的 vmlinux.lds 链接脚本文件和 include/linux 目录下的 init.h 头文件息息相关。 举例说明：我们在写驱动的时候肯定会加上 module_init (driver)； 它的替换过程如下： ＃define module_init(x) 会最终被替换成 __define_initcall("6",fn,6) 而在 init.h 头文件中，所有 __define_initcall 宏被 vmlinux.lds 加在了 .initcall *.init 段中，最后通过 init/main.c 中的 rest_init 函数统一调用，及大多内核代码都是通过这种方式来调用的，详细流程见右侧调用流程	init/main.c rest_init()/ kernel_thread()/ kernel_init()/ do_basic_setup()/ do_initcalls()/ (*call)()
Memory：64MB=64MB total		
NET：Registered protocol family 16		
S3C2410 Power Management，（c）2004 Simtec Electronics		
S3C2440：IRQ Support		
S3C2440：Clock Support，DVS off		
S3C24XX DMA Driver，（c）2003-2004,2006 Simtec Electronics		
SCSI subsystem initialized		
usbcore：registered new interface driver usbfs		
usbcore：registered new interface driver hub		
usbcore：registered new device driver usb		
NET：Registered protocol family 2		
TCP reno registered		
JFFS2 version 2.2.（NAND）漏 2001-2006 Red Hat, Inc.		
Console：switching to colour frame buffer device 40x30		
fb0：s3c2410fb frame buffer device		
leds initialized		
buttons initialized		
my2440_pwm initialized		
S3C2410 Watchdog Timer,（c）2004 Simtec Electronics		
RAMDISK driver initialized：16 RAM disks of 4096K size 1024 blocksize		
loop：module loaded		
mydm9000 Ethernet Driver，V1.31 eth0：dm9000e at c4860300,c4862304 IRQ 51 MAC：c06cf930M (chip)		
Linux video capture interface：v2.00		
usbcore：registered new interface driver ov511		

第 6 章　构建嵌入式 Linux 内核

续表 6-2

终端信息	含　义	相关 Linux 内核函数
S3C24XX NAND Driver，（c）2004 Simtec Electronics NAND device：Manufacturer ID：0xec, Chip ID：0xda (Samsung NAND 256MiB 3,3V 8-bit) Creating 4 MTD partitions on "NAND 256MiB 3,3V 8-bit"： 0x00000000-0x00100000 ："Bootloader" 0x00100000-0x00400000 ："Kernel" 0x00400000-0x01000000 ："Jffs2" 0x01000000-0x10000000 ："Yaffs2" yaffs: dev is 32505859 name is "mtdblock3" rw		
VFS：Mounted root（yaffs filesystem）.	挂载根文件系统	init/do_mounts.c
Freeing init memory：200K	释放.init.data 段中内存空间	init/main.c rest_init()/ kernel_thread()/ kernel_init()/ init_post()/ free_initmem()/ free_area()
starting pid 763, tty '/dev/s3c2410_serial0'：'/bin/sh'	启动用户空间的 sh 进程，如果没有找到则打印 No init found. Try passing init=option to kernel.	init/main.c rest_init()/ kernel_thread()/ kernel_init()/ init_post()/ run_init_process()

6.7　Nand Flash 驱动的移植与分区更改

6.7.1　内核如何管理 Nand Flash

　　Nand Falsh 在嵌入式领域中主要作为 BootLoader、内核、文件系统的载体而存在，掌握 Nand 的移植需要 3 个方面：MTD 的层次和接口、Nand 的分区设计、Nand 在内核中的资源填充。下面先介绍 MTD 的层次结构和接口，看内核是如何简化

Nand 设备的驱动设计的。

内核通过 MTD(memory technology device 内存技术设备)Linux 子系统来访问 memory 设备(ROM、Flash)。因此可以说内核通过 MTD 中间层来管理和操作 Nand Flash 设备。它在硬件和上层之间提供了一个抽象的接口,MTD 的所有源代码在/drivers/mtd 子目录下。CFI 接口的 MTD 设备分为 4 层(从设备节点直到底层硬件驱动),这 4 层从上到下依次是:设备节点、MTD 设备层、MTD 原始设备层和硬件驱动层。对于 Linux 而言,MTD 设备的框架结构如图 6-12 所示。

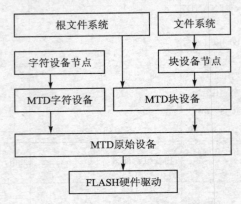

图 6-12 MTD 设备驱动框架

MTD 设备驱动框架可分为 4 个层次,下面简要说明它们的作用。

块设备节点:块设备的主设备号是 31,字符设备 90,用户通过设备节点来访问设备。主设备号的定义在 mtd.h 头文件中。

MTD 块设备:Nand 设备创建块设备节点,代码在 drivers/mtd/mtdblock.c 中,定义了一个用于描述 MTD 块设备的结构体 mtdblk_dev,mtdblks 作为指针数组和 mtd_table 中的 mtd_info(原始设备层)一一对应。

MTD 原始设备层:原始设备层由两部分组成,一部分是 MTD 原始设备的通用代码;另一部分是各个特定的 Flash 的数据,例如分区。用于描述 MTD 原始设备的数据结构是 mtd_info,这其中定义了大量的关于 MTD 的数据和操作函数。mtd_table(mtdcore.c)则是所有 MTD 原始设备的列表,mtd_part(mtd_part.c)是用于表示 MTD 原始设备分区的结构,其中包含了 mtd_info,因为每一个分区都是被看成一个 MTD 原始设备加在 mtd_table 中的,mtd_part.mtd_info 中的大部分数据都从该分区的主分区 mtd_part->master 中获得。

在 drivers/mtd/maps/子目录下存放的是特定的 Flash 的数据,每一个文件都描述了一块板子上的 Flash。其中调用 add_mtd_device()、del_mtd_device()建立/删除 mtd_info 结构并将其加入/删除 mtd_table(或者调用 add_mtd_partition()、del_mtd_partition()(mtdpart.c)建立/删除 mtd_part 结构并将 mtd_part.mtd_info 加入/删除 mtd_table 中)。

MTD 硬件驱动层:Nand 型 Flash 的驱动程序则位于/drivers/mtd/nand 子目录下,负责初始化 Nand 芯片,通过 probe 函数。

因此一个 MTD 的块设备接口可使用图 6-13 来表示:

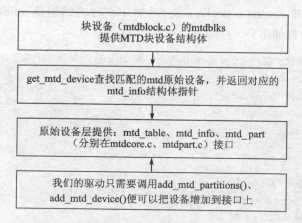

图 6-13　MTD 的块设备接口

对于描述 MTD 原始设备层的数据结构 mtd_info 很重要,其中定义了有关 MTD 的数据和函数接口。而且我们会对 Nand 做分区,那么每一个分区也被认为是一个 mtd_info,最终这些 mtd_info 会被放到 mtd_table 全局数组中统一管理。具体有关结构体的说明,可以通过 source insight 或 linux 中的 cscope 软件来查看 linux 内核源代码,重要的地方都有说明。我们更关心的是 mtd_info 结构体中实现了 read、write、read_oob、write_oob 函数接口,这些函数已经实现了通用的 Nand 处理。

6.7.2　更改 Nand Flash 的分区结构

Linux 内核驱动的框架向着分层结构"进化",这是好事情,因为 MTD 原始层提供的接口和通用代码的实现,我们只需要修改分区表和 Nand Flash 的芯片资源就可以移植我们需要的 Nand Flash 驱动程序了。在 drivers/mtd/nand 下也已经为我们写好了一个针对 S3C2440 的 Nand 控制器的驱动程序 S3C2410.c。

```
platform_driver_register(&s3c2440_nand_driver);
    probe    = s3c2440_nand_probe,
        return s3c24xx_nand_probe(dev, TYPE_S3C2440);
            s3c2410_nand_add_partition(info, nmtd, sets);
                add_mtd_partitions(&mtd->mtd, set->partitions, set->nr_partitions);
                return add_mtd_device(&mtd->mtd);
```

以上代码是分区被注册到原始设备层的 mtd_table 中的流程,首先 s3c2410.c 的初始化函数会执行 probe 函数;然后会调用 add_mtd_partitions 为新建的分区维护一个 mtd_part 结构体,并将其加入到 mtd_partitions 中;我们可以在 machsmdk2440.c 中的 108 行找到这个新建的分区信息 smdk_default_nand_part；最后调用 add_mtd_device 将这个新分区作为 MTD 设备加入到 mtd_table 中。因此，如果需要为 Nand Flash 划分新的分区，则需要改变这个结构体。进入到 arch/arm/plat-s3c24xx 目录，打开 common-smdk.c 文件，对 109 行的结构体 smdk_default_nand_part 进行修改，内容如下：

```
static struct mtd_partition smdk_default_nand_part[] = {
    [0] = {
        .name = "Bootloader",
        .size = SZ_1M,
        .offset = 0,
    },
    [1] = {
        .name = "Kernel",
        .offset = MTDPART_OFS_APPEND,
        .size = SZ_2M + SZ_1M,
    },
    [2] = {
        .name = "Jffs2",
        .offset = MTDPART_OFS_APPEND,
        .size = SZ_4M * 3,
    },
    [3] = {
        .name = "Yaffs2",
        .offset = MTDPART_OFS_APPEND,
        .size = MTDPART_SIZ_FULL,
    }
};
```

6.7.3　配置内核支持 Nand Flash

执行 make menuconfig 打开图形化配置菜单，按照以下方式选择对 Nand Flash 的支持。

```
Device Drivers  --->
    <*> Memory Technology Device (MTD) support  --->
        <*>  NAND Device Support  --->
            <*>  Nand Flash support for S3C2410/S3C2440 SoC
```

6.7.4　测试 Nand Flash 分区信息

运行 Linux 内核，看到串口终端打印以下的内容则分区正常。

第 6 章　构建嵌入式 Linux 内核

```
Creating 4 MTD partitions on "NAND 256MiB 3.3V 8-bit":
0x00000000-0x00100000 : "Bootloader"
0x00100000-0x00400000 : "Kernel"
0x00400000-0x01000000 : "Jffs2"
0x01000000-0x10000000 : "Yaffs2"
```

6.8　yaffs2 文件系统移植

6.8.1　yaffs2 文件系统说明

1. yaffs 文件系统简介

yaffs(Yet Another Flash File System)文件系统是专门为 Nand Flash 设计的文件系统，与 JFFS 文件系统类似，用于 Flash 闪存设备。但是不同的是 JFFS 文件系统更适合 Nor Flash 和小于 64 MB 的 Nand Flash 闪存设备。

Nor Flash 和 Nand Flash 在坏块检测、容量、性能方面有很大的差异，因此 JFFS 文件系统虽然也用于 Nand Flash 设备，但由于它性能较低和启动速度稍慢，所以对于 Nand Flash 来说通常不做选择。而 yaffs 利用 Nand Flash 的特性，即每个页面 16 字节(小页)或 64 字节(大页)的 Spare 区来存放 ECC(校验检测)和文件系统内的文件组织信息，能够实现错误检测和坏块处理。这样的设计充分考虑了 Nand Flash 以页面为存取单元的特点，将文件组织成固定大小的数据段，能够提高文件系统的加载速度，使用的算法是垃圾回收算法和贪心算法。

yaffs 目前有 yaffs、yaffs2 两个版本，yaffs 对小页面(512B＋16B/页)有很好的支持，yaffs2 对更大的页面(2K＋64B/页)支持更好。

2. yaffs 小页文件系统在 Nand Flash 上的组织结构

yaffs 对文件系统上的所有内容(比如正常文件、目录、链接、设备文件等等)都统一当作文件来处理，每个文件都有一个页面专门存放文件头，文件头保存了文件的模式、所有者 ID、组 ID、长度、文件名、Parent Object ID 等信息。因为需要在一页内放下这些内容，所以对文件名的长度、符号链接对象的路径名等长度都有限制。

yaffs 充分利用了 Nand Flash 的"备用区"空间，这个备用空间是指每个页的 16 字节的 Spare 区，通常不作为存储数据的空间。yaffs 用了其中的 6 个字节作为页面数据的 ECC，1 个字节用作坏块状态标志字，1 个字节用作数据状态标志字，其余的 8 个字节用来存放文件系统的组织信息。详细阅读 Linux 源码中 yaffs\yaffs_guts.h 文件中 yaffs_Spare 数据结构，参见表 6－3 所示，以 512B＋16B 为 1 页(16B 表示每页面的备用空间为 16 字节)的 Nand Flash K9F1208 为例，文件系统数据的存储结构如表 6－2 所列。

表 6-3 yaffs 文件系统数据存储布局

字节起始	字节终止	长度 Byte	内容描述
0	511	512	数据区域（文件数据或文件头）
512	515	4	yaffs TAG1
516	516	1	数据状态标志字
517	517	1	坏块状态标志字
518	519	2	yaffs TAG2
520	522	3	后 256 字节数据的 ECC 校验结果
523	524	2	yaffs TAG2
525	527	3	前 256 字节数据的 ECC 校验结果

这里 yaffs 文件系统共使用了 8 个字节（64 bit）用来存放文件系统相关的信息，这 8 个字节的具体使用情况，请详细阅读 Linux 源码中 yaffs/yaffs_guts.h 文件中 yaffs_Tags 数据结构，如表 6-4 所列。

表 6-4 yaffs 文件系统组织信息分配表

位数	内容	说明
20	ChunkId	该 page 在一个文件内的索引号，所以文件大小被限制 512 MB
2	serialNumber	位序列号
10	ByteCount	该页内的有效字节数
18	objected	文件 ID 号，用来唯一标识一个文件
12	ECC	yaffs_Tags 本身的 ECC 校验和
2	unusedStuff	未使用

其中 serialNumber 在文件系统创建时初始化为 0，以后每次写具有统一 ObjectID 和 ChunkID 的页的时候都加 1。因为 yaffs 文件系统在更新一个页的时候总是在一个新的物理页上写入数据，再将原先的物理页删除，所以根据 SerialNumber，当新的页已经写入但老的页还没有被删除的时候用来识别正确的页，以保证特殊环境下（例如突然掉电）数据的正确性。

由于 yaffs 文件系统的 OOB 区中存放了 yaffs_tags，可以根据它判断当前页面是文件组织信息还是数据页面。再根据组织信息的内容以及数据页面中的 ObjectID、ChunkID 等信息在内存中建立 yaffs_object 文件对象，在 yaffs 文件系统 mount 时，内核通过 read_super_block（）建立 yaffs 文件系统的目录在内存中的表示（比 JFFS 文件系统启动速度快的原因：JFFS 需要扫描整个芯片数据并进行分析）。

第 6 章　构建嵌入式 Linux 内核

3. yaffs 大页文件系统在 Nand Flash 上的组织结构

目前嵌入式领域中所使用的大部分都是 64 MB 以上 Nand Flash，所以都是大页（2 048Bytes/页）的 Nand Flash，我们以三星公司生产的 256 MB 的 K9F2G08 为例做说明。

K9F2G08 的芯片手册显示它的大小为 256 MB，并且是 8 位 I/O 的 nand，一页的大小是 2 KB，64 页组成了一个块，K8F2G08 一共 2 048 个块，所以 2048 * 64 * 2K ＝256 MB（K9F2G08 的资料可以在光盘的 material 目录下找到）。

由于文件系统需要存放文件组织信息、块管理信息、校验检错信息，所以被放在 Nand Flash 上的文件需要找一个地方存放这些信息，以便更好地管理文件和 Nand Flash。比如说一个文件的读写权限、文件名称、创建日期、Nand Flash 的块是否是好的、文件内容是否正确等等，这些信息保存在什么地方呢？

yaffs 文件系统利用 Nand Flash 芯片的特性，每个页都有一个 spare 区，这个区的大小是 64B。yaffs 文件系统把存放在 2 KB 中的数据的检测校验信息放在了对应的 64B 中，而把文件数据和文件头信息放在了 2 KB 中，如表 6-5 所示 yaffs 文件系统在大页中的存放格式：

表 6-5　yaffs 文件系统在大页中的存放格式

Nand Flash 的一页存储格式			
spare 区(64 Bytes)		数据区(2 048 Bytes)	
前 38 字节	后 24 字节	普通文件	其他记录文件
额外头信息，例如文件长度，页的 ID 号	存放 ECC(校验检测)的文件校验信息，如果是硬件 ECC 则存放格式由硬件自己决定	普通文件会先在前 512Bytes 中存放头信息，然后存放数据	Linux 中还有其他类型的文件，没有实际数据的其他类型文件存放 512 Bytes 头

以上也是使用软件 ECC 所存放的格式，需要注意的是内核中的 nand_ecc.c 中的软件 ECC 的实现必须和你制作的 yaffs 根文件系统的软件 ECC 一致，否则内核的 mtd 层在校验 2048B 中内容正确性的时候，就会认为是错误的。我们以 linux-2.6.22.6 内核的软件 ECC 来说明如何移植大页的 yaffs 文件系统。

移植大页的文件系统有三点：

（1）制作大页 yaffs：使用 yaffs 官方的 mkyaffs2image 工具把制作好的根文件系统制作成 yaffs 格式，使用命令 mkyaffs2image ＜rootdir＞ ＜yaffs.img＞，其中 rootdir 是目录结构的根文件系统，yaffs.img 是按照表 6-4 制作好的 yaffs 大页文件系统镜像，可以烧录到 Nand Flash 中的。

（2）烧录 yaffs：制作好了 yaffs 文件系统还需要有工具能够烧写入 Nand Flash 中，由于 yaffs 是把 tags 和 ECC 存放在 spare 区，所以烧写工具需要能够识别 yaffs.

img 中的 spare 区的内容，并把它放到同页的 spare 区中，可以通过上一章的 U-Boot 来实现这一步骤。

（3）因为默认情况下，内核不支持 yaffs 文件系统，所以我们需要给内核打上补丁，并配置内核支持 yaffs，这是后面我们要说的内容。

知道这些内容后，我们便知道了支持一个 yaffs 系统需要哪些东西和流程，为下一节的移植打好基础。

4．yaffs 文件系统在内存上的组织方式

通常一个具体的文件系统都会在 VFS 的 SuperBlock 结构中存储通用的数据结构，同时也有自己的私有数据。yaffs 文件系统的专有数据是 yaffs_DeviceStruct 的数据结构，主要用来存储软硬件配置信息、相关函数指针和统计信息等。

yaffs 文件系统的 SuperBlock 块是在文件系统 mount 加载的过程中由 read_super()函数填充的。由于物理上没有存储 SuperBlock 块，所以 Nand Flash 上的 yaffs 文件系统本身没有存储文件系统的魔术数，也是在文件系统加载的过程中直接赋值的。

在执行 read_super()函数的过程中，yaffs 文件系统需要将文件系统的目录结构在内存中建立起来。首先需要扫描 yaffs 分区，根据从 OOB 中读取出来的 yaffs_tags 数据结构判断出是文件头页面还是数据页面。再根据文件头页面中的内容以及数据页面中的 ObjectID、ChunkID、SerialNumber 等信息在内存中为每个文件建立一个对应的 yaffs_object 对象，请详细阅读 Linux 源码中 yaffs\yaffs_guts.h 文件中 yaffs_ObjectStruct 数据结构。在 yaffs_object 对象中，主要包含了：

- 用作组织结构的，如指向父目录的 Parent 指针，指向同级目录中其他对象链表的 siblings 双向链表头结构；
- 用作 yaffs 文件系统维护用的各种标记位，如：脏（dirty）标记、删除标记等等；
- 修改时间、用户 ID、组 ID 等文件属性，此外根据 Object 类型的不同（目录、文件、链接），对应于某一具体类型的 Object，在 yaffs_object 中还有其各自专有的数据内容：
- 普通文件：文件尺寸，用于快速查找文件数据块的 yaffs_Tnode 树的指针等；
- 目录：目录项内容双向链表头（children）；
- 链接：softlink 的 alias，hardlink 对应的 ObjectID。

除了对应于存储在 Nand Flash 上的 Object 而建立起来的 yaffs_object 以外，在 read_super()函数执行过程中还会建立一些虚拟对象（FAKE Object），这些 Fake Object 在 Nand Flash 上没有对应的物理实体。比如在建立文件目录结构的最初，yaffs 会建立 4 个虚拟目录（FAKE Directory）：rootDir、unlinkedDir、deleteDir、lost-NfoundDir，分别用作根目录、对象挂接的目录、delete 对象挂接的目录、无效或零时数据块挂接的目录。

通过创建这些yaffs_object,yaffs文件系统就能够将存储在Nand Flash上的数据系统组织起来,在内存中维护一个完整的文件系统结构。

6.8.2　获得yaffs2文件系统的内核补丁

yaffs文件系统运行在MTD之上,内核没有yaffs的源码,通过yaffs的官方网站http://www.yaffs.net下载源码,使用git工具进行下载,命令如下:

```
git clone git://www.aleph1.co.uk/yaffs2
```

或是在光盘中找到yaffs源码\work\system\yaffs2_source.tar.gz,解压即可。执行以下的命令,为内核打上yaffs补丁:

```
cd yaffs2
./patch-ker.sh c /work/system/linux-2.6.22.6
```

上面的patch命令中的参数"c"是复制的意思,把yaffs源码中需要复制的文件放到第3个参数所指定的内核代码中,也可以使用字母"l",含义是只在Linux源码目录中做链接。

上面的patch命令改变了内核中的3个部分:

（1）修改内核的fs/Kconfig,增加了source "fs/yaffs2/Kconfig",从而在make menuconfig时可以对yaffs2做配置选择;

（2）修改了内核的fs/Makefile文件的内容,增加了obj-$(CONFIG_yaffs_FS) +=yaffs2/,这样在编译内核的fs目录的时候,就能够执行fs/yaffs目录下的Makefile文件,从而把yaffs2的代码编译进内核;

（3）把yaffs2源码目录下的后缀为c和h的源代码文件放到内核的yaffs2目录下,并把yaffs2源码中的Kconfig和Makefile.kernel文件复制到内核fs/yaffs2目录下,Makefile.kernel文件会被修改成Makefile。

6.8.3　配置内核支持yaffs2文件系统

进入Linux源码目录,查看fs目录下多了一个yaffs2目录,这就是我们打的补丁包,然后需要使用make menuconfig命令把yaffs文件系统配置进内核。

找到:File System ---＞

Miscellaneous filesystems   ---＞

勾选小页和大页的Flash支持,配置内核支持yaffs2文件系统,如图6-14所示。

我们并没有选择mtd的硬件ECC,这会导致mtd选择软件ECC。代码在nand_ecc.c文件中,linux-2.6.22.6的软件ECC算法采用的是一张校验表和256字节的行列算法。我们看一下nand_ecc.c中的这个表和算法函数:

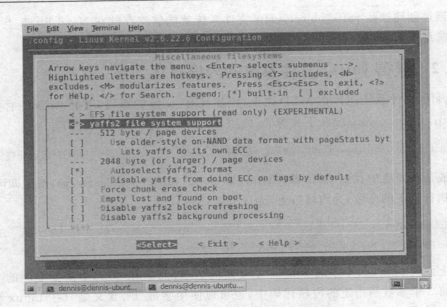

图 6-14 配置内核支持 yaffs2 文件系统

```
static const u_char nand_ecc_precalc_table[] = {
    ......
};

int nand_calculate_ecc(struct mtd_info * mtd, const u_char * dat, u_char * ecc_code);
```

表 nand_ecc_precalc_table 中存放的数据是计算好的列校验和行校验值，比如表的第 13 个元素中的二进制为 00001101，那么通过行列算法的计算，所得的结果是 0x56，那么表的 nand_ecc_precalc_table[13]中存放的就是 0x56，因此 nand_ecc_precalc_table 的下标其实就是我们要校验的一个字节的数据。

nand_calculate_ecc 函数通过这张表生成 256 字节的校验码，校验码为 3 个字节，其中 6 位存放列校验结果，16 位存放行校验结果，其余两位填充 1，正好 3 个字节，并把这 3 个字节存放在 ecc_code 中。我们的数据页的大小是 2KB，所以需要 2KB/256＝8 次校验。因此我们看到表 6-4 中的 ECC 校验码是 8＊3＝24 字节。

我们已经知道校验码是存放在 spare 区的，那么存放在什么地方，由 mkyaffs2image.c 中的结构体 nand_oobinfo(out_of_band)来说明：

```
struct nand_oobinfo {
    uint32_t useecc;
    uint32_t eccbytes;
    uint32_t oobfree[8][2];
    uint32_t eccpos[32];
};
```

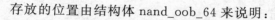

存放的位置由结构体 nand_oob_64 来说明：

```
static struct nand_oobinfo nand_oob_64 = {
    .useecc = MTD_NANDECC_AUTOPLACE,
    .eccbytes = 24,
    .eccpos = {
        40, 41, 42, 43, 44, 45, 46, 47,
        48, 49, 50, 51, 52, 53, 54, 55,
        56, 57, 58, 59, 60, 61, 62, 63},
    .oobfree = { {2, 38} }
};
```

　　spare 区的 64 字节的 ECC 存放在什么地方由 eccpos 字段说明。我们可以看到是存放在 spare 区的第 41～64 字节的，通过 nand_calculate_ecc 计算出来的 ECC 校验码会放在这个地方。64 字节中其余部分的格式由 oobfree 字段指定，2 代表前两个字段填充 0xff，其余部分存放的信息由 yaffs_PackedTags2 结构体填充，存放标记信息。

　　mkyaffs2image 工具在 yaffs/utils 目录下生成，用它制作的 yaffs 格式的文件系统携带了软件 ECC 的代码。mkyaffs2image ＜rootdir＞ ＜yaffs.img＞这个命令其实会调用 mkyaffs2image 工具中的 write_chunk 函数来写每一页（2048B＋64B），这个工具中的 main 函数中使用 process_directory 函数读出 rootdir 目录下的所有文件（除了"."和".."），并使用 yaffs_PackedTags2 结构体＋nand_calculate_ecc 产生的 2KB 校验信息填充 spare 区（64Bytes）。使用 stat 函数读出文件的读写权限等信息存放在 yaffs_ObjectHeader 结构体中，并最终把这些数据写到数据区（2048Bytes）中。yaffs_ObjectHeader 结构体中描述了文件的类型、大小、所属者、创建时间、修改时间、名称等。如果这个文件中有数据，则将数据也存放在页中。

　　我们在配置内核的时有时会遇到一个问题：

```
yaffs: dev is 32505859 name is "mtdblock3" rw
yaffs: passed flags ""
VFS: Mounted root (yaffs filesystem).
Freeing init memory: 116K
Warning: unable to open an initial console.
Kernel panic - not syncing: No init found.  Try passing init = option to kernel
```

　　即内核在挂载 yaffs 文件系统时，无法找到 init 进程。在根文件系统正确制作以及内核正确的为 yaffs 文件系统打补丁的情况下，问题就出现在使用 mkyaffs2image 工具的 ecc 算法和内核源码中的 ECC 不一致的情况或是烧写问题情况下。

　　一般对于 yaffs 出现问题，很多都是因为 yaffs 的 ECC 的多样性问题造成的。一般来说 ECC 的组合分为两种，一种是硬件 ECC，另一种就是软件 ECC。

　　如果是硬件 ECC，那么引导程序在下载文件系统的时候，通过硬件来计算 ECC，并把计算出的 OOB 数据写入到芯片中。

如果是软件 ECC，需要先查看 nand_ecc.c，看一下 OOB 的存储格式和校验算法，在制作 yaffs 根文件系统的时候需要按照内核的软件 ECC 方法来修改 yaffs 源码中的软件 ECC 算法。

另外需要注意的是，内核在 2.6.28 及以后的软件 ECC 算法做了改进，所以根据你选择的内核版本，下载匹配算法的 yaffs 源码给内核打补丁并生成 mkyaffs2image 是比较好的选择。光盘的/work/system/yaffs2_source.tar.gz 文件是为 linux2-6.22.6 修改好的大页 yaffs 文件系统的源码。

6.8.4 测试 yaffs2 文件系统

对 yaffs2（大页 yaffs 文件系统）的测试主要就是看内核能否正常挂载烧写到 Nand Flash 中的 yaffs2 文件系统。这里我们假设已经做了一个 myfs 根文件系统的目录（如何制作根文件系统在下一章中讲解），解压光盘/work/system/yaffs2_source.tar.gz 源码，编译出 yaffs/utils 源码目录下的工具 mkyaffs2image，执行以下命令制作生成 yaffs2FS.img 文件：

```
$ mkyaffs2image myfs yaffs2FS.imag
```

使用串口和网线连接开发板，执行以下命令，把 yaffs2FS.img 文件写入 Nand Flash 中：

```
nfs 0x32000000 192.168.1.11:/work/rootfs/yaffs2FS.img
nand erase 0x01000000 $(filesize)
nand write.yaffs 0x32000000 0x01000000 $(filesize)
```

上面命令的含义是把主机 192.168.1.11 的/work/rootfs/yaffs2FS.img 文件写入到开发板的内存 0x32000000 中，然后先擦除我们要写入的 Nand Flash 地址 0x01000000。擦除的长度为 filesize，是我们使用 nfs 时 yaffs2FS.img 的大小。最后使用 nand write.yaffs 命令把 0x32000000 内核地址的 yaffs2FS.img 数据写入 Nand Flash 的 0x01000000 地址。

启动内核，假设内核把/dev/mtdblock3 作为根文件挂载的分区，且分区在 Nand Flash 中的地址为 0x01000000，显示以下信息，并能进入到根文件系统中执行命令和读写文件，则说明 yaffs 文件系统移植成功。

```
/* Nand Flash 分区信息 */
0x00000000-0x00100000 : "Bootloader"
0x00100000-0x00400000 : "Kernel"
0x00400000-0x01000000 : "Jffs2"
0x01000000-0x10000000 : "yaffs2"
/* yaffs 根文件系统挂载信息 */
yaffs: dev is 32505859 name is "mtdblock3" rw    //可读写
```

第 6 章 构建嵌入式 Linux 内核

```
yaffs: passed flags ""    //跳过我们写入的第一个名称为""的块
VFS: Mounted root (yaffs2 filesystem).    //通过内核的read_super创建yaffs系统对象,
并挂载到根目录下
Freeing init memory: 116K    //释放空间
init started: BusyBox v1.13.3 (2012-05-03 20:22:00 CST)
starting pid 733, tty '': '/etc/init.d/rcS'
eth0: link down
eth0: link up, 100Mbps, full-duplex, lpa 0xCDE1
Please press Enter to activate this console.
starting pid 739, tty '/dev/s3c2410_serial0': '/bin/sh'
/* 以下能够执行命令,说明 yaffs 文件系统挂载成功 */
# ls
bin         lib         mnt         sbin        usr
dev         linuxrc     opt         sys
```

6.9 网卡设备的移植——DM9000

6.9.1 内核中网卡的移植方法

目前嵌入式市场上使用最多的网卡芯片有两种:CS8900 和 DM9000。内核代码中还有其他种类的网卡驱动,非常齐全,基本上根据网卡芯片从内核代码中找到对应的驱动,并做出少量的修改就能够驱动网卡了。

假设去写一个网卡驱动,那么我们需要知道两方面的知识:

(1)网卡使用的硬件资源。只有知道了网卡使用的内存资源、I/O 资源、中断线等资源我们才可能通过这些资源来控制网卡正常工作。

(2)网卡驱动在内核中的框架结构。网卡在内核中完成数据链路层的工作,它需要完成以下的任务:

① 它需要和网络层交换数据:使用的函数是 dev_queue_xmit 和 netif_rx,发送和接收数据,这是由内核提供的。这也使得网络层根本不用关心这个数据从哪来和会发给谁,这一层我们管它叫网络协议接口层。

② 网络层给下层设备发送数据和从下层接收数据,总需要一个用于描述设备的对象用于区分和操作管理设备。net_device 用于表示一个设备实体。虽然网络层根本就不管这个设备是不是一个真实的物理实体。这层我们管它叫网络设备接口层。

③ 一个设备需要初始化、完成读写、请求中断等实际操作,那么我们需要针对一个设备完成这些功能。这一层被称为网络设备驱动层,完成对设备的真实读写管理操作,通过 hard_start_xmit 函数执行发送操作,而网卡数据的接收操作一般都使用中断触发的方式。

④ struct sk_buff 结构体。不管是哪一层都需要有一个能够存放网络数据的地方,内核使用 sk_buff 结构体来管理和存储数据。

以上两点中的内容就是移植需要具备的基础知识。到内核中找一下有没有和我们网卡类似的驱动程序,如果有,移植的功能就集中在第一点上;如果找不到也没关系,随便找一个网卡驱动,保留其中的网卡框架结构,把重心放在网络设备驱动层上面,即要完成网卡设备的读写、延迟等待、计时监测、打开、探测、关闭等功能函数,并填充到设备的 net_device 结构体中。以下以 DM9000 网卡为例做移植说明。

6.9.2　DM9000 网卡芯片特性

DM9000 是一款完全集成的和低成本的芯片,具有快速以太网 MAC 控制器与通用的处理接口,带有 10/100M 自适应的物理层和 4K DWORD 的 SRAM。它能够在低功耗和高性能的处理器中发挥特性。

DM9000 的特性如下:
- 处理器可以对其内部存储器进行字节/字/双字的数据读写操作;
- 集成 10/100M 自适应收发器;
- 支持思科提供的 MII 和 RMII 为 10M/100M 的介质无关总线接口;
- 支持背压模式半双工流量控制模式;
- IEEE 802.3x 流量控制的全双工模式;
- 支持唤醒帧,链路状态改变和远程的唤醒;
- 集成了 4K 双字 SRAM;
- 支持自动加载 EEPROM 里面生产商 ID 和产品 ID;
- 支持 4 个通用的输入输出 GPIO 管脚;
- 超低功耗模式;
- 功率降低模式;
- 电源故障模式;
- 可选择 1∶1 YL18-2050S,YT37-1107S 或 5∶4 变压比例的变压器降低格外功率;
- 兼容 3.3 V 和 5.0 V 输入输出电压;
- 100 脚 CMOS LQFP 封装工艺。

6.9.3　DM9000 网卡移植过程

为了移植 DM9000,我们已经在 Linux 内核源码中找到了一个相似的代码 dm9000x.c,位于 drivers/net 目录下。但是发现它和使用的开发板的资源不一致,所以需要去找一下我们的 dm9000 和 CPU 的连线,以确定使用的资源,再把这些资源填充到网络设备驱动层的代码中。这需要查看你的开发板的原理图,找到网卡和 CPU 的连接图。图 6-15 是作者的开发板和 CPU 的连接图。

第6章 构建嵌入式Linux内核

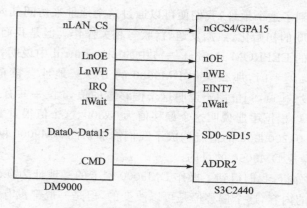

图6-15 DM9000 与 CPU 连线图

由图6-15便能够得到DM9000所使用的内存I/O及中断资源,我们也是通过这些资源来操作DM9000工作的,其中:

nLAN_CS:DM9000网卡是直接连接到内存地址总线上的,由S3C2440芯片手册可知DM9000的访问基地址为CS4,通过图6-16可确定这个地址的值为0x2000000。

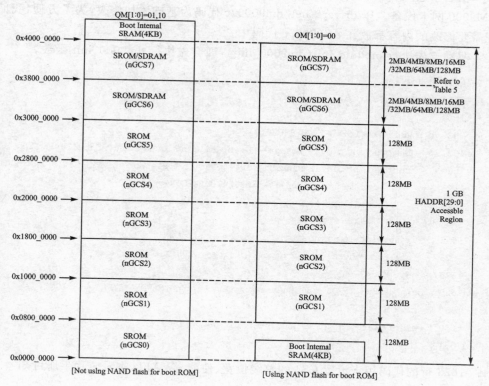

图6-16 S3C2440 内存映射表

既然已经找到了这个地址,我们便可以通过这个地址来访问其内部的寄存器,从而达到对 DM9000 的初始化、数据发送、接收等相关操作。但是我们看到在 DM9000 网卡芯片手册中的 EEPROM Fotmat 一节中的 pin control 中说明,当 EEPROM 的自动控制字的[5:4]=01,那么操作 DM9000 的 I/O 基地址会被重新配置。EEPROM 中的 6 字段的[11:9]位用于说明这个偏移量的值,3 位一共有 8 种可能。由于默认值是 000,所以根据手册说明这个偏移值为 0x300,这个值很重要,因为[11:9]位的偏移值再加上 0x2000000 的值就构成了我们能够访问 DM9000 网卡内部的 IO 基础器,从而达到操控 DM9000 的目的。

基于上面的分析,我们得到了操作 DM9000 网卡的基地址为 0x2000300,通过修改该 EEPROM 的内容,这个偏移值是可以改变的,但是一般都没有这个必要。

SD0~SD15 说明总线位宽为 16 位,

nWait 是等待忙引脚,当上一指令没有结束,该引脚会被拉低表示当前指令需要等待。

IRQ 说明 DM9000 网卡连接到了 CPU 的中断引脚 EINT7 引脚上,低电平有效。

明白了这些资源的作用,接下来把它们填充到驱动适合的位置,以正确驱动 DM9000 网卡设备。以 drivers/net/dm9000.c 代码为基础添加修改,为了方便,我们把需要修改的内容都放在 dm9000.c 代码中。

驱动首先执行 module_init(dm9000_init),即会先执行 dm9000_init 函数。

```
1617 static int __init
1618 dm9000_init(void)
1619 {
1620 # if defined(CONFIG_ARCH_S3C2410)
1621     unsigned int oldval_bwscon = *(volatile unsigned int *)S3C2410_BWSCON;
1622     unsigned int oldval_bankcon4 = *(volatile unsigned int *)S3C2410_BANKCON4;
1623     *((volatile unsigned int *)S3C2410_BWSCON) =
1624         (oldval_bwscon & ~(3<<16)) | S3C2410_BWSCON_DW4_16 | S3C2410_BWSCON_WS4 | S3C2410_BWSCON_ST4;
1625     *((volatile unsigned int *)S3C2410_BANKCON4) = 0x1f7c;
1626     platform_add_devices(network_devices, ARRAY_SIZE(network_devices));
1627 # endif
1628   printk(KERN_INFO " % s Ethernet Driver,V % s\n",CARDNAME,DRV_VERSION);
1629
1630   return platform_driver_register(&dm9000_driver);
1631 }
```

1623 行的代码用于设置 CS4 的总线位宽、使能 nWAIT,查看芯片手册可知:

ST4	[19]	Detemines SRAM for using UB/LB for bank 4 0 = Not using UB/LB (The pins are dedicated nWBE[3:0]) 1 = Using UB/LB (The pins are dedicated nBE[3:0])	
WS4	[18]	Determines WAIT status for bank 4 0 = WAIT disable 1 = WAIT enable	
DW4	[17:16]	Determine data bus width for bank 4 00 = 8-bit 01 = 16-bit 10 = 32-bit 11 = reserved	

1625 行用于设置 CS4 的时序,包括 Tacs(CS4 选中前的地址建立时间)、Tcos(nOE 读使能信号在有效前还需要一个芯片选中建立时间),还有其他一些时序,我们也可以通过 S3C2440 的芯片手册来查看。图 6-17 为 CS4 的时序图,表 6-6 是这些时序的设置寄存器的参考表。正确设置了 CS4 的工作时序,挂在 CS4 上的 DM9000 网卡才能被正常地访问。

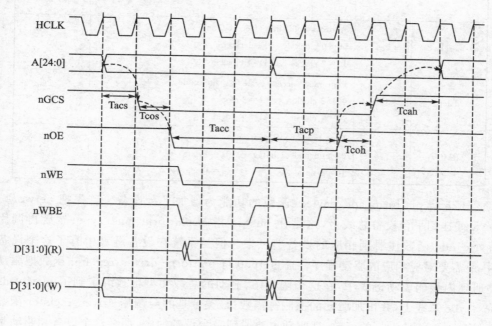

图 6-17 CS4 时序图表

表 6-6 CS4 时序时间设置表

BANKCONn	bit	Description	Initial State
Tacs	[14:13]	Address set-up time before nGCSn 00 = 0 clock 01 = 1 clock 10 = 2 clocks 11 = 4 clocks	00

续表 6-6

BANKCONn	bit	Description	Initial State
Tcos	[12:11]	Chip selection set-up time before nOE 00=0 clock 01=1 clock 10=2 clocks 11=4 clocks	00
Tacc	[10:8]	Access cycle 000=1 clock 001=2 clocks 010=3 clocks 011=4 clocks 100=6 clock 101=8 clocks 110=10 clocks 111=14 clocks Note: When nWAIT signal is used, Tacc≥4 clocks.	111
Tcoh	[7:6]	Chip selection hold time after nOE 00=0 clock 01=1 clock 10=2 clocks 11=4 clocks	000
Tcah	[5:4]	Address hold time after nGGSn 00=0 clock 01=1 clock 10=2 clocks 11=4 clocks	00
Tacp	[3:2]	Page mode access cycle @ page mode 00=2 clocks 01=3 clocks 10=4 clocks 11=6 clocks	00
PMC	[1:0]	Page mode configuration 00=normal (1 data) 01=4 data 10=8 data 11=16 data	00

1626 行 platform_add_devices 函数的功能为增加平台设备。首先把 network_devices 挂到平台设备总线上，这是让 bus_id 指向 platform_bus_type；然后再调用 device_add 函数注册到相应的设备节点中。但是系统在设备链表中有了这个设备后，还需要对应相应的驱动程序。通过 1630 行 platform_driver_register 函数把驱动注册到内核的驱动链表中，在这个函数中，驱动的总线类型也被绑定到了 platform_bus_type 总线上，并增加驱动的探测等函数；最关键是的会调用 driver_register 函数中的 bus_add_driver 的函数，把驱动也注册到平台设备的中，那么这个设备和驱动是怎样联系起来的呢？我们把设备注册和驱动注册函数拿出来再看一下。

```
static struct platform_device my2440_device_eth = {
    .name           = "mydm9000",
    .id             = -1,
    .num_resources  = ARRAY_SIZE(mini2440_dm9k_resource),
    .resource       = my2440_dm9k_resource,
    .dev            = {
        .platform_data  = &my2440_dm9k_pdata,
```

第6章　构建嵌入式 Linux 内核

```
    },
};
static struct platform_device *network_devices[] = {
    &my2440_device_eth,
};
static struct platform_driver dm9000_driver = {
    .driver    = {
        .name  = "mydm9000",
        .owner = THIS_MODULE,
    },
    .probe     = dm9000_probe,
    .remove    = __devexit_p(dm9000_drv_remove),
};
platform_add_devices(network_devices, ARRAY_SIZE(network_devices));
platform_driver_register(&dm9000_driver);
```

看最后两行，分别为设备和驱动注册；传递的参数类型分别是 platform_device 和 platform_driver，一个用于表示平台设备，一个用于表示平台驱动；最后总线在初始化的时候会调用 bus_type.match 函数进行匹配。

接下来就来看下 dm9000 设备资源是如何添加的：

```
static struct resource s3c_dm9k_resource[] = {
    [0] = {
        .start = MACH_MY2440_DM9K_BASE,
        .end   = MACH_MY2440_DM9K_BASE + 3,
        .flags = IORESOURCE_MEM
    },
    [1] = {
        .start = MACH_MY2440_DM9K_BASE + 4,
        .end   = MACH_MY2440_DM9K_BASE + 7,
        .flags = IORESOURCE_MEM
    },
    [2] = {
        .start = IRQ_EINT7,
        .end   = IRQ_EINT7,
        .flags = IORESOURCE_IRQ | IORESOURCE_IRQ_HIGHEDGE,
    }
};
```

以上数组说明 dm9000 使用了 3 个资源，数组 0 使用的是 IORESOURCE_MEM 内存资源。当 ADDR2 等于 0 的时候，使用 MACH_MY2440_DM9K_BASE 这个发送地址，这个值的内容为（S3C2410_CS4 ＋ 0x300），即 0x2000300；同理当 ADDR2

等于1的时候,为高电平;传输数据时使用这个地址 MACH_MY2440_DM9K_BASE
+4。IRQ_EINT7 表示 dm9000 网卡使用的中断线,触发方式为 IORESOURCE_
IRQ_HIGHEDGE,为上升沿触发。

```
static struct dm9000_plat_data s3c_dm9k_platdata = {
        .flags = (DM9000_PLATF_16BITONLY | DM9000_PLATF_NO_EEPROM),
};
/* dm9000 使用的资源名称等信息 */
static struct platform_device s3c_dm9k_device = {
        .name           = "mydm9000",
        .id             = -1,
        .num_resources  = ARRAY_SIZE(s3c_dm9k_resource),
        .resource       = s3c_dm9k_resource,
        .dev            = {
                .platform_data = &s3c_dm9k_platdata,
        },
};
/* network_devices 被 platform_add_devices 函数注册到平台设备中 */
static struct platform_device * network_devices[] = {
    &s3c_dm9k_device,
};
```

s3c_dm9k_platdata 表示 dm9000 使用 16 位模式传输数据;s3c_dm9k_device 变量描述了 dm9000 网卡的名称,使用资源的大小和类型;最后通过 network_devices 数组,把 dm9000 使用的资源信息 s3c_dm9k_device 提交给系统;通过 platform_add_devices 函数注册平台设备。

dm9000_init 之后就是 dm9000_probe 函数,这个函数会初始化 dm9000 网卡设备,并填充网络设备驱动层的功能函数,并使能 dm9000 设备。因为这个函数要确定使用的资源,所以我们来看一下是如何为 dm9000 使用资源的。

首先先获取资源,dm9000_probe 函数中通过 platform_get_resource 函数获得 platform_devices 中的 s3c_dm9k_resource 资源:

```
435 db->addr_res = platform_get_resource(pdev, IORESOURCE_MEM, 0);
436 db->data_res = platform_get_resource(pdev, IORESOURCE_MEM, 1);
437 db->irq_res  = platform_get_resource(pdev, IORESOURCE_IRQ, 0);
```

这样,我们就可以通过 db->addr_res 对 dm9000 网卡写地址,通过 db->data_res 读写数据,使用 db->irq_res 来申请控制中断引脚。

dm9000 网卡在使用前还需要重新启动一下,所以调用 dm9000_reset(db)函数:

```
dm9000_reset(board_info_t * db)
{
```

第 6 章 构建嵌入式 Linux 内核

```
        PRINTK1("dm9000x: resetting\n");
        /* RESET device */
        writeb(DM9000_NCR, db->io_addr);
        udelay(200);
        writeb(NCR_RST, db->io_data);
        udelay(200);
}
```

这个函数向 db->io_addr 写入 DM9000_NCR，并向 db->io_data 写入 NCR_RST，目的是复位 dm9000，其中要延迟 10 μs 以上，以使得 dm9000 网卡复位。

可能看到这，会奇怪 DM9000_NCR 和 NCR_RST 分别代表什么意思，为什么写入这些值就可以复位了，那么我们在下面列出 dm9000 内部的寄存器就会明白了。其实这个函数不是需要移植的内容，只是为了引出对 dm9000 内部寄存器的操作而拿出来做代表说明，后面代码中遇到便不再说明。我们可以通过 dm9000 网卡芯片手册查看到，这些资料全部放在了光盘的 material 目录中。DM9000_NCR 的宏定义为 0x00，代表访问内部寄存器 DM9000_NCR。因为这个寄存器的 0 位拉高为软件复位，所以往 db->io_data 写入 NCR_RST(值为 1<<0)，相当于设置 0 位的电平为高，使得 dm9000 芯片复位，这也会导致 dm9000 网卡中的内部寄存器的值复位。

需要强调说明的是，db->io_addr 的值其实就是 0x2000300，db->io_data 的值其实就是 0x2000304，为什么是这个值呢？因为通过图 6-15 的 DM9000 与 CPU 连线图，CMD 引脚是接在 CPU 的 ADDR2 上面的，当写地址时，CMD 引脚拉低，所以，地址为 0x2000300，没有改变；当写数据时，CMD 引脚拉高，对应的 ADDR2 的值就为 1。ADDR[2:0]=100，100 的十六进制为 0x4，所以读写数据时的地址为 0x2000304。

dm9000_probe 函数还会填充驱动的功能函数，由于内部寄存器的操作是一样的，所以便没有需要改的地方，代码如下：

```
        ether_setup(ndev);

        ndev->open              = &dm9000_open;
        ndev->hard_start_xmit   = &dm9000_start_xmit;
        ndev->tx_timeout        = &dm9000_timeout;
        ndev->watchdog_timeo    = msecs_to_jiffies(watchdog);
        ndev->stop              = &dm9000_stop;
        ndev->get_stats         = &dm9000_get_stats;
        ndev->set_multicast_list = &dm9000_hash_table;
```

那么中断资源是在哪使用的呢？当然是使用网卡设备的时候再使用中断资源，所以我们可以在 dm9000_open 函数中看到中断资源的注册：

```
        request_irq(dev->irq, &dm9000_interrupt, IRQF_SHARED, dev->name, dev)
```

dev->irq 代表中断号,已经从我们设置的资源结构体中获得,dm9000_interrupt 为中断处理函数。当中断发生时,说明网卡中有数据,从 iodata(0x2000304)中读出数据,并且调用 netif_rx 函数,把数据放到 sk_buff 中并发送给上层。

6.9.4 配置内核支持 DM9000 网卡驱动

增加配置选项:打开 drivers/net/Kconfig 文件,在 878 行添加 DM9000 网卡的支持:

```
config MYDM9000
        tristate "MYDM9000 support"
        depends on (ARM || MIPS) && NET_ETHERNET
        select CRC32
        select MII
        ---help---
          Support for DM9000AEP chipset.


          To compile this driver as a module, choose M here and read
          <file:Documentation/networking/net-modules.txt>.   The module will be
          called dm9000.
```

修改 drivers/net/Makefile,添加 mydm9000.c 的编译:

```
obj-$(CONFIG_MYDM9000) + = mydm9000.o
```

mydm9000.c 和 mydm9000.h 文件在光盘的\work\system 目录下,复制到 drivers/net 目录下。

内核根目录下执行命令"make menuconfig",按照图 6-18 和图 6-19 做选择。

```
[*] Network device support
< >     Dummy net driver support
< >     Bonding driver support
< >     EQL (serial line load balancing) support
< >     Universal TUN/TAP device driver support
< >     PHY Device support and infrastructure  --->
        Ethernet (10 or 100Mbit)  --->
[ ]     Ethernet (1000 Mbit)  --->
[ ]     Ethernet (10000 Mbit)  --->
        Wireless LAN  --->
        USB Network Adapters  --->
[ ]     Wan interfaces support  --->
< >     PLIP (parallel port) support
< >     PPP (point-to-point protocol) support
```

图 6-18   10/100M 网卡选择

第 6 章 构建嵌入式 Linux 内核

```
[*] Ethernet (10 or 100Mbit)
---   Generic Media Independent Interface device support
< >   SMC 91C9x/91C1xxx support
< >   DM9000 support
<*>   MYDM9000 support
[ ]   Pocket and portable adapters
```

图 6-19　支持 DM9000 网卡设备

6.9.5　测试 DM9000 网卡设备工作状态

重新编译内核，把得到的 uImage 文件烧写到 Nand Flash 中，或是使用引导程序的 nfs 命令，通过网络下载主机上刚编译好的 uImage 内核以及根文件系统。

假设 uImage 文件编译路径为：/work/system/linux-2.6.22.6/arch/arm/boot/uImage。

根文件系统在主机的目录为：/work/rootfs/yaffs2_rootfs。

我们可以通过设置 U-Boot 的两个变量达到远程挂载的目的，避免频繁烧写对 Nand Flash 造成的损伤。

(命令 1)setenv bootargs noinitrd root = /dev/nfs console = ttySAC0,115200 nfsroot = 192.168.1.11:/work/rootfs/yaffs2_rootfs ip = 192.168.1.222:192.168.1.11:192.168.1.222:255.255.255.0:my2440:eth0:off

(命令 2)setenv bootcmd 'nfs 0x32000000 192.168.1.11:/work/system/linux-2.6.22.6/arch/arm/boot/uImage;bootm 0x32000000'

上面的 192.168.1.11 是我们编译内核的主机，192.168.1.222 是我们的开发板的 ip，启动开发板，进入根文件系统，执行 ifconfig 和 ping 命令，显示以下内容说明移植成功。

```
# ifconfig
eth0      Link encap:Ethernet  HWaddr 08:90:90:90:90:90
          inet addr:192.168.1.222  Bcast:192.168.1.255  Mask:255.255.255.0
          UP BROADCAST RUNNING MULTICAST  MTU:1500  Metric:1
          RX packets:151 errors:0 dropped:0 overruns:0 frame:0
          TX packets:17 errors:0 dropped:0 overruns:0 carrier:0
          collisions:0 txqueuelen:1000
          RX bytes:20344 (19.8 KiB)  TX bytes:1658 (1.6 KiB)
          Interrupt:51 Base address:0xe300

# ping 192.168.1.11
PING 192.168.1.11 (192.168.1.11): 56 data bytes
64 bytes from 192.168.1.11: seq = 0 ttl = 64 time = 2.569 ms
```

6.10 显示设备 LCD 的移植

6.10.1 显示屏简介

目前用于嵌入式领域的显示屏有 STN、TFT、TFD、UFB、OLED、ASV 等几种。

STN(Super Twisted Nematic)：又名超扭曲向列型液晶显示屏。在传统单色液晶显示器上加入了彩色滤光片，并将单色显示矩阵中的每一像素分成 3 个像素，分别通过彩色滤光片显示红、绿、蓝三原色。STN 屏幕属于反射式 LCD，它的好处是功耗小，但在比较暗的环境中清晰度较差。

TFT(Thin Film Transistor)即薄膜场效应晶体管，指液晶显示器上的每一液晶像素点都是由集成在其后的薄膜晶体管来驱动。TFT 属于有源矩阵液晶显示器中的一种。TFT 有反应时间快、可视角度大的优点，被用在中高端嵌入式的产品中。

TFD(Thin Film Diode)屏幕，又称为薄膜二极管半透式液晶显示屏。优点是无背光提供清晰的画面、低功耗、高画质、反应速度快等，比 TFT 屏省电。

UFB LCD 属于液晶显示屏，特点是超薄、高亮、轻薄。能够显示 65 536 种色彩，分辨率比较低，为 128×160，耗电小。

OLED(Organic Light Emitting Display)即有机发光显示器。OLED 不需要背光灯，使用有机材料涂制作而成，电流从中通过时，材料自动发光。OLED 的优点在于轻薄、省电、可视角大，但是在显示效果上并不是太好。

ASV(Advanced Super View)技术是 SHARP 公司提出的高清方案，通过缩小液晶面板上颗粒之间的间距，增大液晶颗粒上光圈，并整体调整液晶颗粒的排布，全面提高了液晶屏幕的可视角度、液晶颗粒的反应时间、色彩对比度和屏幕亮度。

STN 是早期彩屏的主要器件，最初只能显示 256 色，虽然经过技术改造可以显示 4 096 色甚至 65 536 色，不过现在一般的 STN 仍然是 256 色的，其优点是价格低、能耗小。

按照显示效果的好坏依次为 ASV、TFT、OLED、TFD、UFB、STN、CSTN。

6.10.2 2440LCD 控制器

由 S3C2440 的芯片手册说明，其内部的 LCD 控制器支持 256 色的彩色 LCD、4 096 色的 STN LCD，支持 1 位/像素、2 位/像素、4 位/像素、8 位/像素的调色 TFT 彩色 LCD 面板连接和 16 位/像素、24 位/像素的无调色真彩显示。

LCD 控制器可以编程以支持不同的水平和垂直像素、数据接口、数据线宽度、接口时序和刷新频率的需要。其所支持的 STN 和 TFT LCD 的特性如下：

STN LCD 显示：

- 支持 3 种类型的 LCD 面板：4 位双扫描、4 位单扫描和 8 位单扫描显示类型。

第 6 章　构建嵌入式 Linux 内核

- 支持单色、4 阶灰度和 16 阶灰度。
- 支持 256 色和 4 096 色的彩色 STN LCD 面板。
- 支持多种屏幕尺寸。
- 典型实际屏幕尺寸:640×480、320×240、160×160 等。
- 最大虚拟屏幕尺寸为 4 MB。
- 256 色模式最大虚拟屏幕尺寸:4096×1024、2048×2048、1024×4096 等。

TFT LCD 显示:
- 支持 TFT 的 1 bpp、2 bpp、4 bpp、8 bpp(位/像素)调色显示。
- 支持彩色 TFT 的 16 bpp、24 bpp 无调色显示。
- 支持 24 bpp 模式下最大 16M 色 TFT。
- 支持多种屏幕尺寸。
- 典型实际屏幕尺寸:640×480、320×240、160×160 等。
- 最大虚拟屏幕尺寸为 4 MB。
- 64K 色模式最大虚拟屏幕尺寸:2048×1024 等。

LCD 控制器还提供通用的资源:
- LCD 控制器有一个专用 DMA。
- 专用中断功能(INT_FrSyn 和 INT_FiCnt)。
- 使用系统存储器作为显存。
- 支持多种虚拟屏(支持硬件水平/垂直滚动)。
- 可编程不同显示面板的时序控制。
- 支持大/小端字节顺序,和 WinCE 数据格式一样。
- 支持 2 种类型 SEC TFT LCD 面板。

各种屏幕的分辨率、屏幕刷新率、控制时序本来就是杂乱无章,需要通过 LCD 生产厂商提供的芯片手册来调整寄存器的设置,利用 S3C2440 的这些特性,外接不同种类的 TFT 屏成为可能。在后面的移植过程中,会选择一个 LCD 类型来讲解移植过程中如何使用到这些特性来配置 LCD 驱动。

为了进一步了解 LCD 控制器的功能,通过图 6-20 认识一下 LCD 控制器的内部结构。

由图我们看得出通过系统总线,LCD 控制器内部的寄存器组(REGBANK)和 LCD 专属 DMA 通道与系统(CPU 和内存)相连。REGBANK 寄存器组一共有 17 个可编程寄存器和 256*16 个调色存储器。DMA 可以自动把帧存储器的数据放到 LCD 驱动器上传输视频数据,而不需要 CPU 的干预。VIDPRCS 接收来自 LCD-DMA 的视频数据,并将其转换为适当的格式后通过 VD[23:0]发送到 LCD 驱动器上显示。例如 4/8 位信号扫描或 4 位双扫描显示模式,TIMEGEN 配合可编程组产生适应各种 LCD 的 VFRAME、VLINE、VCLK、VM 等时序。

以 ZQ3506_V0 TFT 显示屏来作为移植的 LCD 设备,它与 S3C2440 的连线如

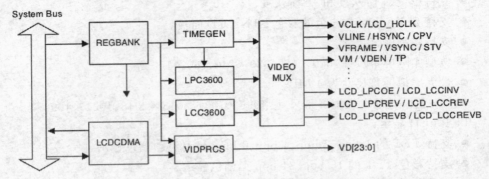

图 6-20 LCD 控制器内部结构

图 6-21 所示。

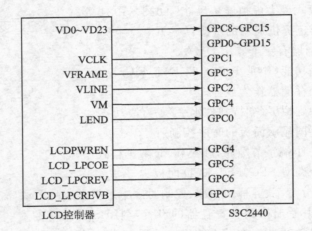

图 6-21 LCD 控制器与 S3C2440 硬件连线图

VD0~VD23：LCD 的数据总线。

VCLK：LCD 的时钟信号。

VFRAME：LCD 的帧信号。

VLINE：LCD 的行信号。

VM：行和列交替的电平信号。

LEND：线路结束信号。

LCDPWREN：LCD 电源使能控制信号。

LCD_LPCOE：TFT LCD 的时序控制信号。

LCD_LPCREV：TFT LCD 的时序控制信号。

LCD_LPCREVB：TFT LCD 的时序控制信号。

第 6 章 构建嵌入式 Linux 内核

LCD 控制器的控制寄存器在源码中的定义放在 include/asm-arm/arch-s3c2410/regs-lcd.h 中,如下所示:

```
#define S3C2410_LCDREG(x) ((x) + S3C24XX_VA_LCD)

/* LCD 的控制寄存器,功能都不相同,具体可参考 S3C2440 的 LCD 控制器查看 */
#define S3C2410_LCDCON1         S3C2410_LCDREG(0x00)
#define S3C2410_LCDCON2         S3C2410_LCDREG(0x04)
#define S3C2410_LCDCON3         S3C2410_LCDREG(0x08)
#define S3C2410_LCDCON4         S3C2410_LCDREG(0x0C)
#define S3C2410_LCDCON5         S3C2410_LCDREG(0x10)

/* LCD 控制器 1 的各功能位,其中 CLKVAL 比较重要,用于设置 LCD 的时钟频率 */
#define S3C2410_LCDCON1_CLKVAL(x)   ((x) << 8)
#define S3C2410_LCDCON1_MMODE       (1<<7)
#define S3C2410_LCDCON1_DSCAN4      (0<<5)
#define S3C2410_LCDCON1_STN4        (1<<5)
#define S3C2410_LCDCON1_STN8        (2<<5)
#define S3C2410_LCDCON1_TFT         (3<<5)

#define S3C2410_LCDCON1_STN1BPP     (0<<1)
#define S3C2410_LCDCON1_STN2GREY    (1<<1)
#define S3C2410_LCDCON1_STN4GREY    (2<<1)
#define S3C2410_LCDCON1_STN8BPP     (3<<1)
#define S3C2410_LCDCON1_STN12BPP    (4<<1)

#define S3C2410_LCDCON1_TFT1BPP     (8<<1)
#define S3C2410_LCDCON1_TFT2BPP     (9<<1)
#define S3C2410_LCDCON1_TFT4BPP     (10<<1)
#define S3C2410_LCDCON1_TFT8BPP     (11<<1)
#define S3C2410_LCDCON1_TFT16BPP    (12<<1)
#define S3C2410_LCDCON1_TFT24BPP    (13<<1)

#define S3C2410_LCDCON1_ENVID       (1)

#define S3C2410_LCDCON1_MODEMASK    0x1E

/* LCD 控制器 2 的各功能位,针对 TFT LCD 的垂直同步控制 */
#define S3C2410_LCDCON2_VBPD(x)     ((x)<<24)
#define S3C2410_LCDCON2_LINEVAL(x)  ((x)<<14)
#define S3C2410_LCDCON2_VFPD(x)     ((x)<<6)
#define S3C2410_LCDCON2_VSPW(x)     ((x)<<0)
```

```c
#define S3C2410_LCDCON2_GET_VBPD(x)  (((x) >> 24) & 0xFF)
#define S3C2410_LCDCON2_GET_VFPD(x)  (((x) >>  6) & 0xFF)
#define S3C2410_LCDCON2_GET_VSPW(x)  (((x) >>  0) & 0x3F)

/* LCD 控制器 3 的各功能位,主要用于计算行延迟 */
#define S3C2410_LCDCON3_HBPD(x)       ((x)<<19)
#define S3C2410_LCDCON3_WDLY(x)       ((x)<<19)
#define S3C2410_LCDCON3_HOZVAL(x)     ((x)<<8)
#define S3C2410_LCDCON3_HFPD(x)       ((x)<<0)
#define S3C2410_LCDCON3_LINEBLANK(x)  ((x)<<0)

#define S3C2410_LCDCON3_GET_HBPD(x)  (((x)>>19) & 0x7F)
#define S3C2410_LCDCON3_GET_HFPD(x)  (((x)>> 0) & 0xFF)

/* LCD 控制器 4 的各功能位,分别和 STN 和 TFT 屏的 VM、HSYNC、VLINE 有关 */
#define S3C2410_LCDCON4_MVAL(x)       ((x) << 8)
#define S3C2410_LCDCON4_HSPW(x)       ((x) << 0)
#define S3C2410_LCDCON4_WLH(x)        ((x) << 0)

#define S3C2410_LCDCON4_GET_HSPW(x)  (((x)>>  0) & 0xFF)

/* LCD 控制器 5 的各功能位,功能为读写 LCD 控制器的垂直、水平等信号状态等 */
#define S3C2410_LCDCON5_BPP24BL       (1<<12)
#define S3C2410_LCDCON5_FRM565        (1<<11)
#define S3C2410_LCDCON5_INVVCLK       (1<<10)
#define S3C2410_LCDCON5_INVVLINE      (1<<9)
#define S3C2410_LCDCON5_INVVFRAME     (1<<8)
#define S3C2410_LCDCON5_INVVD         (1<<7)
#define S3C2410_LCDCON5_INVVDEN       (1<<6)
#define S3C2410_LCDCON5_INVPWREN      (1<<5)
#define S3C2410_LCDCON5_INVLEND       (1<<4)
#define S3C2410_LCDCON5_PWREN         (1<<3)
#define S3C2410_LCDCON5_ENLEND        (1<<2)
#define S3C2410_LCDCON5_BSWP          (1<<1)
#define S3C2410_LCDCON5_HWSWP         (1<<0)

/* 显示缓冲区的开始位置寄存器 */
#define S3C2410_LCDSADDR1    S3C2410_LCDREG(0x14)
#define S3C2410_LCDSADDR2    S3C2410_LCDREG(0x18)
#define S3C2410_LCDSADDR3    S3C2410_LCDREG(0x1C)
```

第 6 章 构建嵌入式 Linux 内核

```
#define S3C2410_LCDBANK(x)        ((x) << 21)
#define S3C2410_LCDBASEU(x)       (x)


#define S3C2410_OFFSIZE(x)        ((x) << 11)
#define S3C2410_PAGEWIDTH(x)      (x)


/* 三色表查找及调色板控制等 */

#define S3C2410_REDLUT       S3C2410_LCDREG(0x20)
#define S3C2410_GREENLUT     S3C2410_LCDREG(0x24)
#define S3C2410_BLUELUT      S3C2410_LCDREG(0x28)


#define S3C2410_DITHMODES3C2410_LCDREG(0x4C)
#define S3C2410_TPAL         S3C2410_LCDREG(0x50)


#define S3C2410_TPAL_EN           (1<<24)


/* 中断控制相关寄存器 */
#define S3C2410_LCDINTPND    S3C2410_LCDREG(0x54)
#define S3C2410_LCDSRCPND    S3C2410_LCDREG(0x58)
#define S3C2410_LCDINTMSK    S3C2410_LCDREG(0x5C)
#define S3C2410_LCDINT_FIWSEL     (1<<2)
#define S3C2410_LCDINT_FRSYNC     (1<<1)
#define S3C2410_LCDINT_FICNT      (1<<0)
```

6.10.3 内核中的 frame buffer 显示框架

LCD 是要走 frame buffer 框架的,所以我们还要知道 fb 层是如何工作的,以便更好地移植 LCD 驱动程序。

首先一般情况下显示设备的设备名为/dev/fb0,也可以制定自己的帧缓冲设备,用户层通过它连接到内核中的 fbmem.c 的 file_operations 结构体。

```
static const struct file_operations fb_fops = {
    .owner =    THIS_MODULE,
    .read =     fb_read,
    .write =    fb_write,
    .ioctl =    fb_ioctl,
#ifdef CONFIG_COMPAT
    .compat_ioctl = fb_compat_ioctl,
#endif
    .mmap =     fb_mmap,
    .open =     fb_open,
```

```
    .release = fb_release,
# ifdef HAVE_ARCH_FB_UNMAPPED_AREA
    .get_unmapped_area = get_fb_unmapped_area,
# endif
# ifdef CONFIG_FB_DEFERRED_IO
    .fsync = fb_deferred_io_fsync,
# endif
};
```

这个结构体面向用户层提供了统一的操作界面,即它根本不知道操作的是哪个帧缓冲设备,这样的好处是让 fbmem.c 的 file_operations 给用户提供统一的界面,而到底使用哪一个 fb 帧缓冲设备由下层指定。

fb_info 便是这个中间层,如果定义一个自己的帧缓冲设备,需要调用 register_framebuffer 函数把你的帧缓冲设备放入 registered_fb 全局数组中,然后 fb_info 的 fbops 成员会匹配到你的帧缓冲设备,而这个 fbops 成员中的函数才是最终用于操作 LCD 硬件寄存器的。即我们要想完成对 LCD 的控制,需要填充 fbops 中的成员函数才可以。工作的重点也就是填充这些函数。

fbops 成员是一个结构体,其内容如下:

```
struct fb_ops {
    /* open/release and usage marking */
    struct module *owner;
    int (*fb_open)(struct fb_info *info, int user);
    int (*fb_release)(struct fb_info *info, int user);

    /* For framebuffers with strange non linear layouts or that do not
     * work with normal memory mapped access
     */
    ssize_t (*fb_read)(struct fb_info *info, char __user *buf,
            size_t count, loff_t *ppos);
    ssize_t (*fb_write)(struct fb_info *info, const char __user *buf,
            size_t count, loff_t *ppos);

    /* checks var and eventually tweaks it to something supported,
     * DO NOT MODIFY PAR */
    int (*fb_check_var)(struct fb_var_screeninfo *var, struct fb_info *info);

    /* set the video mode according to info->var */
    int (*fb_set_par)(struct fb_info *info);

    /* set color register */
```

```c
int (*fb_setcolreg)(unsigned regno, unsigned red, unsigned green,
        unsigned blue, unsigned transp, struct fb_info *info);

/* set color registers in batch */
int (*fb_setcmap)(struct fb_cmap *cmap, struct fb_info *info);

/* blank display */
int (*fb_blank)(int blank, struct fb_info *info);

/* pan display */
int (*fb_pan_display)(struct fb_var_screeninfo *var, struct fb_info *info);

/* Draws a rectangle */
void (*fb_fillrect) (struct fb_info *info, const struct fb_fillrect *rect);
/* Copy data from area to another */
void (*fb_copyarea) (struct fb_info *info, const struct fb_copyarea *region);
/* Draws a image to the display */
void (*fb_imageblit) (struct fb_info *info, const struct fb_image *image);

/* Draws cursor */
int (*fb_cursor) (struct fb_info *info, struct fb_cursor *cursor);

/* Rotates the display */
void (*fb_rotate)(struct fb_info *info, int angle);

/* wait for blit idle, optional */
int (*fb_sync)(struct fb_info *info);

/* perform fb specific ioctl (optional) */
int (*fb_ioctl)(struct fb_info *info, unsigned int cmd,
        unsigned long arg);

/* Handle 32bit compat ioctl (optional) */
int (*fb_compat_ioctl)(struct fb_info *info, unsigned cmd,
        unsigned long arg);

/* perform fb specific mmap */
int (*fb_mmap)(struct fb_info *info, struct vm_area_struct *vma);

/* save current hardware state */
void (*fb_save_state)(struct fb_info *info);
```

```
    /* restore saved state */
    void (*fb_restore_state)(struct fb_info *info);

    /* get capability given var */
    void (*fb_get_caps)(struct fb_info *info, struct fb_blit_caps *caps,
                struct fb_var_screeninfo *var);
};
```

我们庆幸地发现,在 drivers/video 目录下已经有了一个这样的文件,名字叫 s3c2410fb.c,所以移植的重点便是修改这个文件。打开这个文件后发现它被注册成了平台设备,那么根据前面 DM9000 平台设备的移植经验,使用同样的方法,增加 LCD 设备所使用的资源,并且根据 LCD 的特性配置时序就可以驱动我们的 LCD 显示设备了。

6.10.4 设置 LCD 在内核中的硬件资源

因为分析到此主要是想通过修改 s3c2410fb.c 文件来操作 LCD。打开这个文件可以看到,初始化 LCD 的函数 s3c2410fb_init 调用的是一个平台设备驱动的注册函数:

```
return platform_driver_register(&s3c2410fb_driver);
```

由此我们想到的 LCD 在此注册了平台设备驱动,那么肯定有一个对应的平台设备来对应这个 LCD。首先我们先看一下 s3c2410fb_driver 这个结构体的内容,再去找 LCD 平台设备。为什么要找 LCD 平台设备的结构体呢?因为你的驱动是肯定要用到设备 patform_device 中的资源的,所以我们需要"顺藤摸瓜",先看下这个设备驱动结构体的内容。

```
static struct platform_driver s3c2410fb_driver = {
    .probe      = s3c2410fb_probe,
    .remove     = s3c2410fb_remove,
    .suspend    = s3c2410fb_suspend,
    .resume     = s3c2410fb_resume,
    .driver     = {
        .name   = "s3c2410-lcd",
        .owner  = THIS_MODULE,
    },
};
```

我们看到这个结构体中描述了对 LCD 芯片的真实操作函数,"s3c2410-lcd"是这个驱动的名称。我们已经知道在驱动初始化的时候调用的是 probe 函数,这里就相当于调用了 s3c2410fb_probe 函数来初始化我们的 LCD 设备。在 DM9000 网卡驱动中已经说过,probe 函数的调用中传递的参数就是 platform_device 结构体,这个由内核负责 match 到。即 probe 函数想初始化 LCD 设备，必须有匹配的 platform_device 设备结构体。如果没有匹配到这个结构体，将需要我们自己实现它，像 DM9000 一样，把 LCD 用到的资源都放到这个设备结构体中去即可。而我们很幸运地发现在 arch/arm/plat-s3c24xx 目录下有一个叫 devs.c 的文件，这个文件的第 165 行定义了这个结构体，我们来看一下。

```
struct platform_device s3c_device_lcd = {
    .name              = "s3c2410-lcd",
    .id                = -1,
    .num_resources     = ARRAY_SIZE(s3c_lcd_resource),
    .resource          = s3c_lcd_resource,
    .dev               = {
        .dma_mask            = &s3c_device_lcd_dmamask,
        .coherent_dma_mask   = 0xffffffffUL
    }
};
```

很明显，名字也是 s3c2410-lcd，在设备注册的时候会放到平台总线的 device 链表中，这样我们上面所讲的 probe 函数就能匹配到这个结构体，使用到 resource 中的资源了。那么现在需要去看一下这个资源是否和我们的 LCD 匹配，不匹配的话就需要修改它。

```
static struct resource s3c_lcd_resource[] = {
    [0] = {
        .start = S3C24XX_PA_LCD,
        .end   = S3C24XX_PA_LCD + S3C24XX_SZ_LCD - 1,
        .flags = IORESOURCE_MEM,
    },
    [1] = {
        .start = IRQ_LCD,
        .end   = IRQ_LCD,
        .flags = IORESOURCE_IRQ,
    }
};
```

resource s3c_lcd_resource[0] 描述的是 LCD 使用的寄存器组，查看其中的 start 到 end 地址，并查看 S3C2440 芯片手册，发现正好是 LCD 控制器的地址，IRQ_LCD 资源是 LCD 的内部中断源，因此内核提供的这些资源是没有问题的。

资源设置正确后，那么就进入 LCD 的初始化。还是上面所讲到的 s3c2410fb.c 文件中的 s3c2410fb_probe 函数，这个函数不仅要完成设备的初始化，而且由于是基于 framebuffer 的，还需要把自己的信息保存到 fb_info 中，即注册成 framebuffer 设备。我们先贴出一部分代码来分析一下。

```
mach_info = pdev->dev.platform_data;
    if (mach_info = = NULL) {
        dev_err(&pdev->dev,"no platform data for lcd, cannot attach\n");
        return -EINVAL;
    }
```

这是函数一开始执行的代码,即如果 dev.platform_data 没有赋值,将出现问题。我们先说明一下 platform_data 是什么,它定义在 paltform_device->dev->platform_data 下,这里的 dev 是 device 结构体,即 platform_data 是 device 下的一个成员。看上面的代码,pdev 是 paltform_device,而里面的内容我们只是赋值了 name、resource 字段等,为什么还要需这个变量里面的内容呢?其实这是为了方便 framebuffer 框架的中间层(fb_info)能够更方便地对特定设备而开设的一个指针,我们可以通过它来操作管理一个指定的设备。其实这个变量在平台初始化的时候就已经执行过,并且赋了值,我们来看一下 mach-smdk2440.c 的代码:

```
static void __init smdk2440_machine_init(void)
{
    s3c24xx_fb_set_platdata(&smdk2440_lcd_cfg);

    platform_add_devices(smdk2440_devices, ARRAY_SIZE(smdk2440_devices));
    smdk_machine_init();
}
```

看这个函数的第一条语句,smdk2440_lcd_cfg 的地址赋值给了 platform_data。我们再来看一下 smdk2440_lcd_cfg 这个结构体的内容:

```
struct s3c2410fb_mach_info {
    unsigned char fixed_syncs;      /* do not update sync/border */
    /* LCD types */
    int         type;
    /* Screen size */
    int         width;
    int         height;
    /* Screen info */
    struct s3c2410fb_val xres;
    struct s3c2410fb_val yres;
    struct s3c2410fb_val bpp;
    /* lcd configuration registers */
    struct s3c2410fb_hw  regs;
    /* GPIOs */
    unsigned long gpcup;
```

```
        unsigned long gpcup_mask;
        unsigned long gpccon;
        unsigned long gpccon_mask;
        unsigned long gpdup;
        unsigned long gpdup_mask;
        unsigned long gpdcon;
        unsigned long gpdcon_mask;
        /* lpc3600 control register */
        unsigned long lpcsel;
};
```

type：LCD 类型，因为我的 LCD 是 TFT 类型，所以定义成了 S3C2410_LCD-CON1_TFT，这个宏的定义可以在 regs-lcd.h 中找到。

s3c2410fb_val：描述屏幕的高和宽的默认值。

s3c2410fb_hw：用于初始化 LCD 控制器，例如时钟、时序、偏移等。

lpcsel：不理会，因为它不是为我们的 LCD 设计的，而是针对特定的显示器的。

作者使用的 TFT 屏是 ZQ35(W35)的，宽高比为 320:240，再查看 ZQ35 的芯片手册，填充这个结构体中的内容不是难事。

```
static struct s3c2410fb_mach_info smdk2440_lcd_cfg __initdata = {
    .regs = {
/*
设置像素格式，LCD 类型和时钟频率，一般来说时钟频率设置不对
   会造成闪烁、类型和格式不对，可能有显示但屏幕不能操作或是无显示。
   注意的是，S3C2410_LCDCON1_CLKVAL 中值的计算公式为：
   VCLK = HCLK/((CLKVAL)*2)，VCLK 的时钟频率的推荐值。
   LCD 的芯片手册中肯定会给一个取值范围，这样就能够计算出适合的 CLKVAL。
*/
        .lcdcon1 = S3C2410_LCDCON1_TFT16BPP |
                   S3C2410_LCDCON1_TFT |
                   S3C2410_LCDCON1_CLKVAL(0x8),
/*
VBPD 和 VFPD 分别设置上下垂直对齐，即上下对齐，若发现 LCD 上下
   不能完全显示，需要修改这两个值，LINEVAL 为垂直尺寸
*/
        .lcdcon2 = S3C2410_LCDCON2_VBPD(10) |
                   S3C2410_LCDCON2_LINEVAL(239) |
                   S3C2410_LCDCON2_VFPD(5) |
                   S3C2410_LCDCON2_VSPW(1),
/*
HBPD 和 HFPD 分别为右对齐和左对齐，即显示屏幕的右端和左端，
HOZVAL 为行尺寸
```

```
        */
                .lcdcon3 = S3C2410_LCDCON3_HBPD(68) |
                          S3C2410_LCDCON3_HOZVAL(319) |
                          S3C2410_LCDCON3_HFPD(4),

                .lcdcon4 = S3C2410_LCDCON4_MVAL(13) |
                          S3C2410_LCDCON4_HSPW(5),

                .lcdcon5 = S3C2410_LCDCON5_FRM565 |
                          S3C2410_LCDCON5_INVVLINE |
                          S3C2410_LCDCON5_INVVFRAME |
                          S3C2410_LCDCON5_PWREN |
                          S3C2410_LCDCON5_HWSWP,
        },

        .gpccon =       0xaa955699,
        .gpccon_mask =  0xffc003cc,
        .gpcup =        0x0000ffff,
        .gpcup_mask =   0xffffffff,

        .gpdcon =       0xaa95aaa1,
        .gpdcon_mask =  0xffc0fff0,
        .gpdup =        0x0000faff,
        .gpdup_mask =   0xffffffff,

        //.lpcsel       =((0xCE6) & ~7) | 1<<4,
        .lpcsel         = 0x0,
        .type           = S3C2410_LCDCON1_TFT,

        .width          = 320,
        .height         = 240,

        .xres           = {
            .min        = 320,
            .max        = 320,
            .defval     = 320,
        },

        .yres           = {
            .min        = 240,
            .max        = 240,
            .defval = 240,
```

第6章　构建嵌入式 Linux 内核

```
        },
        .bpp           = {
            .min       = 16,
            .max       = 16,
            .defval    = 16,
        },
};
```

下面来解释一下 regs 的赋值，前面说过这是对 LCD 的 5 个控制器进行赋值，而且很重要。有的读者移植出来的屏幕闪、不显示、显示不正常、图像偏移都是因为这些控制器没有控制好的原因，可以对照自己的问题查看代码中贴出的注释。

probe 函数中还会调用 request_irq 来注册 LCD 中断，调用 s3c2410fb_map_video_memory 初始化显存用于用户直接对屏幕读写数据，最后，调用函数 register_framebuffer 把我们的 LCD 注册到 fb 中。

6.10.5　增加各种 LCD 设备类型的支持

由以上代码的分析我们不难发现，对增加的 LCD，最主要的就是修改 smdk2440_lcd_cfg。因为每种 LCD 的类型、屏幕的高和宽、时钟频率、操作时序都会不同，这些操作都是放在 LCD 控制器的 LCDCON1～LCDCON5 中完成的。根据不同的 LCD，修改这个结构体中的内容即可。

由于 W35 是 320×240 的屏幕，而多数开发板使用的屏幕为 240×320，以下以 T35 LCD 为例说明在移植的过程中，需要修改的内容。打开 arch/arm/mach-s3c2440/mach-smdk2440.c 文件，去除以前定义的 smdk2440_lcd_cfg 变量，在 106 行新增以下代码：

```
#if defined(CONFIG_W35_LCD)
static struct s3c2410fb_mach_info smdk2440_lcd_cfg __initdata = {
    .regs = {
        .lcdcon1 = S3C2410_LCDCON1_TFT16BPP |
                   S3C2410_LCDCON1_TFT |
                   S3C2410_LCDCON1_CLKVAL(0x8),
        .lcdcon2 = S3C2410_LCDCON2_VBPD(10) |
                   S3C2410_LCDCON2_LINEVAL(239) |
                   S3C2410_LCDCON2_VFPD(4) |
                   S3C2410_LCDCON2_VSPW(1),
        .lcdcon3 = S3C2410_LCDCON3_HBPD(68) |
                   S3C2410_LCDCON3_HOZVAL(319) |
                   S3C2410_LCDCON3_HFPD(4),
        .lcdcon4 = S3C2410_LCDCON4_MVAL(13) |
                   S3C2410_LCDCON4_HSPW(5),
```

```c
        .lcdcon5 = S3C2410_LCDCON5_FRM565 |
                   S3C2410_LCDCON5_INVVLINE |
                   S3C2410_LCDCON5_INVVFRAME |
                   S3C2410_LCDCON5_PWREN |
                   S3C2410_LCDCON5_HWSWP,
    },
    .gpccon       = 0xaa955699,
    .gpccon_mask  = 0xffc003cc,
    .gpcup        = 0x0000ffff,
    .gpcup_mask   = 0xffffffff,
    .gpdcon       = 0xaa95aaa1,
    .gpdcon_mask  = 0xffc0fff0,
    .gpdup        = 0x0000faff,
    .gpdup_mask   = 0xffffffff,
    .lpcsel       = 0x0,
    .type         = S3C2410_LCDCON1_TFT,
    .width        = 320,
    .height       = 240,
    .xres         = {
        .min      = 320,
        .max      = 320,
        .defval   = 320,
    },
    .yres         = {
        .min      = 240,
        .max      = 240,
        .defval   = 240,
    },
    .bpp          = {
        .min = 16,
        .max = 16,
        .defval = 16,
    },
};
#elif defined(CONFIG_T35_LCD)
static struct s3c2410fb_mach_info smdk2440_lcd_cfg __initdata = {
    .regs     = {
        .lcdcon1 = S3C2410_LCDCON1_TFT16BPP |
                   S3C2410_LCDCON1_TFT |
                   S3C2410_LCDCON1_CLKVAL(0x8),
        .lcdcon2 = S3C2410_LCDCON2_VBPD(2) |
                   S3C2410_LCDCON2_LINEVAL(239) |
```

```c
                    S3C2410_LCDCON2_VFPD(5) |
                    S3C2410_LCDCON2_VSPW(1),
        .lcdcon3 =  S3C2410_LCDCON3_HBPD(26) |
                    S3C2410_LCDCON3_HOZVAL(319) |
                    S3C2410_LCDCON3_HFPD(1),
        .lcdcon4 =  S3C2410_LCDCON4_MVAL(13) |
                    S3C2410_LCDCON4_HSPW(5),
        .lcdcon5 =  S3C2410_LCDCON5_FRM565 |
                    S3C2410_LCDCON5_INVVLINE |
                    S3C2410_LCDCON5_INVVFRAME |
                    S3C2410_LCDCON5_PWREN |
                    S3C2410_LCDCON5_HWSWP,
    },
    .gpccon =       0xaa955699,
    .gpccon_mask =  0xffc003cc,
    .gpcup =        0x0000ffff,
    .gpcup_mask =   0xffffffff,
    .gpdcon =       0xaa95aaa1,
    .gpdcon_mask =  0xffc0fff0,
    .gpdup =        0x0000faff,
    .gpdup_mask =   0xffffffff,
    .lpcsel     = 0x0,
    .type       = S3C2410_LCDCON1_TFT,
    .width      = 240,
    .height     = 320,
    .xres       = {
        .min    = 240,
        .max    = 240,
        .defval = 240,
    },
    .yres       = {
        .min    = 320,
        .max    = 320,
        .defval = 320,
    },
    .bpp        = {
        .min    = 16,
        .max    = 16,
        .defval = 16,
    },
};
#endif
```

我们在上面的代码中定义了两个宏，CONFIG_T35_LCD 和 CONFIG_W35_LCD，表示支持的 LCD 类型。为了方便用户配置，在 drivers/video/Kconfig 中增加图形化配置菜单的支持。

```
1766 choice
1767         prompt "LCD Select"
1768         depends on FB_S3C2410
1769         help
1770           LCD Size Select
1771
1772 config W35_LCD
1773         boolean "3.5 inch & 320x240 TFT LCD"
1774         depends on FB_S3C2410
1775         help
1776           3.5 inch & 320x240 W35 TFT LCD
1777
1778 config T35_LCD
1779         boolean "3.5 inch & 240x320 TFT LCD"
1780         depends on FB_S3C2410
1781         help
1782           3.5 inch & 240x320 T35 TFT LCD
1783
1784 endchoice
```

切换回 Linux 内核根目录，输入 make menuconfig 进入图形界面配置菜单，选择支持的 LCD 类型。

```
Device Drivers   --->
    Graphics support   --->
        LCD Select (3.5 inch & 320x240 TFT LCD)   --->
```

以上的选择是对分辨率为 320×240 的 3.5 寸屏的支持。

6.10.6　配置内核支持 LCD 平台设备驱动

在内核源码的根目录下执行命令：make menuconfig。

```
Device Drivers   --->
    Graphics support   --->
        <*> Support for frame buffer devices
        <*> S3C2410 LCD framebuffer support
        [*] Bootup logo   --->
```

选中以上的配置，执行 make uImage 重新启动开发板。

第 6 章　构建嵌入式 Linux 内核

6.10.7　测试 LCD 在开发板上的运行情况

我们准备了一个 fb 测试程序，程序的功能是在屏幕上显示同心圆。测试代码被放在了光盘的 /work/system 目录下，名字是 fbtest.c，注意 fb.h 放到同目录下。

执行交叉编译：

```
arm-linux-gcc fbtest.c -o fbtest
arm-linux-strip fbtest
```

把 fbtest 放到文件系统的任意目录下，执行命令：

```
./fbtest /dev/fb0
```

如果显示不正常，记得按照 6.10.4 小节所介绍的内容修改 smdk2440_lcd_cfg 的配置，以获得屏幕的正常显示。

6.11　修改 Linux 内核的 Logo 信息

6.11.1　Linux Logo 显示流程

Linux 内核中的 Logo 需要先提供一个 ppm（Portable Pixelmap），一种便携式文件存储格式，存储方法非常简单。文件中包含的内容为格式、宽高、图像数据，文件可以存储为 ASCII 码和二进制码格式。

1. ppm 文件格式

Linux 显示的 Logo 图形位于 drivers/video/logo 目录下，名字叫做 logo_linux_clut224.ppm，使用编辑器直接打开，可以看到其中的内容如下：

```
P3
# Standard 224-color Linux logo
80 80
255
0   0   0   0   0   0   0   0   0   0
0   0   0   0   0   0   0   0   0   0
0   0   0   0   0   0   0   0   0   0
0   0   0   0   0   0   0   0   0   0
0   0   0   0   0   0   0   0   0   0
0   0   0   0   0   0   0   0   0   0
0   0   0   0   0   0   0   0   0   0
0   0   0   0   0   0   0   0   0   0
0   0   0   0   0   0   0   0   0   0
6   6   6   6   6   6   10  10  10  10
10  10  10  6   6   6   6   6   6   6
```

不难发现，ppm 文件的存放格式如下：

第 1 行：p2/p3/p6，通常是后两种。p3 表示图像数据的存储格式为 ASCII 码，p6 为二进制码。

第 2 行：先是列数据，后是行数据，中间有 1 个空格，用 ASCII 码来表示。

第 3 行：描述像素颜色的最大颜色组成。

第 4 行开始为数据，如果是 p3 格式，则每个像素的值从 0 到颜色最大值（第 3 行）；如果是 p6 格式，分为 R、G、B 三色表示，各占 1 个字节。

需要注意，"#"为注释，且不能在第 3 行之下。

2. 图像转换

首先从 Makefile 说起，在 drivers/video/logo 目录下，会在编译的时候通过 ppm 文件生成对应的 .c 文件，其中的 Makefile 内容为：

```
1 quiet_cmd_logo = LOGO     $@
        cmd_logo = scripts/pnmtologo
2 $(obj)/%_clut224.c: $(src)/%_clut224.ppm FORCE
        $(call if_changed,logo)
```

由 scripts/pnmtologo 工具生成 logo_linux_clut224.c 文件，这个文件存放了由 ppm 文件读出的数据并转化成了 224 颜色的数据表。

3. 图像显示

图像的显示由 drivers/video/console 设备完成。在 framebuffer 完成后，会调用到 fbcon.c 文件中的 fbcon_switch 函数，这个函数最终调用 fb_show_logo 函数把上面制作好的 224 格式按照调色板写入到显存中显示。

6.11.2　使用工具制作 Logo

下载 netpbm 格式转化工具，制作 linux logo。

```
sudo apt-get install netpbm
```

光盘中也准备好了 netpbm 软件的安装包。在没有网络的情况下，把 netpbm 软件包从光盘放到 ubuntu 系统中，软件路径为"/work/system/netpbm_linuxlogo-maker.deb"，并使用下面的命令安装软件到系统中。

```
sudo dpkg -i netpbm_linuxlogomaker.deb
```

软件安装完毕，我们需要使用画图软件（很多种，随便选择），制作一个 bmp 的 Logo 图像，保存的图像大小最好与屏幕大小一样。比如制作的 Logo 图像名称为 Booklogo.bmp，则执行以下命令得到 Linux 中的 Logo 图像。

```
$ bmptoppm booklogo.bmp > temp1.ppm        //生成 ppm
$ ppmquant 224 temp1.ppm > temp2.ppm       //转换成 224 颜色
$ pnmnoraw temp2.ppm > logo.ppm            //转换成 ASCII 格式
```

把制作好的 logo.ppm 文件复制到 drivers/video/logo 目录下，重新命名为：

```
logo_linux_clut224.ppm
```

执行命令之前最好备份 Logo 目录下原有的 linux_clut224.ppm 文件。

重新编译内核，将会看到屏幕上显示出自己制作的 Logo 图像，如图 6-22 所示。

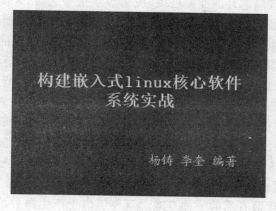

图 6-22 内核启动画面

6.11.3 去除屏幕上显示的光标

这时候显示器上面会有一个闪烁的光标，可以通过修改代码屏蔽掉。

第一种修改法：修改源代码中的 drivers/video/console/fbcon.c 文件，注释掉 fb_flashcursor 和 fbcon_cursor。

两个函数中的代码，注意并不是注释掉函数名字，因为在 drivers/video/console 中会调用这些函数，保持函数内容为空即可。

第二种修改法：打开 drivers/video/console/Makefile 文件，取消 softcursor.o 的编译。

```
# obj-$(CONFIG_FRAMEBUFFER_CONSOLE) += fbcon.o bitblit.o font.o softcursor.o
obj-$(CONFIG_FRAMEBUFFER_CONSOLE) += fbcon.o bitblit.o font.o
```

注释掉 drivers/video/console/bitblit.c 函数中对 soft_cursor 调用的代码。

重新编译内核，运行后可以看到相应的图像显示效果。

6.12　UDA1341 音频设备移植

6.12.1　数字音频处理简介

人耳能听的信号是一种模拟信号，计算机能够操作的是二进制信号，因此音频芯片一般都会内置 A/D(模拟/数字)和 D/A(数字/模拟)转换模块。一般地说，外界的模拟信号需要通过音频芯片的变换处理，成为数字信号之后，才能在计算机中处理。而计算机中保存的音频文件也需要经过处理，成为模拟信号，才能被人耳感觉。

A/D 过程：音频系统通过它把声波转化为计算机能够识别的音频二进制数据。A/D 转换器通常需要以每秒万次以上的速率对声波采样，以获得模拟波形的某一时刻的状态，每秒所采样的频率称为采样频率。由于人耳听觉的范围大概是 20 Hz~20 kHz，而采样后还原时的频率会折半，所以为了保证声音不失真，采样率的设置一般都会在 40 kHz 左右。我们目前常见的音频采样率有 44.1 kHz 和 48 kHz 等几种。

对采样的数据还需要量化，即数字化，通俗说就是采样到的波形数据如何保存，一般来说有 8、12、16 位。很显然，量化数据位高，会使得还原信号的范围更大，自然也越接近原声，不过会占用更大的存储空间。

声道数量也是提高音质的一种方式。双声道由于产生两种波形被人耳接收，所以产生立体音效，但数字化之后也会占据比单声道多一倍的空间。

6.12.2　Linux 音频驱动框架

对 Linux 上音频编程需要有驱动程序，而 Linux 内核先后提供出了两种框架结构用于用户对音频设备进行编程。一种是早期的 OSS(Open Sound System)；另一种是 ALSA(Advanced Linux Sound Architecture)，是 2.6 内核默认的音频编程框架结构，兼容 OSS 框架。如果使用 ALSA 还需移植应用层库文件。ALSA 提供了应用层对音频设备的编程接口函数，而 OSS 则是更直接地通过直接操作设备文件，调用驱动函数而操作音频设备。OSS 直观，所以我们对 OSS 框架做介绍，移植 S3C2440 上的 UDA1341 驱动程序。

OSS 框架结构如图 6-23 所示。

OSS 框架把对音频的操作分为两个部分。DSP 对应设备/dev/dsp，主要实现 read 和 write 函数分别用于读写音频数据，实现录音和播放；而 ioctl 函数主要的功能是设置采样频率、量化值、声道选择等。Mixer 对应设备/dev/mixer，主要实现的函数 ioctl，例如主音量调节、低音控制、高音控制、录音音量等。

DSP 为音频编解码器，属于 UDA1341 音频芯片的一个内部模块，负责录音和播放功能。从 DSP 设备读取数据时，声卡芯片的模拟信号经过 A/D 转换器成为数字采样后的样本保存在声卡驱动的内核缓冲区中。用户通过 read() 系统调用从声卡

第6章 构建嵌入式 Linux 内核

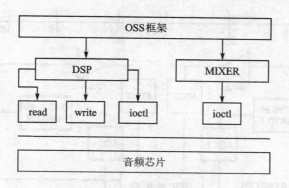

图 6-23 OSS 音频框架

的缓冲区中读出数据,放到用于指定的用户缓冲区中。声卡的采样率由声卡驱动决定,read()函数会以阻塞的方式读取声卡中的数据。而向 DSP 中写入数据时,通过 D/A 转换器变成模拟信号,连接扬声器或耳机产生声音。从声卡读取或者写入数据,需要先调用 ioctl()系统调用来设置格式,采样率、声道等,才能正常读取和写入数据。

对于混音器 Mixer 来说,主要为了设置音效的增益效果,因为是设置芯片的功能,而不用于读写音频数据,所以使用混音器驱动一般主要实现 ioctl。混音器由输入混音器和输出混音器两部分组成。

输入混音器:能够从多个信号源接收模拟信号,并在混音通道中对其调节,然后便送到输入混音器中合成最终的声音,然后送到 A/D 转换器再转化为数字信号。

输出混音器:负责把多个信号源的模拟信号混合,然后还能够通过总控音量调节器来控制混合后的音量,然后把它们送到扬声器或耳机等模拟信号放大设备。

6.12.3 UDA1341 与 S3C2440 硬件接口说明

为了进一步了解音频设备的工作原理,我们需要先了解 UDA1341 的内部结构。由于 UDA1341 芯片接到了 S3C2440 的 IIS 总线上,对比图 6-24(IIS 控制器)、图 6-25(UDA1341 的 DSP、MIXER 与 S3C2440 相连的硬件接口)、图 6-26(UDA1341 音频芯片)。

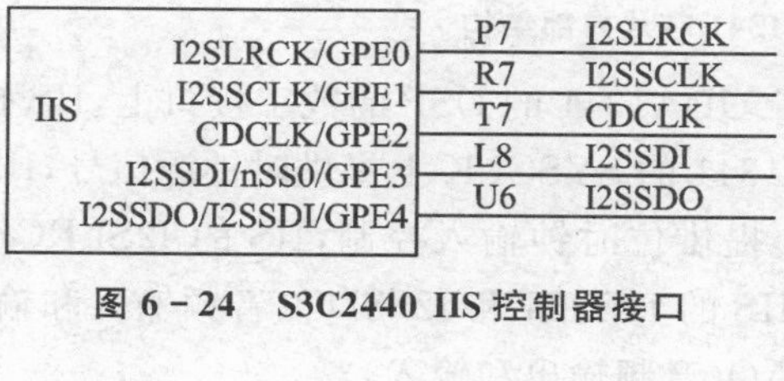

```
         I2SLRCK/GPE0    P7   I2SLRCK
         I2SSCLK/GPE1    R7   I2SSCLK
  IIS    CDCLK/GPE2      T7   CDCLK
         I2SSDI/nSS0/GPE3 L8  I2SSDI
         I2SSDO/I2SSDI/GPE4 U6 I2SSDO
```

图 6-24 S3C2440 IIS 控制器接口

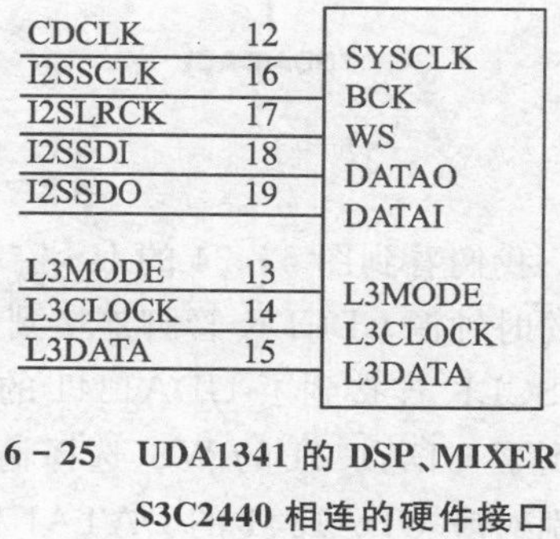

```
         CDCLK      12
         I2SSCLK    16    SYSCLK
         I2SLRCK    17    BCK
         I2SSDI     18    WS
         I2SSDO     19    DATAO
                          DATAI

         L3MODE     13
         L3CLOCK    14    L3MODE
         L3DATA     15    L3CLOCK
                          L3DATA
```

图 6-25 UDA1341 的 DSP、MIXER 与 S3C2440 相连的硬件接口

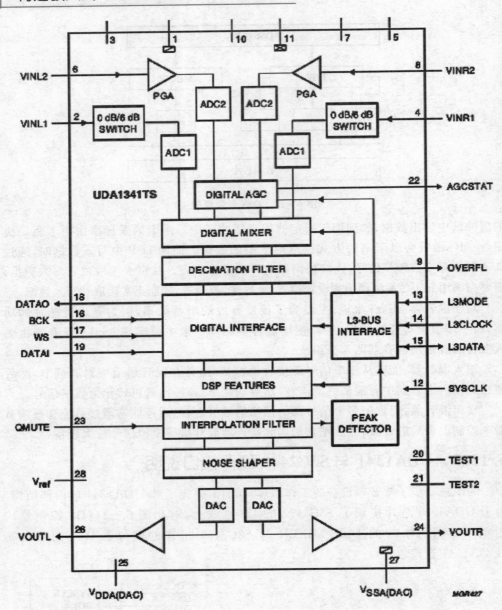

图 6-26 UDA1341 芯片内部结构

我们看到图 6-24 的 IIS 控制接到了 UDA1341 的 DSP 的数字接口上，IIS 控制器的时钟源 CDCLK 管脚连接到了 UDA1341 的 SYSCLK 上提供时钟源信号，IIS 的 I2SSCLK 连接到了 UDA1341 的 BCK 上提供位时钟输入控制，IIS 的 I2SLRCK 连接到了 UDA1341 的 WS（选择输入字），IIS 的 I2SSDI 和 I2SSDO（音频输入和输出）分别对应 UDA1341 的 DATAI 和 DATAO（音频输出和输入）。

第6章 构建嵌入式 Linux 内核

而 UDA1341 的 L3MODE、LEDATA、3CLOCK 分别接到了 S3C2440 的 GPIO 管脚的 GB2、GB3、GB4 上(没有提供电路图,这个需要看你开发板的具体连接电路图)。L3MODE、L3DATA、L3LOCK 的含义分别为 dua1341 的 L3-BUS 模式输入、数据输入和时钟输入。

通过图 6-26 我们看到 UDA1341 有两组输入源,VINL2、VINR2(第二组输入源),有 PGA(增益放大器),采样后经过 AGC(自动增益控制器)送入 DIGITAL Mixer(数字混音器)进行混音合成。L3-BUS Interface(L3 总线接口)可以控制 AGC 增益和 MIC 增益。数字接口把数字信号通过 DSP Features(DSP 编解码模块)进行必要的格式组装,再经过 DAC 数模转换器输出模拟音频信号。

S3C2440 的 IIS 控制器对于 UDA1341 来说有 3 种工作模式:

正常传输模式:IISCON 开启 FIFO,CPU 轮询检查 FIFO 寄存器进行数据交互。

DMA 传输模式:IISFCON 控制器用于设置 DMA 的 FIFO 传输方式,启动 DMA 的发送和接收控制由 IISCON 的[5:4]位来决定,1 为设置,否则禁止。

发送接收模式:通过设置 IISMOD 的[7:6]=11 来开启双通道 DMA 接收和发送音频数据。

6.12.4　S3C2410-UDA1341 驱动主要结构

确定了资源后,我们第一步想到的应该是芯片的初始化和资源的设置。因此我们先来分析一下 s3c2440_uda1341.c 文件,首先看一下 uda1341 驱动的初始化:

```
1359.    static struct platform_driver s3c2410iis_driver = {
1360.        .probe = s3c2410iis_probe,
1361.        .remove = s3c2410iis_remove,
1362.        .driver = {
1363.            .name = "s3c2410-iis",
1364.            .owner = THIS_MODULE,
1365.        },
1366.    };
1367.    static int __init s3c2410_uda1341_init(void) {
1368.        memzero(&input_stream, sizeof(audio_stream_t));
1369.        memzero(&output_stream, sizeof(audio_stream_t));
1370.        return platform_driver_register(&s3c2410iis_driver);
1371.    }
```

我们发现 UDA1341 被定义成了 IIS 的平台设备,而且使用了 input_stream 和 output_stream 双通道 DMA 模式。在 s3c2410iis_driver 平台驱动结构体中的 s3c2410iis_probe 函数会在初始化时被调用。在这个函数中主要完成了以下 5 项工作:

(1) 设置 IIS 硬件寄存器;

(2) 设置 L3 总线对应的 3 根管脚；

(3) 申请并设置 DMA 传输通道；

(4) 初始化 UDA1341；

(5) 注册 UDA1341 的 DSP 接口和 Mixer 接口，提供编解码器和混音器的驱动编程代码。

我们先来看一下 DSP 驱动的操作接口：

```
static struct file_operations smdk2410_audio_fops = {
llseek: smdk2410_audio_llseek,
    write: smdk2410_audio_write,
    read: smdk2410_audio_read,
    poll: smdk2410_audio_poll,
    ioctl: smdk2410_audio_ioctl,
    open: smdk2410_audio_open,
    release: smdk2410_audio_release
};
```

然后看一下 Mixer 的驱动操作接口：

```
static struct file_operations smdk2410_mixer_fops = {
ioctl: smdk2410_mixer_ioctl,
    open: smdk2410_mixer_open,
    release: smdk2410_mixer_release
};
```

我们发现，DSP 和 Mixer 的驱动接口都由 file_operations 来描述，即被当作字符设备来操作。s3c2410iis_probe 代码如下：

```
static int s3c2410iis_probe(struct platform_device * pdev) {

    struct resource * res;
    unsigned long flags;
    int ret;
        ......
    /* GPB 4: L3CLOCK, OUTPUT */
    s3c2410_gpio_cfgpin(S3C2410_GPB4, S3C2410_GPB4_OUTP);
    s3c2410_gpio_pullup(S3C2410_GPB4,1);
    /* GPB 3: L3DATA, OUTPUT */
    s3c2410_gpio_cfgpin(S3C2410_GPB3,S3C2410_GPB3_OUTP);
    /* GPB 2: L3MODE, OUTPUT */
    s3c2410_gpio_cfgpin(S3C2410_GPB2,S3C2410_GPB2_OUTP);
    s3c2410_gpio_pullup(S3C2410_GPB2,1);
    /* GPE 3: I2SSDI */
```

第 6 章　构建嵌入式 Linux 内核

```
        s3c2410_gpio_cfgpin(S3C2410_GPE3,S3C2410_GPE3_I2SSDI);
        s3c2410_gpio_pullup(S3C2410_GPE3,1);
        /* GPE 0: I2SLRCK */
        s3c2410_gpio_cfgpin(S3C2410_GPE0,S3C2410_GPE0_I2SLRCK);
        s3c2410_gpio_pullup(S3C2410_GPE0,1);
        /* GPE 1: I2SSCLK */
        s3c2410_gpio_cfgpin(S3C2410_GPE1,S3C2410_GPE1_I2SSCLK);
        s3c2410_gpio_pullup(S3C2410_GPE1,1);
        /* GPE 2: CDCLK */
        s3c2410_gpio_cfgpin(S3C2410_GPE2,S3C2410_GPE2_CDCLK);
        s3c2410_gpio_pullup(S3C2410_GPE2,1);
        /* GPE 4: I2SSDO */
        s3c2410_gpio_cfgpin(S3C2410_GPE4,S3C2410_GPE4_I2SSDO);
        s3c2410_gpio_pullup(S3C2410_GPE4,1);

        local_irq_restore(flags);
        init_s3c2410_iis_bus();
        init_uda1341();

        output_stream.dma_ch = DMA_CH2;
        input_stream.dma_ch = DMA_CH1;
            ……
        audio_dev_dsp = register_sound_dsp(&smdk2410_audio_fops, -1);
        audio_dev_mixer = register_sound_mixer(&smdk2410_mixer_fops, -1);
        return 0;
}
```

可以看到，UDA1341 的初始化过程主要的工作就是我们上面所列举的这 5 项。

6.12.5　移植 UDA1341 驱动

（1）修改 sound/oss/Makefile，增加对 s3c2440_uda1341.c 文件的编译：

```
obj-$(CONFIG_S3C2440_UDA1341)    += s3c2440_uda1341.o
```

（2）修改 sound/oss/Kconfig，增加对 s3c2440_uda1341.c 文件的 make menuconfig 配置菜单：

```
63 config S3C2440_UDA1341
64          tristate "S3C2440 UDA1341 driver"
65          depends on SOUND_PRIME! = n && SOUND && ARM && ARCH_S3C2440
66          help
67            Say Y or M if you have an uda1341 card on your board.
```

（3）在 Linux 根目录下执行 make menuconfig，增加对 s3c2440_uda1341.c 的

支持：

```
Device Drivers  --->
    Sound  --->
        <*> Sound card support
        Open Sound System  --->
            <*> Open Sound System (DEPRECATED)
            <*>     S3C2440 UDA1341 driver
```

（4）在 sound/oss 目录下增加 s3c2440_uda1341.c 文件，由于这个文件在 2.6.22 内核已经取消，所以从老版本的内核中移植过来，并做了一定的修改。文件位于光盘的/work/system 目录下。

（5）增加 UDA1341 的 DMA 资源，打开 arch/arm/mach-s3c2410/mach-smdk2410.c 文件：

```
57 static struct map_desc smdk2410_iodesc[] __initdata = {
58 [0] = {
59     .virtual        = 0xf0d00000,
60     .pfn            = 0x55000000 >> PAGE_SHIFT,
61     .length         = SZ_1M,
62     .type           = MT_DEVICE,
63     }
64 };
```

（6）打开 arch/arm/mach-s3c2410/mach-smdk2410.c 文件，确认 99 行 IIS 的平台设备支持：

```
94 static struct platform_device * smdk2410_devices[] __initdata = {
95          &s3c_device_usb,
96          &s3c_device_lcd,
97          &s3c_device_wdt,
98          &s3c_device_i2c,
99          &s3c_device_iis,
100 };
```

（7）增加 bitfield.h 文件，该文件来源于移植老版本内核中的 bitfield.h 文件，在光盘的/work/system 目录下可以找到。打开 include/asm-arm/arch-s3c2410 目录，增加这个文件。

（8）打开 arch/arm/plat-s3c24xx/dma.c，修改 DMA 引起的 BUG。

注释掉 528 行，增加 529 行：

```
528 //s3c2410_dma_ctrl(chan->number, S3C2410_DMAOP_START);
529 s3c2410_dma_ctrl(channel, S3C2410_DMAOP_START);
```

注释掉 1413 行的 if 判断：

```
1412  # if 0
1413          if (dma_order) {
1414                  ord = &dma_order->channels[channel];
1415
1416                  for (ch = 0; ch < dma_channels; ch++) {
1417                          if (!is_channel_valid(ord->list[ch]))
1418                                  continue;
1419
1420                          if (s3c2410_chans[ord->list[ch]].in_use == 0) {
1421                                  ch = ord->list[ch] & ~DMA_CH_VALID;
1422                                  goto found;
1423                          }
1424                  }
1425
1426                  if (ord->flags & DMA_CH_NEVER)
1427                          return NULL;
1428          }
1429  # endif
```

（9）执行 make uImage 重新编译内核代码，烧写或使用 nfs 启动内核。

6.12.6 UDA1341 音频测试

根文件系统启动后，可以在/dev 目录下找到/dev/dsp 和/dev/mixer 两个文件。在开发板的音频输出接口上插上耳机或其他输出设备，通过根文件系统移植的 madplay 程序测试音乐播放。

```
# /usr/local/bin/madplay /music/lover.mp3
```

显示以下内容，并且能够有正常声音的输出，则说明移植成功；如果声音不正常，需要重新设置 IIS 的时钟频率以符合时序要求。

```
MPEG Audio Decoder 0.15.2 (beta) - Copyright (C) 2000-2004 Robert Leslie et al.
s3c2410-uda1341-superlp: audio_set_dsp_speed:44100 prescaler:66
        Title: 情人
       Artist: 杜德伟
        Album: 情人
         Year: 1999
      Comment: hts3c2410-uda1341-superlp: audio_set_dsp_speed:44100 prescaler:66
tp://baul.yeah.net
```

6.13 SD 卡设备移植

6.13.1 SD 卡简介

SD 卡(Secure Digital Memory Card),学名安全数码卡,俗称 SD 卡,一般被用在数码相机、手机、PDA、笔记本、多媒体播放设备等便携式设备上。SD 卡的传输速度快,且 SD 卡有一个写保护引脚,可以保护资料被意外的写入。其实 SD 卡的技术来源是 MMC 卡。一般地,在设计卡槽的时候,都可以兼容 MMC/SD 卡。

SD 卡有不同的传输速度,这是为了支持不断高清高质量的多媒体资源而更新的标准。在 2006 年发布 SDHC2.0 标准后,SD 卡的规格被重新定义,分为 4 档:Class 2、4、6、10,理想状态的传输标准分别为 2 Mbit/s、4 Mbit/s、6 Mbit/s、10 Mbit/s。当然也可以定义更高传输的速度标准,传输速度更快的卡价格也会更贵。

SD 卡支持 3 种传输模式:
- SPI 的独立序列方式的输入输出模式;
- 独立指令和数据通道,独立传输格式的 1 位传输模式;
- 4 位 SD 并行传输模式。

6.13.2 MMC/SD 卡 SDIO 接口与 S3C2440 硬件接口

一般地,2440 的开发板都会外接一个能够支持 MMC/SD 卡的卡座,它与 S3C2440 的 SDIO 控制器相连,通过 SDIO 控制器控制外接 MMC/SD 卡的操作。

SDIO 接口技术,不仅可以用来外接存储设备,例如 MCI 卡(多媒体卡),也可以用来连接现在开发出来的很多的 SDIO 卡设备,包括 SDIO 蓝牙、SDIO 无线网卡、SDIO GPS 导航仪等等。

图 6-27 为 SDIO 的 4 位传输模式的接口示例,S3C2440 使用的也是 4 位模式。

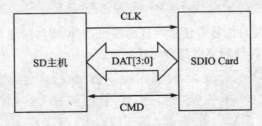

图 6-27 SDIO 的 4 位传输方式

SDIO 接口特性:
- SD 存储卡规格,1.0/MMC 规格,2.11 兼容;
- SDIO 卡规格,1.0 兼容;
- 16 字(64 字节)FIFO(深度 16)用于 Tx/Rx;

第6章 构建嵌入式Linux内核

- 40位命令寄存器(SDICARG[31:0]+SDICCON[7:0]);
- 136位响应寄存器(SDIRSPn[127:0]+SDICSTA[7:0]);
- 8位预定标逻辑;
- CRC7和CRC16发生器;
- 表决、中断和DMA数据传输模式(字或字节传输);
- 1位/4位(宽总线)模式和块/流模式切换支持;
- SD/SDIO模式下支持高达25 MHz的数据传输速度;
- MMC模式下支持高达20 MHz的数据传输速度。

SDIO编程(3种模式通用)步骤:

- 设置SDICON,适当地配置时钟和中断;
- 设置SDIPRE合适的值;
- 等待74个SDCLK时钟周期以初始化存储卡。

S3C2440的SDIO接口寄存器组:

- SDION:SDI控制寄存器;
- SDIPRE:SDI波特率预分频寄存器;
- SDICMDARG:SDI命令参数寄存器;
- SDICMDCON:SDI命令控制寄存器;
- SDICMDSTA:SDI命令状态寄存器;
- SDIRSP0-3:SDI响应寄存器;
- SDIDTIMER:SDI数据忙定时器寄存器;
- SDIBSIZE:SDI块大小寄存器;
- SDIDATCON:SDI数据控制寄存器;
- SDIDATCNT:SDI数据持续计数器寄存器;
- ADIDATSTA:SDI数据状态寄存器;
- SDIFSTA:SDI FIFO状态寄存器;
- SDIINTMSK:SDI中断屏蔽寄存器;
- SDIDAT:SDI数据寄存器。

SDIO CMD引脚编程方法:

- 向SDICMDARG寄存器写入32位命令;
- 设置SDICMDCON[8],确定命令类型和开始命令;
- 当SDICMDSTA置位时,确认SDI命令操作结束;
- 如果命令类型是无应答,标记是SDICMDSTA[11];
- 如果命令类型是有应答,标记是SDICMDSTA[9];
- 通过向SDICMDSTA寄存器中的标记位写1来清零相应标记。

SDIO数据传输编程方式:

- 向SDIDTIMER寄存器写入timeout period;

- 向 SDIBSIZE 寄存器写入块大小(块长度,一般 0x200 字节);
- 确定块的模式:宽总线、DMA 等,设置 SDIDCON 寄存器以启动数据传输;
- 检查 SDIFSTA(available、半满、空),如果 Tx FIFO 是 available 则向 SDI-DAT 寄存器中写入 Tx-data;
- 检查 SDIFSTA(available、半满、空),如果 Rx FIFO 是 available 则从 SDI-DAT 寄存器中读取 Rx-data;
- 当数据传输结束标记 SDIDSTA[4] 置位时,确认 SDI 数据操作结束;
- 通过向 SDICSTA 寄存器中的标记位写 1 来清零相应标记。

注意:在长应答命令的情况下,硬件可能会产生 CRC 错误,但是用户可以忽略它。如果一定要检查的话,应该使用软件去检测它。

需要特别注意的是,SDIO 卡座上一般还需要接入一个中断引脚,用以控制或通知热插拔,这里我们先假设接到了 S3C2440 的 EINT16(GPG8)引脚上。

6.13.3 Linux 内核 MMC/SD 驱动程序框架

通过上一节对 SDIO 的硬件资源、SDIO 操作方式,我们还需要把对 MMC/SD 卡的操作放到内核中。

我们发现 Linux 内核的 drivers 目录下有 card、core、host 3 个目录分别属于 MMC/SD 驱动程序的 3 个层次。

块设备层:card 目录下的 block.c、queue.c 将提供操作块设备的方法来响应 MMC/SD 卡的块操作数据请求,而 sysfs.c 则提供操作分区的方法来读写 MMC/SD 卡。

SDIO 核心层:这一层(core)中的 mmc.c 和 sd.c 封装 MMC/SD 卡的操作协议,用于调用下一层完成存储卡的识别、读写操作等。

主机控制层:初始化控制器、使能 GPIO 引脚、注册中断等,并向 SDIO 核心层提供对主机的操作。

6.13.4 移植 MMC/SD 卡驱动

为驱动打补丁。由于 2.6.22 的内核并没有对 S3C2440 的 MCI 卡的支持,所以通过 openmoko 开源软件中下载 MCI 的内核补丁。访问网址为 wiki.openmoko.org,搜索 s3c_mci.patch 即可找到下载点,也可在光盘的\work\sysytem 目录下找到这个文件。

进入到内核的主目录,把 s3c_mci.patch 包放在 linux2.6.22.6 的同一级目录下,执行下面的命令为内核打上 MCI 卡的主机控制层补丁:

```
patch -p1 < s3c_mci.patch
```

上面的命令为内核增加和修改文件为:

第 6 章　构建嵌入式 Linux 内核

```
drivers/mmc/host/s3cmci.c              增加 mci 卡的驱动代码
drivers/mmc/host/s3cmci.h
drivers/mmc/host/mmc_debug.c           增加调试代码
drivers/mmc/host/mmc_debug.h
include/asm-arm/arch-s3c2410/regs-sdi.h   修改 SDI 控制寄存器的操作头文件
drivers/mmc/host/Kconfig               新增对 s3cmci 的配置选项
drivers/mmc/host/Makefile              增加对 s3cmci.c 和 mmc_debug.c 的编译
```

增加平台设备资源，在 arch/arm/plat-s3c24xx/devs.c 中：

```
411 static struct s3c24xx_mci_pdata s3c2440_mmc_cfg = {
412         .gpio_detect    = S3C2410_GPG8,
413         .gpio_wprotect  = S3C2410_GPH8,
414         .set_power      = NULL,
415         .ocr_avail      = MMC_VDD_32_33|MMC_VDD_33_34,
416 };
417
418 struct platform_device s3c_device_sdi = {
419         .name           = "s3c2440-sdi",
420         .id             = -1,
421         .num_resources  = ARRAY_SIZE(s3c_sdi_resource),
422         .resource       = s3c_sdi_resource,
423         .dev            = {
424                 .platform_data = &s3c2440_mmc_cfg,
425         },
426 };
427
428 EXPORT_SYMBOL(s3c_device_sdi);
```

其中 S3C2410_GPG8 为支持热插拔的中断引脚、GPH8 为 SD 卡的读写锁控制、MMC_VDD_32_33 为电压控制。因为我们增加的 s3cmci.c 中的平台驱动名字为 s3c2440-sdi，所以平台设备的名字要一样。

注释掉 arch/arm/plat-s3c24xx/devs.c 的定义：

```
401 #if 0
402 struct platform_device s3c_device_sdi = {
403         .name           = "s3c2410-sdi",
404         .id             = -1,
405         .num_resources  = ARRAY_SIZE(s3c_sdi_resource),
406         .resource       = s3c_sdi_resource,
407 };
408 EXPORT_SYMBOL(s3c_device_sdi);
409 #endif
```

在 arch/arm/plat-s3c24xx/devs.c 的开始部分,增加引用到的头文件:

```
38 #include <asm/arch/mci.h>
39 #include <asm/arch/regs-gpio.h>
40 #include <linux/mmc/host.h>
```

在 drivers/mmc/host/s3cmci.h 头文件中增加以下宏定义:

```
13 #define MMC_ERR_DMA 6
14 #define MMC_ERR_BUSY 7
15 #define MMC_ERR_CANCELED 8
```

在 drivers/mmc/host/mmc_debug.c 文件中,增加对 s3cmci.h 头文件的引用:

```
#include "s3cmci.h"
```

增加 s3c2440-sdi 设备到系统的平台中,进入 arch/arm/mach-s3c2440/mach-smdk2440.c 中,增加如下代码:

```
216 static struct platform_device * smdk2440_devices[] __initdata = {
...
223             &s3c_device_sdi,
}
```

执行 make menuconfig,配置代码到内核中:

```
Device Drivers    --->
    <*> MMC/SD card support    --->
        <*>    MMC block device driver
        <*>    Samsung S3C SD/MMC Card Interface support
```

为了支持 MMC/SD 卡能被挂载成 vfat 格式,需要配置内核的语言:

```
File systems    --->
    Native Language Support    --->
        <*>    NLS ISO 8859-1    (Latin 1; Western European Languages)
```

退出到 Linux 内核的根目录,执行 make uImage 命令编译内核,通过烧写或者 nfs 命令执行内核。

6.13.5 测试 SD 卡

启动系统,看到内核从串口打印出以下内容,说明内核已经正确识别 MMC/SD 卡。

```
s3c2440-sdi s3c2440-sdi: powered down.
s3c2440-sdi s3c2440-sdi: initialisation done.
s3c2440-sdi s3c2440-sdi: running at 0kHz (requested: 0kHz).
s3c2440-sdi s3c2440-sdi: running at 138kHz (requested: 138kHz).
```

s3c2440-sdi s3c2440-sdi: running at 138kHz (requested: 138kHz).
s3c2440-sdi s3c2440-sdi: running at 138kHz (requested: 138kHz).

使用如下命令，挂载 MMC/SD 卡到/mnt/mmc 目录下：

mount -t vfat /dev/mmcblk0p1 /mnt/mmc

mmcblk0p1 为 MMC/SD 卡的第 1 个分区，/dev/mmcblk0 为整个 MMC/SD 卡，如果没有 mmcblk0p1 这个设备文件，则需要使用 fdisk 对 MMC/SD 卡进行分区格式化。

挂载之后，可以读写操作/mnt/mmc 目录下的 MMC/SD 卡中的内容了。

6.14 触摸屏设备驱动移植

6.14.1 触摸屏硬件接口说明

触摸屏的硬件接口一般会连接到显示屏上，如图 6-28 所示。

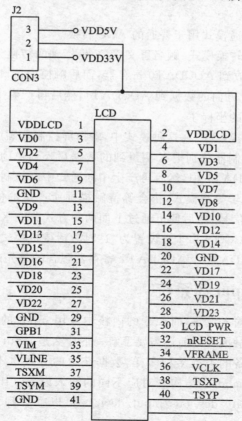

图 6-28 触摸屏连线图

其中的 TSXM、TSXP、TSYM、TSYP 4 根连线被接在了 LCD 上，但是不难发现的是，对于 S3C2440 设备来说，这 4 根引脚其实接到了 CPU 的 ADC 控制器上，我们也可以通过图 6-29 看到。从连接图得知，S3C2440 平台支持 4 线电阻屏。

既然连接到 ADC 控制器上，那么便可以通过电压的变化来取得不同的值。4 根线分别接到了触摸屏的 X 和 Y 电极对角上，使得在 X 电极加压时，在 X 电压场中可以通过 Y 电极的对地的电压确定 X 坐标值，反之亦然。通过这种方式，获取按压点的位置。从这个角度来说，电阻屏比电容屏的触摸准确度要更高，此外电阻屏材质也非常便宜。

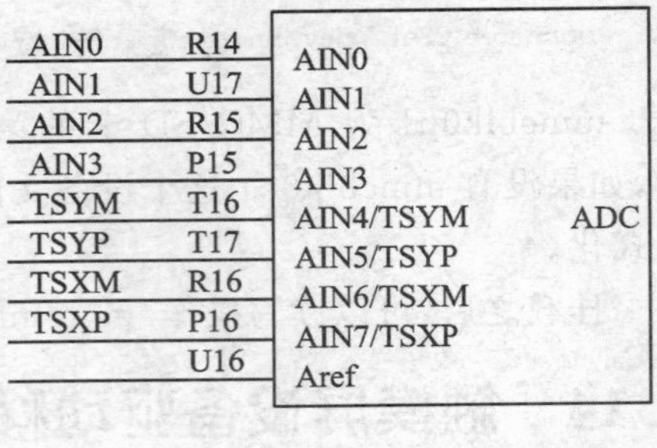

AIN0	R14	AIN0	
AIN1	U17	AIN1	
AIN2	R15	AIN2	
AIN3	P15	AIN3	
TSYM	T16	AIN4/TSYM	ADC
TSYP	T17	AIN5/TSYP	
TSXM	R16	AIN6/TSXM	
TSXP	P16	AIN7/TSXP	
	U16	Aref	

图 6-29 触摸屏与 ADC 控制器接口

对于 S3C2440 触摸屏接口的控制来说也主要是控制/选择触摸屏 X、Y 方向的引脚（XP、XM、YP、YM）的变换。触摸屏接口包括触摸屏引脚控制逻辑和带中断发生逻辑的 ADC 接口逻辑。

对于 S3C2440 的触摸屏接口有 4 种工作模式并有待机模式，在芯片手册中也有介绍。

普通转换模式：普通模式用于普通的 ADC 转换。

分离的 X/Y 方向转换模式：顾名思义 X/Y 坐标轴的转换分为 X 轴和 Y 轴。首先 X 轴先产生数据并放到 ADCDAT0 寄存器，而后触摸屏接口产生中断源给中断控制器；Y 方向模式写 Y 方向的数据到 ADCDAT1，然后再产生中断源给中断控制器。这样就得到了 X、Y 的的坐标了。

自动 X/Y 方向转换模式：在这种模式中，触摸屏控制器顺序变换 X、Y 方向。在自动方向的变换中，控制器分别把 X 测量到的数据写入到 ADCDAT0 中，而把 Y 测量到的数据写到 ADCDAT1 中，然后再产生中断通知中断控制器。

等待中断模式：处于等待模式，将会等待触摸屏所产生的信号。当用户单击时，将产生 INT_TC 中断信号，随后便可通过上面两种方式获取 X、Y 的值。

待机模式：当 ADCCON[2] 被设置为"1"时激活待机模式。此模式中，停止 A/D 转换操作并且 ADCDAT0、ADCDAT1 寄存器包含的是先前转换的数据。

6.14.2　内核 input 子系统

由于触摸屏属于输入设备，而 2.6 的内核中采用 input 的子系统来管理输入设备。所以我们在移植触摸屏之前还需要了解一下什么是 input 子系统。

首先由于输入设备的类型多种多样，数据获取的方式也不一样，所以内核通过 evdev.c 中的 evdev_handler 结构来对应不同的输入设备。比如 /dev/event0 设备，我们在命令行输入 cat /dev/bus/input/devices 可以查看到对应的设备所使用的 handler 类型。

第 6 章　构建嵌入式 Linux 内核

那么从总体来看,input 子系统有 3 种层次结构,分别为总线接口层、事件处理层、设备驱动层。

总线接口层的含义是通过总线统一形式把设备的事件类型抽象成统一的接口形式;而事件处理层也是我们刚才提到的 evdev_hander,它其实主要是和用户交互的,提供一个统一的操作界面,在 evdev.c 中被定义如下:

```
static struct input_handler evdev_handler = {
    .event      = evdev_event,
    .connect    = evdev_connect,
    .disconnect = evdev_disconnect,
    .fops       = &evdev_fops,
    .minor      = EVDEV_MINOR_BASE,
    .name       = "evdev",
    .id_table   = evdev_ids,
};
```

其中.fops 字段就是一个 file_operations 类型,提供用户的操作,并提供如何操作设备。而我们可以不用关心这些细节,因为内核已经为我们做好了对上层的铺垫。内核不知道的是我们是什么样的设备、如何工作、使用哪些资源,所以对于移植来说,还是和前面的类似,移植和硬件设备相关的资源定义和设备的初始化。

6.14.3　配置内核支持触摸屏设备

对于 2.6.22 内核来说,并没有相关的底层驱动。但是在内核的 2.6.33～2.6.34 内核版本开始新增了 S3C2410 的触摸屏驱动代码,我们把它复制过来,做适量的修改,以驱动我们的触摸屏设备。

这个驱动的名字叫 s3c2410_ts.c,把它放到 drivers/input/touchscreen 目录下。由于 2.6.33 和我们使用的内核的头文件定义的位置不一样,所以需要比照两个内核的头文件改变的位置做出修正,其次就开始移植工作。首先看一下这个代码的初始化部分:

```
static int __devinit s3c2410ts_init(void)
{
    return platform_driver_register(&s3c2410ts_driver);
}
```

由上面的初始化代码不难看出,三星把触摸屏注册成了平台设备,s3c2410ts_driver 中定义了有关这个设备的一些信息,在同一个文件下是这样定义的:

```
static struct platform_driver s3c2410ts_driver = {
    .probe  = s3c2410ts_probe,
    .remove = s3c2410ts_remove,
```

```
              .suspend = s3c2410ts_suspend,
              .resume  = s3c2410ts_resume,
              .driver  = {
                     .name = "s3c2410-ts",
                     .owner = THIS_MODULE,
              },
       };
```

.probe 是这个设备的初始化执行代码,设备的名称为 s3c2410-ts,这两项是我们移植过程中需要注意的地方。我们先不看 probe 初始化的实现。既然驱动中的名字是 s3c2410-ts,那么肯定需要在平台设备初始化的时候,初始化这个相同名字的设备,所以我们需要先进入 mach-smdk2440.c 文件中增加对这个设备的初始化过程,在这个文件中我们定义 S3C2440 的初始化结构体信息:

```
static struct s3c2410_ts_mach_info s3c2440_ts_cfg __initdata = {
       .delay = 10000,
       .presc = 49,
       .oversampling_shift = 2,
};
```

上面的结构体也需要自己定义,打开 include/asm-arm/plat-s3c24xx/devs.h 文件,增加以下几行:

```
19  struct s3c2410_ts_mach_info {
20          int     delay;
21          int     presc;
22          int     oversampling_shift;
23  };
```

因为我们使用的是 ADC 转换,所以需要定义转换器的频率和工作模式,presc 是转换频率,而在开发板初始化函数中,把对这个设备的初始化放入其中:

```
static void __init smdk2440_map_io(void)
{
    ......
    s3c24xx_init_touchscreen(&s3c2440_ts_cfg);
    ......
}
```

同样的,平台设备还要注册,而平台设备的注册需要增加 platform_device 结构体,并把结构体放入初始化数组中,如下所示:

```
static struct platform_device * smdk2440_devices[] __initdata = {
    ......
    &s3c_device_ts,
}
```

第6章 构建嵌入式 Linux 内核

这样就完成了对设备的初始化。读者可能会有疑惑,这个结构的定义在什么地方?当然这也是需要我们自己去定义的,按照驱动的名字,在 S3C24xx 系列的文件 arch/arm/plat-s3c24xx/devs.c 中加入这些信息:

```
static struct s3c2410_ts_mach_info s3c2410_ts_info;

void __init s3c24xx_init_touchscreen(struct s3c2410_ts_mach_info * hard_s3c2410_ts_info)
{
        memcpy(&s3c2410_ts_info, hard_s3c2410_ts_info, sizeof(struct s3c2410_ts_mach_info));
}
EXPORT_SYMBOL(s3c24xx_init_touchscreen);

struct platform_device s3c_device_ts = {
        .name = "s3c2410-ts",
        .id = -1,
        .num_resources  = ARRAY_SIZE(s3c_adc_resource),
        .resource       = s3c_adc_resource,
        .dev = {
                .platform_data = &s3c2410_ts_info,
        }
};
EXPORT_SYMBOL(s3c_device_ts);
```

以上就是我们加入的全部信息。因为平台设备我们在前面介绍 DM9000 和 LCD 设备的时候已经介绍得非常详细,所以就不再重述。s3c2410_ts.c 文件也可以在光盘的/work/system 目录下获得。

最后在 include/asm-arm/plat-s3c24xx/devs.h 头文件中对新增的内容做声明:

```
void __init s3c24xx_init_touchscreen(struct s3c2410_ts_mach_info * hard_s3c2410_ts_info);
extern struct platform_device s3c_device_ts;
```

我们下面看看设备资源是如何使用并被驱动起来的。重新打开 s3c2410_ts.c 文件,看一下 s3c2410ts_probe(struct platform_device * pdev)函数的实现:

```
platform_set_drvdata(pdev, s3c2410_ts);
```

其实这句话就是让平台的私有数据,指向 s3c2410_ts 这个设备结构体。后面会对 s3c2410_ts 进行一系列的初始化,而且这个结构体也是专门用于描述 s3c2410_ts 这样一种设备的操作的,比如说用到的资源,ts 还会用到的时钟定时等。

```
    s3c2410_ts->machinfo = pdev->dev.platform_data;
    s3c2410_ts->irq_gpio[0] = platform_get_resource(pdev, IORESOURCE_IRQ,0);
    s3c2410_ts->irq_gpio[1] = platform_get_resource(pdev, IORESOURCE_IRQ,1);
    clk_enable(adc_clock);
```

这是在获取 ADC 使用的中断资源,并存放到 ts 结构体中。由于 ts 需要对时钟进行控制,所以 clk_enable(adc_clock)的功能是使能 ADC 的输入时钟源。

```
    writel(S3C2410_ADCCON_PRSCEN | S3C2410_ADCCON_PRSCVL(s3c2410_ts->machinfo->presc&0xFF),\
                    base_addr + S3C2410_ADCCON);
```

上面的函数用于使能预分频,并设置分频系数。由于 S3C2440 的 ADC 转换时钟被设计为最高工作在 2.5 MHz(芯片手册说明),s3c2440_ts_cfg 结构体中给定的预分频值 presc=49,而我们的输入时钟 PCLK=50 MHz,ADC 转换器频率=50 MHz(49+1)=1 MHz,满足了硬件 ADC 的转换要求。

```
    iowrite32(0xffff, base_addr + S3C2410_ADCDLY);
```

上面的代码用于设置延迟时间,如果在等待中断模式下,则表示 INC_TC 产生的时间间隔。

```
    /* Get irqs */
    if (request_irq(s3c2410_ts->irq_gpio[1]->start, stylus_action, IRQF_SHARED|
IRQF_SAMPLE_RANDOM, pdev->name, s3c2410_ts)) {
        printk(KERN_ERR "s3c2410_ts.c: Could not allocate ts IRQ_ADC ! \n");
        iounmap(base_addr);
        err = -EBUSY;
        goto fail1;
    }
    if (request_irq(s3c2410_ts->irq_gpio[0]->start, stylus_updown, IRQF_SAMPLE_
RANDOM, pdev->name, s3c2410_ts)) {
        printk(KERN_ERR "s3c2410_ts.c: Could not allocate ts IRQ_TC ! \n");
        iounmap(base_addr);
        err = -EBUSY;
        goto fail1;
    }
    /* All went ok, so register to the input system */
    err = input_register_device(s3c2410_ts->input);
```

上面的代码用于申请中断,当我们按下触摸屏时所进入的函数为 stylus_updown,最后执行 input_register_device 把我们的设备注册到 input 子系统中。

第 6 章 构建嵌入式 Linux 内核

对于上面的代码中的两次 request_irq(申请中断处理程序)分别为注册 IRQ_TS(触摸屏中断)和 IRQ_ADC(模数转换中断)。当有触摸反应时,则进入中断处理函数 stylus_updown。查看 stylus_updown 函数的源代码,可以看到,由于是共享中断,因此先获取到 ADC_LOCK。之后 stylus_updown 调用 touch_timer_fire 启动 ADC 定时器,如果设置的定时器时间到,判断还处于触摸状态则把数据提交给上层,并重新计数;如果再次进入定时器的时候发现没有触摸反应了则进入等待中断状态。如此循环检测触摸屏的状态,并使用定时器来检测提交。

以上是对代码部分的修正,而我们接下来需要把代码配置到内核中。我们需要修改 drivers/input/touchscreen 目录下的 Makefile 和 Kconfig 文件。

Makefile 中增加一行:

```
obj-$(CONFIG_TOUCHSCREEN_S3C2410)        + = s3c2410_ts.o
```

Kconfig 文件增加对 s3c2410_ts.c 选项的配置:

```
config TOUCHSCREEN_S3C2410
        tristate "Samsung S3C2410 touchscreen input driver"
        depends on ARCH_SMDK2410 && INPUT && INPUT_TOUCHSCREEN
        select SERIO
        help
          Say Y here if you have the s3c2410 touchscreen.

          If unsure, say N.

          To compile this driver as a module, choose M here: the
          module will be called s3c2410_ts.

config TOUCHSCREEN_S3C2410_DEBUG
        boolean "Samsung S3C2410 touchscreen debug messages"
        depends on TOUCHSCREEN_S3C2410
        help
          Select this if you want debug messages
```

在 Linux 源码根目录下执行配置命令 make menuconfig,进入到以下目录,按照图 6-30 和图 6-31 进行配置,以便编译生成支持触摸屏的内核代码。

```
Device Drivers    --->
    Input device support    --->
Touchscreens    --->
```

在配置时增加了调试打印信息,如果不用于调试目的则不需要加这些选项。

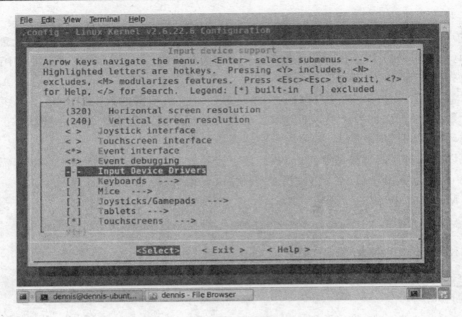

图 6-30 配置 event0 设备支持

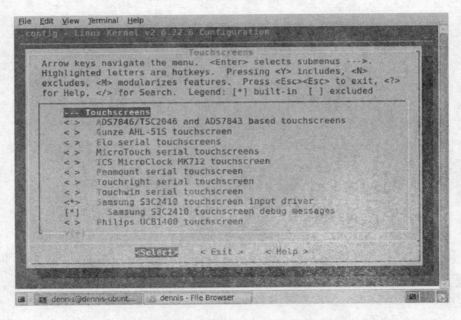

图 6-31 新增对 s3c2410_ts 的支持

6.14.4 测试触摸屏

在开发板根文件系统下输入命令：cat /proc/bus/input/devices。

第 6 章　构建嵌入式 Linux 内核

显示以下内容则说明驱动移植成功:

```
# cat /proc/bus/input/devices
I: Bus = 0019 Vendor = 0001 Product = 0002 Version = 0100
N: Name = "s3c2410 Touchscreen"
P: Phys = s3c2410ts/input0
S: Sysfs = /class/input/input0
U: Uniq =
H: Handlers = mouse0 event0 evbug
B: EV = b
B: KEY = 400 0 0 0 0 0 0 0 0 0 0
B: ABS = 1000003
```

我们还可以使用根文件系统下的 tslib 自带的屏幕校准工具 ts_calibrate，通过单击屏幕的方式进行校准。如果图标中显示的方块能够正确移动则说明移植成功。

6.15　LED 设备移植

6.15.1　LED 硬件接口

读者可能会发现从这节开始，硬件的移植就变得简单了，因为没有了复杂的硬件时序、硬件接口连线、复杂的硬件协议了。但是还应该注意的是，从这节开始的代码基本上不存在于内核中，所以在提供原有的硬件驱动移植基础之上，会给出必要的代码分析，以方便读者对移植驱动做更全面的认识。

下面说明 LED 设备与 S3C2440 的硬件连接，如图 6-32 所示。

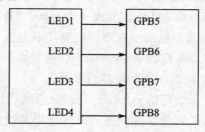

图 6-32　LEDS 与 S3C2440 连线

通过上图我们发现，开发板上的 4 盏 LED 灯是通过 GPIO 的管脚来控制的。由于在 LEDS 的一端接的是 VDD33V，所以，保证 GPB5-8 的功能为输出状态，并且为低电压，就能形成电势差，点亮 LED 灯。

6.15.2　Linux 的杂项(misc)设备

在 Linux 中增加了 misc(杂项设备)的概念。主设备号为 10，代表这是一个杂项设备，而次设备号由用户在编写相应驱动的时候通过 misc_register()函数指定。因此，可以说主设备号用于识别设备，次设备号用与识别相应的驱动来操作对应的硬件。为了了解这个流程，需要查看一下 misc 设备驱动的注册过程。打开 drivers/char/misc.c 文件，查看它的初始化代码：

构建嵌入式 Linux 核心软件系统实战

```
276 static int __init misc_init(void)
277 {
278 #ifdef CONFIG_PROC_FS
279         struct proc_dir_entry * ent;
280
281         ent = create_proc_entry("misc", 0, NULL);
282         if (ent)
283                 ent->proc_fops = &misc_proc_fops;
284 #endif
285         misc_class = class_create(THIS_MODULE, "misc");
286         if (IS_ERR(misc_class))
287                 return PTR_ERR(misc_class);
288
289         if (register_chrdev(MISC_MAJOR,"misc",&misc_fops)) {
290                 printk("unable to get major %d for misc devices\n",
291                         MISC_MAJOR);
292                 class_destroy(misc_class);
293                 return -EIO;
294         }
295         return 0;
296 }
297 subsys_initcall(misc_init);
```

首先我们看最后一行 subsys_initcall,misc 被当作一个子系统注册到内核中了。既然如此,那么在初始化代码中调用了 281 行的 create_proc_entry(),这样就会在 /proc/misc 目录下生成一个 misc 文件,通过在根文件系统执行 cat /proc/misc 便可以知道目前系统有哪些已经注册的杂项设备。

285 行的 class_create() 函数用于在 /sys/class 目录下创建一个 misc 类,作为目录存放所有杂项设备的属性。

289 行的 register_chrdev() 函数注册一个设备名称为 misc,主设备号为 MISC_MAJOR 的字符设备。内核会为其维护一个 cdev 字符设备结构体。这样当我们在应用层打开主设备号为 10 的字符设备时,内核便能够匹配到这个 cdev,并且通过 cdev 的 fops 成员找到参数中传递的 misc_fops 结构体,从而定位到要调用的驱动程序。

misc_fops 结构体定义如下:

```
173 static struct class * misc_class;
174
175 static const struct file_operations misc_fops = {
176         .owner          = THIS_MODULE,
177         .open           = misc_open,
178 };
```

第6章 构建嵌入式 Linux 内核

我们看到,对于杂项设备在初始化的时候只实现了一个 misc_open 函数。这是因为我们在打开任意一个杂项设备时,主设备号都是 10,即:都会调用到这个函数。但是我们打开设备时的次设备号不同,因此这个函数的实现,肯定需要根据次设备号的不同来决定调用相应杂项设备的驱动。看一下这个函数:

```
126  static int misc_open(struct inode * inode, struct file * file)
127  {
128          int minor = iminor(inode);
……
135          list_for_each_entry(c, &misc_list, list) {
136                  if (c->minor = = minor) {
137                          new_fops = fops_get(c->fops);
138                          break;
139                  }
140          }
……
159          file->f_op = new_fops;
……
}
```

我们看到这个函数的第 135 行执行了一个 list_for_each_entry()函数,这个函数的功能是在 misc_list 全局链表中查找已经注册的次设备号,保存在 c->minor 中,和我们应用层的使用 open 打开的 inode 节点中的次设备号相匹配。如果找到,说明你已经注册了这个设备,赋值 new_fops 为你的 c->fops,并通过 159 行的 file->f_op=new_fops 重定向到你自己的对应杂项设备的 file_operations 中。那么在应用层再使用 read、write 时就会通过 file 找到自己注册的 file_operations 中的 read 和 write 真实驱动代码了。

其中的 list_for_each_entry 非常有技巧,它是一个宏并且是一个 for 循环,并且使用更有技巧的 container_of 宏,使得通过 misc_list 其中的 list 找到这个 list 所在的结构体,即注册这个杂项设备时的结构体。

总结之后,misc_open 函数就是通过 list_for_each_entry()函数来找次设备号,从而找到相应的驱动,改写 file->f_op 指针,从而其后对设备的操作便可以调用到对应驱动的函数了。

那么 list_for_each_entry()函数中的 misc_list 又是什么呢?在 misc.c 文件的第 56 行有这样的定义:

```
static LIST_HEAD(misc_list);
```

它又是一个宏,定义在 linux/list.h 中,如下:

```
struct list_head {
    struct list_head *next, *prev;
};
56 static LIST_HEAD(misc_list);
#define LIST_HEAD_INIT(name) { &(name), &(name) }

#define LIST_HEAD(name) \
    struct list_head name = LIST_HEAD_INIT(name)
```

这下明白了,其实 misc_list 就是一个 list_head 结构体,并且初始化为指向自己。

既然在应用层会在 misc_list 链表中找到真实的杂项设备对应的驱动,那么我们在写杂项设备驱动的时候就必须把杂项设备链入这个链表中,这样才合情理。

首先,注册杂项设备需要定义一个 miscdevice 结构体,用于描述一个杂项设备:

```
struct miscdevice  {
    int minor;
    const char *name;
    const struct file_operations *fops;
    struct list_head list;
    struct device *parent;
    struct device *this_device;
};
```

Linux 内核也提供了一个用于杂项设备注册的 misc_register 函数,需要一个 miscdevice 结构体作为参数。那么我们可以猜想的是,misc_register 函数需要这个结构体中的 list 成员链入全局 misc_list 结构体中,这样在应用层才能找到我们自己定义的这个 misrcdevice 结构体,才能改写 open 函数 file 中的 f_op 成员为我们驱动的 miscdevice 中的 fops。

因此我们来看一下 misc_register 函数的实现,从 misc.c 的 197 开始行:

```
197 int misc_register(struct miscdevice * misc)
198 {
199         struct miscdevice *c;
200         dev_t dev;
201         int err = 0;
202
203         INIT_LIST_HEAD(&misc->list);
204
205         mutex_lock(&misc_mtx);
206         list_for_each_entry(c, &misc_list, list) {
207             if (c->minor == misc->minor) {
208                 mutex_unlock(&misc_mtx);
209                 return -EBUSY;
```

第 6 章　构建嵌入式 Linux 内核

```
210                }
211          }
212
213          if (misc->minor == MISC_DYNAMIC_MINOR) {
214                  int i = DYNAMIC_MINORS;
215                  while (--i >= 0)
216                          if ((misc_minors[i>>3] & (1<<(i&7))) == 0)
217                                  break;
218                  if (i<0) {
219                          mutex_unlock(&misc_mtx);
220                          return -EBUSY;
221                  }
222                  misc->minor = i;
223          }
224
225          if (misc->minor < DYNAMIC_MINORS)
226                  misc_minors[misc->minor >> 3] |= 1 << (misc->minor & 7);
227          dev = MKDEV(MISC_MAJOR, misc->minor);
228
229          misc->this_device = device_create(misc_class, misc->parent, dev,
230                                            "%s", misc->name);
231          if (IS_ERR(misc->this_device)) {
232                  err = PTR_ERR(misc->this_device);
233                  goto out;
234          }
235
236          /*
237           * Add it to the front, so that later devices can "override"
238           * earlier defaults
239           */
240          list_add(&misc->list, &misc_list);
241  out:
242          mutex_unlock(&misc_mtx);
243          return err;
244  }
```

　　首先 203 行的代码先初始化，指向链表的头节点，为了后面的从头遍历。

　　206 行的 list_for_each_entry 通过循环，来查看 misc 中的次设备号是不是在链表中已经存在了，如果是那么就证明这个次设备已经存在了（即对应的驱动存在了）则 misc register 函数返回失败。

　　但是我们看到 225 行会判断次设备号是否等于 MISC_DYNAMIC_MINOR，即是否需要动态分配,如果需要则判断中的代码用于找一个未被使用的次设备号给设备。

228 行的 device_create() 函数用于在/dev 目录下为设备创建一个设备节点。

240 行的 list_add 就是把这个 miscdevice 设备添加到 misc_list 全局链表中。这很重要,因为我们上面说过应用层在调用 open 函数时会到 misc_list 中查找你的 miscdevice 的结构,然后修改 open 函数对应的 file 结构中的 f_ops,从而真正能够定位到 miscdevice 结构中的 fops 成员所对应的驱动。

6.15.3 移植 LED 设备驱动

由于内核中并没有相对应 LED 的驱动程序,所以我们需要自己准备一个,下面是 LED 驱动的代码:

```c
#include <linux/miscdevice.h>
#include <linux/delay.h>
#include <asm/irq.h>
//#include <mach/regs-gpio.h>
#include <asm/arch/regs-gpio.h>
//#include <mach/hardware.h>
#include <linux/kernel.h>
#include <linux/module.h>
#include <linux/init.h>
#include <linux/mm.h>
#include <linux/fs.h>
#include <linux/types.h>
#include <linux/delay.h>
#include <linux/moduleparam.h>
#include <linux/slab.h>
#include <linux/errno.h>
#include <linux/ioctl.h>
#include <linux/cdev.h>
#include <linux/string.h>
#include <linux/list.h>
#include <linux/pci.h>
#include <asm/uaccess.h>
#include <asm/atomic.h>
#include <asm/unistd.h>

static unsigned char value;  /* When LED lighted, its value bit is 0, otherwise 1 */
/* led_table 中定义了 LEDS 中使用到的资源 */
static unsigned long led_table [] = {
```

第6章 构建嵌入式 Linux 内核

```
    S3C2410_GPB5,
    S3C2410_GPB6,
    S3C2410_GPB7,
    S3C2410_GPB8,
};

/* 为了能够操作 GPB5～8 引脚,我们需要把这 4 个引脚变为写使能 */
static unsigned int led_cfg_table [] = {
    S3C2410_GPB5_OUTP,
    S3C2410_GPB6_OUTP,
    S3C2410_GPB7_OUTP,
    S3C2410_GPB8_OUTP,
};

/* 操作对应的 GPB5～8 引脚为低电平使得灯亮 */
void ledon(unsigned long arg)
{
    s3c2410_gpio_setpin(led_table[arg], 0);
    value &= ~(0x1<<arg);
    return;
}
EXPORT_SYMBOL(ledon);


/* 操作对应的 GPB5～8 引脚为高电平使得灯灭 */
void ledoff(unsigned long arg)
{
    s3c2410_gpio_setpin(led_table[arg], 1);
    value |= (0x1<<arg);
    return;
}
EXPORT_SYMBOL(ledoff);

/* 只实现了 ioctl 函数,因为对灯的操作也就是亮和灭而已,当然如果想要
   实现读取灯的状态也可以增加这方面的代码
 */
static int leds_ioctl(struct inode * inode, struct file * filp, unsigned int cmd, unsigned long arg)
{
    if (arg > 3)
        return -EINVAL;
    switch (cmd) {
        case 0:
```

239

```c
            ledon(arg);
            break;
        case 1:
            ledoff(arg);
            break;
        default:
            return -ENOTTY;
    }
    return 0;
}

static int leds_open(struct inode * inode, struct file * filp)
{
    printk(KERN_INFO "in leds_open\n");
    return 0;
}
static int leds_release(struct inode * inode, struct file * filp)
{
    printk(KERN_INFO "in leds_release\n");
    return 0;
}

static ssize_t leds_read(struct file * filp, char __user * buf, size_t count, loff_t
* f_pos)
{
    if (copy_to_user(buf, &value, 1))
        return -EFAULT;
    return 1;
}


/* 字符设备驱动接口 */
static struct file_operations leds_fops =
{
    .owner = THIS_MODULE,
    .read = leds_read,
    .ioctl = leds_ioctl,
    .open = leds_open,
    .release = leds_release
};

/* 定义一个杂项设备,设备名称为 leds,次设备号动态分配,对应的驱动为 leds_fops */
static struct miscdevice misc = {
```

第6章 构建嵌入式 Linux 内核

```c
        .minor = MISC_DYNAMIC_MINOR,
        .name = "leds",
        .fops = &leds_fops,
};

/* 初始化资源,注册 leds 杂项设备 */
static int __init dev_init(void)
{
    int ret;

    int i;

    /* 初始化 4 个引脚的功能 */
    for (i = 0; i < 4; i++) {
        s3c2410_gpio_cfgpin(led_table[i], led_cfg_table[i]);
        s3c2410_gpio_setpin(led_table[i], 0);
    }
    value = 0;

        /* 注册为杂项设备 */
    ret = misc_register(&misc);

    printk ("leds initialized\n");

    return ret;
}

static void __exit dev_exit(void)
{
    misc_deregister(&misc);
    printk("leds unloaded\n");
}

module_init(dev_init);
module_exit(dev_exit);
MODULE_LICENSE("GPL");
MODULE_AUTHOR("YangZhu");
```

通过上面的这个驱动,读者应该能够掌握简单字符设备驱动的框架,并且能够了解杂项设备的内核框架。在后面的移植过程中,遇到杂项设备不再对杂项设备做说明。

6.15.4 配置内核支持 LED 设备

将光盘中的/work/system/leds.c 代码复制到内核的 drivers/char 目录下，修改以下内容。

修改 drivers/char/Kconfig 文件，添加 LED 的配置：

```
config MY2440_LEDS
        tristate "Support for GPIO leds on my2440"
        depends on ARCH_S3C2440
        default y if ARCH_S3C2440
        ---help---
          If you say Y here, you will get support for GPIO leds on my2440.
```

修改 drivers/char/Makefile 文件，添加 LED 的编译：

```
obj-$(CONFIG_MY2440_LEDS)           += leds.o
```

make menuconfig 配置进内核（其实在 Kconfig 中我们已经默认选择了）：

```
Device Drivers    --->
    Character devices    --->
        <*> Support for GPIO leds on my2440
```

6.15.5 测试 LED 设备

复制工程目录下面的/work/system/leds_test.c 文件到虚拟机中编译：

```
arm-linux-gcc leds_test.c -o leds
```

复制代码到开发板中执行，命令如下：

```
./leds <no> <on/off>
```

观察 leds 的变化，on 为灯的编号 0~3，on/off 对应灯的亮和灭。

6.16 用户按键设备移植

6.16.1 按键的硬件接口

按键的硬件接口和 leds 类似，也是通过 GPIO 来控制的。S3C2440 的 GPIO 大都有复用功能，图 6-33 并没有全部列出。因为我们只关心它们的中断功能，所以可以通过设置这些 GPIO 的引脚的中断功能来控制按键。首先看一下按键与 S3C2440 的硬件连线，这里以 mini2440 作为说明，tq2440 与 qq2440 原理和 mini2440 类似，只要掌握一个，其他的改一下连接的 GPIO 引脚的控制就可以了，见图 6-33。

第 6 章 构建嵌入式 Linux 内核

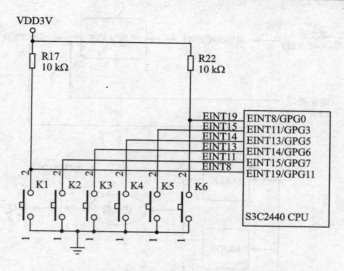

图 6-33　mini2440 6 个按键与 S3C2440 的硬件连线

图的左边是 6 个按键，分别为 K1~K6，它们与 S3C2440 的 GPG 的 6 个引脚相连，这 6 个引脚都属于 GPG 组，可以通过设置 GPGCON 寄存器的相应位为中断功能。当我们按下按键的时候，由于有接地，所以导致相应的引脚的电压也被拉低，从而产生中断信号。

但是当中断信号产生时，并不是直接通知 ARM 核去处理，而是要经过中断控制器才能产生两种被 ARM 识别的中断，被称之为 IRQ（中断）和 FIQ（快中断）。即 ARM 核并不关心是谁产生了中断，只是知道产生的中断有两种，驱动代码还需要通过中断控制器寄存器中提供的寄存器组来判断是哪一个中断源发生的中断请求。所以，我们先来看一下图 6-34 中断控制器。

当请求源发生中断请求时，当按键按下（通过芯片手册判断是无 sub 寄存器还是带 sub 寄存器，即是否连接到 SUBSRCPND，通过查看这个寄存器服务的中断源来判断），假设是 K1 按下时，因为是无 sub 寄存器，所以按照图 6-34 所示，可以认为 K1 所对应的 SRCPND（源挂起寄存器）的相应位置被置为 1，代表相应中断发生，然后经过 MASK 寄存器，在芯片手册中叫 INTMAK 寄存器。如果 K1 对应的中断源被置 1，那么即使 SRCPND 中为 1 了，CPU 也不会产生中断，所以 INTMAK 又叫做中断屏蔽寄存器。

我们看到图中还有 IRQ 优先级控制寄存器，即有多个请求源产生中断时的顺序，读者可以通过芯片手册来了解。通过这个寄存器之后，还要经过 INTPND（中断挂起寄存器），即其中只有 1 个位为 1，并把 IRQ 请求发送给 CPU 处理，这就是中断控制器产生中断的一个流程。当然 CPU 也有权利不理中断，通过 CPSR 状态寄存器的"I"、"F"位来屏蔽所有的中断和快中断。

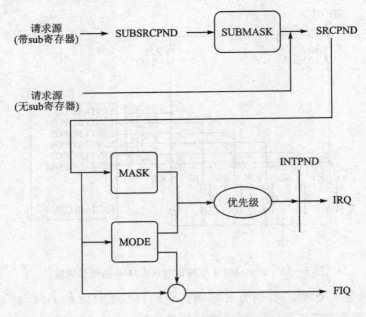

图 6 - 34 中断控制器处理框图

6.16.2 移植按键设备驱动

在光盘的/work/system 目录下,有 3 个 s3c24xx_button 名字的文件,分别支持 TQ2440、QQ2440、mini2440 开发板。

下面仍然以 mini2440 的 6 个按键为例,解释按键代码的含义。

```
#include <linux/module.h>
#include <linux/kernel.h>
#include <linux/fs.h>
#include <linux/init.h>
#include <linux/delay.h>
#include <asm/irq.h>
#include <linux/interrupt.h>
#include <asm/uaccess.h>
#include <asm/arch/regs-gpio.h>
#include <asm/hardware.h>

#define DEVICE_NAME    "buttons"    /* 加载模式后,执行"cat /proc/devices"命令看
到的设备名称 */
#define BUTTON_MAJOR   232          /* 主设备号 */

struct button_irq_desc {
```

```c
    int irq;
    unsigned long flags;
    char * name;
};

/* 用来指定按键所用的外部中断引脚及中断触发方式、名字 */
static struct button_irq_desc button_irqs [] = {
    {IRQ_EINT8,  IRQF_TRIGGER_FALLING|IRQF_DISABLED, "KEY1"}, /* K1 */
    {IRQ_EINT11, IRQF_TRIGGER_FALLING, "KEY2"}, /* K2 */
    {IRQ_EINT13, IRQF_TRIGGER_FALLING, "KEY3"}, /* K3 */
    {IRQ_EINT14, IRQF_TRIGGER_FALLING, "KEY4"}, /* K4 */
};
/* 按键被按下的次数(准确地说,是发生中断的次数) */
static volatile int press_cnt [] = {0, 0, 0, 0};
/* 等待队列:
 * 当没有按键被按下时,如果有进程调用 s3c24xx_buttons_read 函数,
 * 它将休眠
 */
static DECLARE_WAIT_QUEUE_HEAD(button_waitq);
/* 中断事件标志,中断服务程序将它置 1,s3c24xx_buttons_read 将它清 0 */
static volatile int ev_press = 0;

static irqreturn_t buttons_interrupt(int irq, void * dev_id)
{
    volatile int * press_cnt = (volatile int *)dev_id;

    * press_cnt = * press_cnt + 1; /* 按键计数加 1 */
    ev_press = 1;                   /* 表示中断发生了 */
    wake_up_interruptible(&button_waitq);   /* 唤醒休眠的进程 */

    return IRQ_RETVAL(IRQ_HANDLED);
}

/* 应用程序对设备文件/dev/buttons 执行 open(...)时,
 * 就会调用 s3c24xx_buttons_open 函数
 */
static int s3c24xx_buttons_open(struct inode * inode, struct file * file)
{
    int i;
    int err;

    for (i = 0; i < sizeof(button_irqs)/sizeof(button_irqs[0]); i++) {
```

```c
            // 注册中断处理函数
            err = request_irq(button_irqs[i].irq, buttons_interrupt, button_irqs[i].
flags,
                            button_irqs[i].name, (void *)&press_cnt[i]);
        if (err)
            break;
    }

    if (err) {
        // 释放已经注册的中断
        i--;
        for (; i >= 0; i--)
            free_irq(button_irqs[i].irq, (void *)&press_cnt[i]);
        return -EBUSY;
    }

    return 0;
}

/* 应用程序对设备文件/dev/buttons 执行 close(…)时,
 * 就会调用 s3c24xx_buttons_close 函数
 */
static int s3c24xx_buttons_close(struct inode * inode, struct file * file)
{
    int i;

    for (i = 0; i < sizeof(button_irqs)/sizeof(button_irqs[0]); i++) {
        // 释放已经注册的中断
        free_irq(button_irqs[i].irq, (void *)&press_cnt[i]);
    }

    return 0;
}

/* 应用程序对设备文件/dev/buttons 执行 read(…)时,
 * 就会调用 s3c24xx_buttons_read 函数
 */
static int s3c24xx_buttons_read(struct file * filp, char __user * buff,
                                size_t count, loff_t * offp)
{
    unsigned long err;
```

```c
    /* 如果 ev_press 等于 0,休眠 */
    wait_event_interruptible(button_waitq, ev_press);

    /* 执行到这里时,ev_press 等于 1,将它清 0 */
    ev_press = 0;

    /* 将按键状态复制给用户,并清 0 */
    err = copy_to_user(buff, (const void *)press_cnt, min(sizeof(press_cnt), count));
    memset((void *)press_cnt, 0, sizeof(press_cnt));

    return err ? -EFAULT : 0;
}

/* 这个结构是字符设备驱动程序的核心
 * 当应用程序操作设备文件时所调用的 open、read、write 等函数,
 * 最终会调用这个结构中的对应函数
 */
static struct file_operations s3c24xx_buttons_fops = {
    .owner = THIS_MODULE,        /* 这是一个宏,指向编译模块时自动创建的 __this_module 变量 */
    .open = s3c24xx_buttons_open,
    .release = s3c24xx_buttons_close,
    .read = s3c24xx_buttons_read,
};


/*
 * 执行"insmod s3c24xx_buttons.ko"命令时就会调用这个函数
 */
static int __init s3c24xx_buttons_init(void)
{
    int ret;

    /* 注册字符设备驱动程序
     * 参数为主设备号、设备名字、file_operations 结构、
     * 这样,主设备号就和具体的 file_operations 结构联系起来了,
     * 操作主设备为 BUTTON_MAJOR 的设备文件时,就会调用 s3c24xx_buttons_fops 中的相关成员函数
     * BUTTON_MAJOR 可以设为 0,表示由内核自动分配主设备号
     */
    ret = register_chrdev(BUTTON_MAJOR, DEVICE_NAME, &s3c24xx_buttons_fops);
```

```
        if (ret < 0) {
          printk(DEVICE_NAME " can't register major number\n");
          return ret;
        }

        printk(DEVICE_NAME " initialized\n");
        return 0;
}

/*
 * 执行"rmmod s3c24xx_buttons.ko"命令时就会调用这个函数
 */
static void __exit s3c24xx_buttons_exit(void)
{
        /* 卸载驱动程序 */
        unregister_chrdev(BUTTON_MAJOR, DEVICE_NAME);
}

/* 这两行指定驱动程序的初始化函数和卸载函数 */
module_init(s3c24xx_buttons_init);
module_exit(s3c24xx_buttons_exit);

/* 描述驱动程序的一些信息,不是必须的 */
MODULE_AUTHOR("http://www.ielife.cn");                    // 驱动程序的作者
MODULE_DESCRIPTION("S3C2410/S3C2440 BUTTON Driver");      // 一些描述信息
MODULE_LICENSE("GPL");                                    // 遵循的协议
```

以上是按键的驱动程序,代码中涉及到的驱动知识非常全面,读者可以作为学习驱动的典型代码来详细阅读。

6.16.3 配置内核支持 my2440 按键

(1) 复制 s3c24xx_buttons.c 代码到 drivers/char 目录下。

(2) 修改 drivers/char/Kconfig 文件。

```
config MY2440_BUTTONS
    tristate "buttons drivers support for my2440"
    depended on ARCH_S3C2440
    default y if ARCH_S3C2440
    help
      If say Y here, you will get support for my2440 board.
```

(3) 修改 drivers/char/Makefile 文件。

第6章 构建嵌入式 Linux 内核

```
obj-$(CONFIG_MY2440_BUTTONS) += s3c24xx_buttons.o
```

(4) 执行 make menuconfig 增加按键配置选项。

```
Device Drivers    --->
    Character devices    --->
        <*> buttons drivers support for my2440
```

6.16.4 测试按键

编译光盘下的 buttons 测试程序,文件为 /work/system/buttons_test.c:

```
arm-linux-gcc buttons_test.c -o buttons_test
arm-linux-strip buttons_test
```

开发板系统启动之后,在终端输入 cat /proc/devices,能够看到 buttons 设备驱动已加入 Linux 内核:

```
Character devices:
……
232 buttons
……
254 rtc
```

在开发板上创建设备节点:

```
mknod /dev/buttons c 232 0
```

在开发板上执行./buttons_test,分别按下 K1~K4 按键,查看终端屏幕上的打印信息。以下是执行程序后,按下按键在开发板上的打印信息:

```
# ./button_test
K1 has been pressed 2 times!
read buttons successfully, begin print the result:
K2 has been pressed 1 times!
read buttons successfully, begin print the result:
K3 has been pressed 1 times!
read buttons successfully, begin print the result:
K4 has been pressed 1 times!
```

6.17 看门狗设备移植

6.17.1 看门狗工作原理

watchdog(俗称看门狗),作为一个硬件一般用于在系统运行不正常的时候自动重启系统,从而让系统重新进入正确的轨道运行。在某些无人看管或电磁干扰强的环境下,往往设备在运行期间会出现偶发性的问题,可以通过设计一个硬件来解决这样的问题。解决原理是,在设备上运行的软件需要每隔一段时间往这个硬件中输入一个值,如果到了时间这个硬件没有接收到这个值,硬件就会发出 reset 信号给 CPU,导致 CPU 重启。这个过程被形象地描述为喂狗,而 watchdog 就是防止系统异常而设计的一个硬件。

为了了解看门狗的工作原理,需要看一下看门狗的硬件电路,见图 6-35:

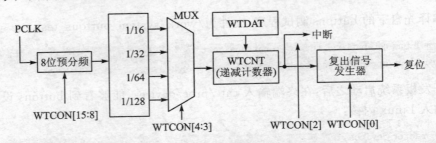

图 6-35 看门狗硬件电路图

可以看到看门狗定时器的时钟源由 PCLK(外部电路时钟源)提供,由于这个频率对看门狗硬件来说还是很大,所以接了 8 位预分频和分频系数,8 位预分频通过寄存器 WTCON(看门狗的芯片手册)来控制,分频系数可选择 16、32、64、128。

看门狗的频率=1/(PCLK/(预分频值+1)/分频系数)。

我们看到图的最右边 WTCON[0]是控制是否允许产生复位信号的,当 WTCON[0]=1 时看门狗被使能。那么什么时候产生复位信号呢?这由 WTDAT 和 WTCNT 两个寄存器来决定。

看电路图就可以明白 WTCNT 是会按照看门狗时钟频率的发出,产生值的递减,当 WTCNT 为 0 时产生复位信号,系统重启。在使能看门狗定时器之前需要向其中写入一个超时重启的值,在使能之后,便可以通过向 WTDAT 写入数值来控制看门狗超时时间了。为了防止看门狗重启,需要在使能后,在 WTCNT 为 0 之前,向 WTDAT 写入一个超时的数值。

6.17.2 配置内核支持看门狗设备

Linux 内核中包含了 S3C2410 的看门狗驱动程序,它位于内核源码的 drivers/char/s3c2410_wdt.c。因为它是一个平台驱动,再根据我们前一节对看门狗硬件操作的介绍,读者可以阅读一下它的代码,了解看门狗硬件的操作。

在/arch/arm/mach-s3c2440/mach-smdk2440.c 中确定已经增加了看门狗设备:

```
static struct platform_device * smdk2440_devices[] __initdata = {
    …
    &s3c_device_wdt,
```

配置内核支持看门狗驱动:

```
Device Drivers    --->
    Character devices    --->
        [*] Watchdog Timer Support    --->
            <*>    S3C2410 Watchdog
```

6.17.3 测试看门狗

测试代码位于光盘的\work\system 目录下,文件名是 test_wdt.c。
它的代码如下:

```
#include <stdio.h>
#include <linux/watchdog.h>
#include <fcntl.h>
#include <signal.h>

int fd;

/* 当输入 ctrl+c 的时候调用,会执行驱动中的 s3c2410wdt_write 函数,关闭看门狗 */
void sigint(int signum)
{
    write(fd, "V", 1);
    close(fd);
    exit(-1);
}

int main(int argc, char *argv[])
{
    int rst_peroid, feeddog_peroid;
    signal(SIGINT, sigint);
    /* argv[1]为看门狗的设备名称 */
    if ((fd = open(argv[1], O_WRONLY)) == -1) {
        perror("open");
        exit(-1);
    }
    feeddog_peroid = atoi(argv[2]);

    /* 获得看门狗的定时计数时间 */
    ioctl(fd, WDIOC_GETTIMEOUT, &rst_peroid);
```

```
            printf("watchdog timeout is %d\n", rst_peroid);

        rst_peroid = atoi(argv[3]);
        /* 重新设置看门狗定时器时间,时间设置为 argv[3] */
        ioctl(fd, WDIOC_SETTIMEOUT, &rst_peroid);
        if (feeddog_peroid != 0) {
            /* 循环控制看门狗定时器 */
            while (1) {
                //write(fd, "A", 1);
                ioctl(fd, WDIOC_KEEPALIVE);
                sleep(feeddog_peroid);
            }
        }
        close(fd);
        return 0;
}
```

运行测试,在开发板上执行 ./test_wdt /dev/watchdog 1 10,运行结果为:

```
# ./test_wdt /dev/watchdog 1 10
watchdog timeout is 5
```

由于设置的看门狗的重启时间为 10 秒,而我们 1 秒钟就会"喂一次"开门狗,所以系统不会重启,输入下面的命令则会导致系统重新启动:

```
# ./test_wdt /dev/watchdog 10 5
watchdog timeout is 10
```

由于我们重新设置了开发板的重启时间为 5 秒,而我们 10 秒钟才会"喂一次"狗,所以当到 5 秒的时候,系统便会重新启动。

读者也可以使用光盘中的看门狗驱动(\work\system\wdt.c)来编译测试。

6.18 内核中其余部分的移植步骤

前面章节已经对大部分的设备移植做了说明,已经涉及到不同种类的设备的移植,本节将继续移植剩余的内容。PWM 蜂鸣器的操作与看门狗类似,所以不单独当作一章节讲解。RTC 时钟设备和 USB 设备在内核中已经有完全的驱动,所以不增加章节做讲解。

6.18.1 PWM 蜂鸣器移植

我们的开发板外接了一个蜂鸣器,通过不同的频率会发出不同频率的叫声。由开发板的原理图和 S3C2440 芯片手册的 PWM 控制器章节了解到,蜂鸣器的输入频

第6章 构建嵌入式Linux内核

率来自于定时器0(共5个定时器),且定时器0被加入了脉冲宽度调制功能。而定时器0(TOUT0)引脚是复用GPIO,为GPB0,所以我们通过设置GPB0为TOUT0功能就可以通过操作PWM的比较缓存寄存器(TCMPB0)和计数缓存寄存器(TCNTB0)来设置不同的频率,让蜂鸣器产生不同的声音了。下面是移植步骤:

(1) PWM蜂鸣器的驱动在光盘的\work\system目录下,文件名为pwm.c,把它复制到内核源代码的drivers/char目录下。

(2) 修改drivers/char/Kconfig文件,增加PWM选项。

```
config MY2440_PWM_BEEP
    tristate "My2440 PWM Beep Device"
    depends on ARCH_S3C2440
    default y
    ---help---
      My2440 PWM Beep
```

(3) 修改drivers/char/Makefile文件,增加对pwm.c的编译。

```
obj-$(CONFIG_MY2440_PWM_BEEP) += pwm.o
```

(4) 执行make menuconfig,把pwm.c编译进内核。

```
Device Drivers --->
    Character devices --->
        <*> My2440 PWM Beep Device (NEW)
```

(5) 测试PWM。

测试文件位于光盘的/work/system目录下,文件名为pwm_test.c,使用命令编译,并放到开发板上运行,输入不同的参数,可以听到不同频率的蜂鸣器声音。

6.18.2 RTC实时时钟移植

实时时钟RTC通过S3C2440的芯片手册的17章节可以了解到。它能够在系统断电的情况下,通过开发板上的备用电池来工作,起到继续时钟(时间)的作用。RTC单元工作在外部32.768 Hz晶振下,并且可以提供闹钟功能。下面是移植步骤:

打开内核源代码文件arch/arm/mach-s3c2440/mach-smdk2440.c文件,在平台初始化数组里,增加RTC设备结构体:

```
static struct platform_device *smdk2440_devices[] __initdata = {
......
    &s3c_device_rtc,
......
};
```

增加内核配置选项,把 RTC 驱动编译进内核。

重新编译内核,测试 RTC。

首先查看开发板上是否存在/dev/rtc,有则说明 RTC 驱动成功加入内核。

操作 RTC 使用 Linux 中的命令 hwclock 即可。hwclock -w 是把系统中的时间保存到 RTC 设备寄存器中,而 hwclock -s 是从 RTC 中得到时间并保存到系统中。

所以我们可以使用下面的一些命令来把现在的时间保持到 RTC 中:

```
date -s 052013142012
hwclock -w
```

如果希望在系统启动的时候就能够得到 RTC 实时时间,需要把 hwclock -s 保存到启动脚本中,例如/etc/init.d/rcS。

6.18.3 USB 设备移植

Linux 内核对 OHCI 主机控制器支持完善,并且内核中有大量的 USB 驱动,用户可根据自己的需要,选择需要支持的 USB 设备。

在源码目录下执行 make menuconfig 进行配置。

(1) 配置开发板支持 USB 键盘和鼠标,如图 6-36 所示。

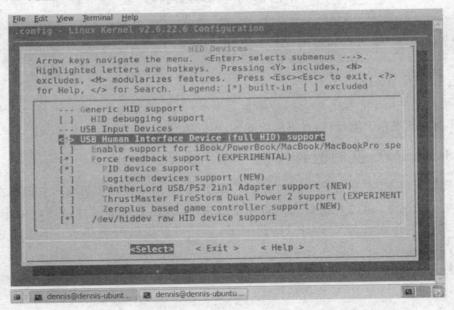

图 6-36 配置内核支持 USB 鼠标和键盘

(2) 配置开发板支持 U 盘,选择 SCSI,因为我们的 U 盘被系统识别为 SCSI Disk 设备,如图 6-37 所示。

(3) 选择 Device Drivers 菜单,进入 USB support,选择 USB 大容量存储设备的

第 6 章 构建嵌入式 Linux 内核

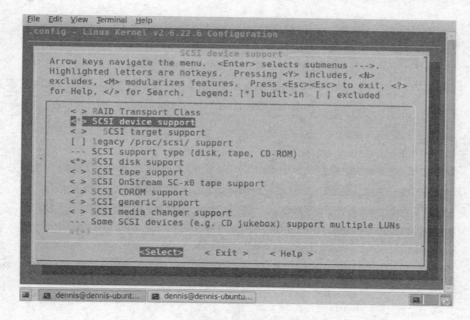

图 6 - 37 配置内核支持 SCSI 设备

支持,如图 6 - 38 所示。

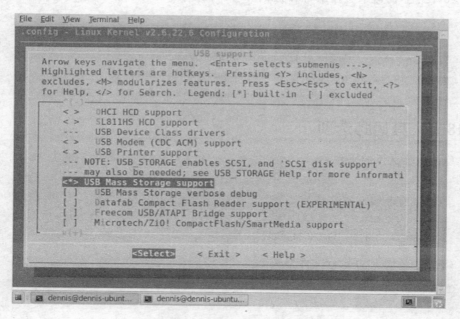

图 6 - 38 配置内核支持大容量存储设备

(4) U 盘需要被挂载使用,所以还要选择 U 盘的 FAT32 文件系统支持,如图 6 - 39 所示。

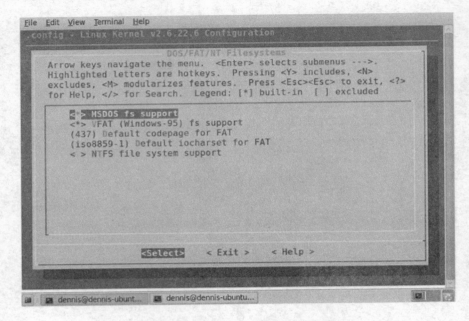

图 6-39 配置 U 盘支持的文件系统

(5) 配置 U 盘中文显示,代码如下:

```
File systems  --->
    Native Language Support  --->
        <*>   Codepage 437 (United States, Canada
        <*>   Simplified Chinese charset (CP936, GB2312)
        <*>   NLS ISO 8859-1   (Latin 1; Western European Languages)
```

6.18.4 其他必选项

(1) 系统支持的平台。

```
System Type  --->
    S3C2440 Machines  --->
        [*] SMDK2440
        [*] SMDK2440 with S3C2440 CPU module
```

(2) 支持 ELF 可执行文件格式。

```
Userspace binary formats  --->
    [*] Kernel support for ELF binaries
```

(3) 虚拟内存 tmpfs 文件系统支持。

```
File systems  --->
    Pseudo filesystems  --->
```

```
[*] Virtual memory file system support (former shm fs)
    [*]     Tmpfs POSIX Access Control Lists
```

(4) NFS 文件系统支持。

```
File systems  --->
    Network File Systems  --->
        <*> NFS file system support
        [*]   Provide NFSv3 client support
```

(5) RAM DISK 支持。

```
Device Drivers  --->
    Block devices  --->
        <*> Loopback device support
        <*> RAM disk support
        (16)   Default number of RAM disks
        (4096) Default RAM disk size(kbytes)
        (1024) Default RAM disk blouh
```

退出 make menuconfig，烧写编译得到的最终 uImage 到开发板。通过光盘提供的测试代码测试硬件的工作是否正常。

6.19 利用光盘补丁制作内核镜像

光盘的/work/system 目录下已经为读者做好了上述过程的 linux-2.6.22.6_my2440.patch 补丁文件，把它复制到虚拟机的 Linux 源代码根目录下，执行以下命令，为内核打上补丁：

```
patch -p1 < linux-2.6.22.6_my2440.patch
```

打完补丁之后，会在当前目录下看到 W35_config 和 T35_config 文件，分别为 320×240 和 240×320 的屏。假设用户的屏幕为 W35，则执行以下命令，为内核的编译制作默认选项：

```
cp W35_config  .confg
```

然后执行 make uImage 便可以在 arch/arm/boot 目录下得到 uImage 镜像文件。若读者的屏幕是其他类型的，也没关系，同样执行上面的命令得到.config 默认配置文件，只要根据 6.10 节的说明修改 LCD 驱动参数即可。

6.20 小　　结

本章从分析 Linux 内核的启动过程到最终的对外接设备移植的方式方法，系统地讲解 Linux 内核移植的总体方法和思路。

　　读者在移植过程中，每一个点都应该反复的尝试。比如使用图形界面配置内核，如果不确定某选项的含义，可以查看这个选项的帮助得到客观认识，再进入相应的内核源码总览它的大致功能，并结合一些书籍的讲解从整体上把握，做到了然于胸。否则大量的配置会让你摸不着头脑。

　　其次，内核的大部分代码都是驱动，一般地，移植内核，最主要的就是移植开发板上的设备驱动，使得开发板的硬件能够正常工作。有的驱动，比如说串口，一般在内核中已经有现成的驱动代码，然而还有些设备并没有相应的驱动，或者类似的驱动没办法配合硬件工作。这就需要我们先去了解硬件的工作原理、硬件使用的资源、硬件的连线和硬件工作的时序，掌握了这些后，找到一个类似的驱动代码，再修改它就不难了。但是很多时候，我们的驱动还要根据内核的框架来写，提供与操作系统内部框架各个层级进行交互的接口。所以我们在移植过程中，注意对遇到的 Linux 内核框架的理解和认识，有助于从整体上认识和理解内核，有些问题也会豁然开朗。

第 7 章
构建嵌入式 Linux 文件系统

7.1 嵌入式 Linux 文件系统简介

7.1.1 嵌入式文件系统概述

嵌入式 Linux 对文件系统的要求：
- 要求文件系统在频繁的文件操作（例如，新建、删除、截断）下能够保持较高的读写性能，要求低碎片化。
- Linux 下的日志文件系统（XFS、ReiserFS、Ext3 等）能保持数据的完整性，但消耗过多系统资源的弱点使之不能成为嵌入式系统中的主流应用。并且这些都是专门为硬盘类的存储设备进行了优化，对于 Flash 这类的存储介质并不适用。
- 嵌入式文件系统的载体是以 Flash 为主的存储介质。Flash 的擦除次数是有限的，所以为了延长 Flash 的使用寿命，应该尽量减少对 Flash 的写入操作。并尽量使对 Flash 的写入操作均匀分布在整个 Flash 上。

目前适合使用在嵌入式 Flash 设备上的系统有 cramfs、jffs、yaffs 文件系统。

7.1.2 MTD 设备与 Flash 文件系统简介

1. Flash 硬件驱动层

在 init 时驱动 Flash 硬件，Nand 型 Flash 的驱动程序位于/driver/mtd/nand 子目录下。

2. MTD 原始设备

它是内核的一个功能组件，用于屏蔽下层各种不同的 Flash 硬件驱动，向上提供

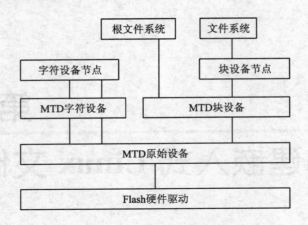

图 7-1 MTD 与文件系统

统一的操作 Flash 的接口。其代码由 2 部分组成：
- MTD 原始设备的通用代码。
- 各个特定 Flash 的数据，例如分区数据（mtd_info、mtd_table（mtdcore.c）、mtd_part（mtd_part.c））。

3. MTD 设备层

Linux 系统定义出 MTD 的块设备（主设备号 31）和字符设备（设备号 90）。通过访问此设备节点（例如：cat /dev/mtdblock1）就可以访问 MTD 块设备（但请注意，mtd 块设备一般不是由用户程序直接访问，而是由操作系统中的文件系统代码直接访问的。用户程序通过读写文件，借由文件系统代码间接访问 mtd 块设备）和字符设备。

```
# ls -l /dev/mtd*
crw-rw----  1 0  0  90,  0 May  2 16:44 /dev/mtd0
crw-rw----  1 0  0  90,  1 May  2 16:44 /dev/mtd0ro
crw-rw----  1 0  0  90,  2 May  2 16:44 /dev/mtd1
crw-rw----  1 0  0  90,  3 May  2 16:44 /dev/mtd1ro
crw-rw----  1 0  0  90,  4 May  2 16:44 /dev/mtd2
crw-rw----  1 0  0  90,  5 May  2 16:44 /dev/mtd2ro
crw-rw----  1 0  0  90,  6 May  2 16:44 /dev/mtd3
crw-rw----  1 0  0  90,  7 May  2 16:44 /dev/mtd3ro
brw-rw----  1 0  0  31,  0 May  2 16:44 /dev/mtdblock0
brw-rw----  1 0  0  31,  1 May  2 16:44 /dev/mtdblock1
brw-rw----  1 0  0  31,  2 May  2 16:44 /dev/mtdblock2
brw-rw----  1 0  0  31,  3 May  2 16:44 /dev/mtdblock3
```

4. 根文件系统

在 BootLoader 中将文件系统映像烧录到 Flash 的某一个分区中，在启动的时候，将该分区（第4个分区）作为根文件系统（根文件系统是yaffs2）挂载。

```
my2440 > printenv bootargs
bootargs = noinitrd root = /dev/mtdblock3 console = ttySAC0 rootfstype = yaffs2
```

5. 文件系统

在块设备之上，就可以编写各种各样的逻辑文件系统（例如：jffs2、yaffs等）的内核代码。内核启动后，可以通过mount命令和设备文件挂载相应Flash分区。

```
# mount -t yaffs2 /dev/mtdblock1 /mnt
```

7.2 嵌入式Linux常用的文件系统

7.2.1 ramfs文件系统

首先在Linux内核的2.0版本开始支持ramdisk文件系统，但是设置之后便不能更改大小。我们在内核的配置菜单中可以看到块设备中有一个ramdisk选项，并可以设置它的大小，默认的大小为4 096 KB。在配置内核的时候用户也可以指定ramdisk的大小。ramdisk是基于ram的块设备，所以它占据了一块固定内存的小大，并且需要使用mke2fs格式化以及相对应的文件系统的驱动程序去读取设备上的内容。ramdisk上的内容没有被使用到的，就会被浪费，它的使用方法如下：

```
ls -l /dev/ram * 用于查看目前的ramdisk数目
mkdir /mnt/ramdisk,创建一个ramdisk挂载点
mke2fs /dev/ram0,用于对ram0这个ramdisk设备创建文件系统
mount /dev/ram0 /mnt/ramdisk,用于挂载ram0这个ramdisk设备到/mnt/ramdisk目录下,便
可以向操作普通目录一样来读写ram0设备了,但是重新启动后,内容不会再存在。
```

由于ramdisk会占据固定的内存，在很多场合并不太实用。在Linux的2.4版本开始支持了ramfs文件系统，它是一个简单的基于Linux的，可以动态分配大小的内存文件系统。它属于内核虚拟文件系统层（VFS），与ramdisk相比，并不是基于虚拟在内存中的其他的文件系统，例如上面的ext2文件系统。它的使用也很简单，如下：

```
mkdir /mnt/ramfs
mount -t ramfs none /mnt/ramfs(缺省大小,被限制最大 maxsize 为内存总和/2)
mount -t ramfs none /mnt/ramfs -o maxsize = 1000(创建最大大小为1M的ramfs文件系统)
```

7.2.2 tmpfs文件系统

1. tmpfs文件系统概念

tmpfs是虚拟文件系统的简称。与ramdisk和ramfs都不一样，它既可以使用内

存也可以使用磁盘来作为存储介质,并且它的大小和 ramfs 一样,可以动态分配,因此使用比较广泛,在 Linux 系统配置中一般也是必选项。

它主要用于减少对闪存不必要的写操作这一唯一目的。因为 tmpfs 驻留在 RAM 中,所以写/读/擦除的操作发生在 RAM 中而不是在闪存中。因此,当将日志消息写入挂载为 tmpfs 文件系统的目录时,是将其写入 RAM 而不是闪存中,在重新引导时不会保留它们。

它的原理是:在 Linux 内核中有虚拟内存的概念,而虚拟内存是由物理内存 RAM 和交换分区 swap 组成,这些虚拟内存资源又是由 Linux 内核中的虚拟内存子系统管理。tmpfs 会向虚拟内存子系统申请页来存储文件,但它不知道虚拟内存子系统分配给自己的页是在物理内存中还是属于交换分区。

在内核中,选择"Virtual memory filesystem support"一项来支持对 tmpfs 虚拟文件系统的管理。

在启动时,我们经常会看到启动脚本中有以下内容:

```
mount none /dev -t tmpfs
```

这也是由于 Linux 系统的设备可以热插拔的原因。/dev 目录下的内容会经常变化,挂载为 tmpfs 虚拟文件系统可以有效减小对嵌入式 Nand Flash 等 Flash 设备的擦写,从而减少对 Flash 设备的损伤。

2. tmpfs 文件系统的优缺点

(1) 动态目录大小。

目录大小可以根据被复制、创建的文件或目录的大小和数量来缩放,使得能够最理想地使用内存。tmpfs 还可使用磁盘交换空间来存储,并且当为存储文件而请求页面时,使用虚拟内存(VM)子系统。

(2) 速度快。

因为 tmpfs 驻留在 RAM 中,所以读和写几乎都是瞬时的。即使以交换的形式存储文件,I/O 操作的速度仍非常快。

(3) tmpfs 的一个缺点是当系统重新引导时会丢失所有数据。因此,重要的数据不能存储在 tmpfs 上。

附注,tmpfs 与 ramfs 的区别:

- ramfs 实现机制是将 cache 在物理内存的文件占用的 page 不标记为可释放(freeable),这样 VM(虚拟内存管理)就不会将这些 page 释放或交换到 swap,从而实现文件总在物理内存中。
- tmpfs 也是存放于内存中,但它可以被 VM 交换到 swap。它其实是 ramfs 的一个变体。
- 详细请参阅 Documentation/filesystems/ramfs-rootfs-initramfs.txt 和 tmpfs.txt。

第7章 构建嵌入式 Linux 文件系统

3. tmpfs 在嵌入式 Linux 的用途

当 Linux 运行于嵌入式设备上时,设备就成为功能齐全的单元。许多守护进程(例如 ftpd、httpd 等)会在后台运行并生成许多日志消息;另外,所有内核日志记录机制(例如 syslogd、dmesg 和 klogd)也会在后台运行并生成许多消息。这些消息会被写入/var 和/tmp 目录下的文件中。由于这些进程产生了大量数据,所以允许将所有这些写操作都发生在 Flash 上会快速消耗 Flash 的使用寿命。由于在重新引导时这些消息不需要持久存储,所以这个问题的解决方案是使用 tmpfs。

4. tmpfs 文件系统的配置位置

File systems -- Pseudo filesystems -- Virtual memory file system support(former shm fs)tmpfs 配置如图 7-2 所示。

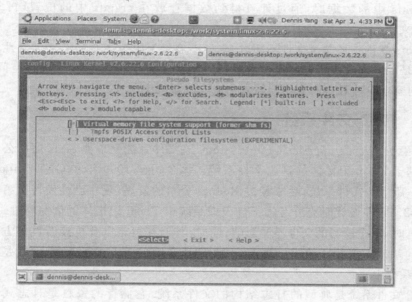

图 7-2 tmpfs 配置

7.2.3 romfs 文件系统

对于 romfs 的权威资料来自内核代码的"Documentation/filesystems/romfs.txt"。

romfs 是一种简单的只读文件系统,通常被嵌入式 Linux 和 uclinux 用作引导操作系统的文件系统来使用,也会被 uclinux 当作真实的根文件系统来使用。由于只读,会考虑到使用 ramdisk 实现对数据和文件的存储。

romfs 是一种相对简单、占用空间较少的文件系统。空间的节约来自于两个方面:首先内核支持 romfs 文件系统比支持 ext2 文件系统需要更少的代码,内核对 romfs 的支持大概只需要"花费"4 KB 左右的编译代码;其次 romfs 文件系统相对简单，在建立文件系统超级块（Superblock）时需要更少的存储空间。

一般我们可以使用一些工具来制作 romfs 的文件系统。制作好之后就是一个二进制的文件。制作工具使用"genromfs"，这个工具在网上就可下载到，其源代码大概不到 1 000 行。我们使用 ubuntu 系统也可以通过以下的命令获取。

```
sudo apt-get install genromfs
```

7.2.4　cramfs 文件系统

cramfs 是用于嵌入式闪存（Nor Flash 或 Nand Flash）设备上的只读文件系统。cramfs 中的数据是使用 zlib 方式压缩的，属于只读性文件系统，不能在闪存中修改。

用户获取数据时，cramfs 先把数据送到 RAM 中，用户从 RAM 中读取，当需要用到 cramfs 中的数据时，通过计算得到数据存放在 cramfs 中的位置，再复制到 RAM 中来操作。

cramfs 默认支持单个文件不超过 16 MB，容量上限为 256 MB，文件属性不包含时间戳，是以嵌入式占用资源最少为最好的只读系统，广泛地应用于储存空间小、文件系统内容较少并且不需要用户写入的嵌入式系统中。

7.2.5　jffs2 文件系统

jffs 意为 Journaling Flash File System，该文件系统是瑞典 Axis 通信公司开发的一种基于 Flash 记忆体的日志文件系统。该公司于 1999 年在 GNU/Linux 上发行了第一版 jffs 文件系统，后来经过 Redhat 公司的发展，现在已经发行了第 2 个版本的 jffs2。它在设计时充分考虑了嵌入式系统中 Flash 记忆体的读写特性，确保在系统掉电时，正在读写的文件不受影响；同时，其储存策略以及抗疲劳性等方面也在第 1 版的基础上进行了改进。目前，jffs2 广泛应用于嵌入式系统中，尤其是嵌入式 uclinux 系统中。

jffs2 文件系统是典型的日志结构的文件系统，它存储的资料是日志式资料信息。jffs2 在 Flash 上只有两种类型的资料实体：jffs2_raw_inode 和 jffs2_raw dirent。前者包含文件的管理信息，后者用于描述文件在文件系统中的位置。真正的资料信息就保持在 jffs2_raw_inode 节点的后面，大部分管理的信息都是在系统挂载之后建立起来的。两种资料实体有着公共的文件头结构 jffs2_unknown_node。在这个结构里，有个 jint32_t 类型的 hdr_crc 变量，它代表文件头部中其他域的 CRC 校验值。这说明 jffs2 文件系统使用的是 CRC 循环冗余校验码。

jffs 文件系统对存储的资料进行了压缩，与 yaffs 相比较，同样的文件大小 jffs 文件系统是 yaffs 文件系统的 1/2，更加节省资源。jffs 的缺点就是加载时间太长，因为每次加载都需要将 Flash 上的所有节点（jffs 的存储单位）加载到内存，这样也占用了可观的内存空间。

一般地，jffs 文件系统被用在 Nor Flash 和小于 64 MB 的 Nand Flash 闪存中。

7.2.6　yaffs 文件系统

yaffs 是"Yet Another Flash File System"的缩写，目标是用在 Nand Flash 闪存设备上。目前有两个版本，一个是 yaffs1，一个是 yaffs2。yaffs1 支持 512B/Page 的 Nand Flash，后者 yaffs2 支持 2 KB/Page 的 Nand Flash。

它采用了类日志结构，结合 Nand Flash 的特点，提供了损耗平衡和掉电保护机制，可以有效地避免意外掉电对文件系统一致性和完整性的影响。在 mount 的时候需要很少的内存（如果是小页——512B/Page，每 1 MB Nand Flash 大约需要 4 KB 内存；大页需要大概 1 KB RAM/1 MB Nand Flash）。

储存资料的基本单位是 Chunk，相当于 Flash 的页。Chunk 中的资料包括两部分：一部分是资料区，占用 Flash 的一页；另一部分是文件信息及冗余资料区，占用 Flash 页的 OOB 区。其冗余资料主要是 ECC 校验资料，对于小页（每页 512 位元组）的 Flash，每页有 6 位元组的 ECC 资料；对于大页（每页 2048 位元组）的 Flash，每页有 24 位元组的 ECC 资料。

jffs 与 yaffs 比较，两者各有长处。一般来说，对于小于 64 MB 的 Nand Flash，可以选用 jffs；如果超过 64 MB，用 yaffs 比较合适。

7.2.7　ubi 文件系统

ubifs 是无排序区块图像档案系统（Unsorted Block Image File System）的简称，被用于固态硬盘储存装置上，并与 LogFS（jffs、yaffs）相互竞争，作为 jffs2 的后继档案系统之一。ubifs 真正开始开发于 2007 年，并于 2008 年 10 月第一次加入稳定版本——Linux 核心 2.6.27 版。

ubifs 最早在 2006 年由 IBM 与 Nokia 的工程师 Thomas Gleixner、Artem Bityutskiy 所设计，专门为了解决 MTD（Memory Technology Device）装置所遇到的瓶颈。由于 Nand Flash 容量的暴涨，yaffs 等皆无法再去控制 Nand Flash 的空间。ubifs 透过子系统 ubi 处理与 MTD device 之间的动作。与 jffs2 一样，ubifs 建构于 MTD device 之上，因而与一般的 block device 不相容。

ubifs 在设计与性能上均较 yaffs2、jffs2 更适合 MLC Nand Flash。例如：ubifs 支持 write-back，其写入的资料会被 cache，直到有必要写入时才写到 Flash，大大地降低分散小区块数量并提高 I/O 效率。ubifs mount 时不需要 scan 整个 Flash 的资料来重新建立档案目录。

ubifs 目前是 android 系统、Nokia N900 智能手机上的默认文件系统。

7.3 详解制作根文件系统

7.3.1 FHS 标准介绍

当我们在 Linux 下输入 ls/ 的时候，见到的目录结构以及这些目录下的内容都大同小异，这是因为所有的 Linux 发行版在对根文件系统布局上都遵循 FHS 标准的建议规定。

该标准规定了根目录下各个子目录的名称及其存放的内容，如表 7-1 所列。

表 7-1 FHS 标准目录结构

目录名	目录存放的内容
/bin	必备的用户命令，例如 ls、cp 等
/sbin	必备的系统管理员命令，例如 ifconfig、reboot 等
/dev	设备文件，例如 mtdblock0、tty1 等
/etc	系统配置文件，包括启动文件，例如 inittab 等
/lib	必要的链接库，例如 C 链接库、内核模块
/home	普通用户主目录
/root	root 用户主目录
/usr/bin	非必备的用户程序，例如 find、du 等
/usr/sbin	非必备的管理员程序，例如 chroot、inetd 等
/usr/lib	库文件
/var	守护程序和工具程序所存放的可变，例如日志文件
/proc	用来提供内核与进程信息的虚拟文件系统，由内核自动生成目录下的内容
/sys	用来提供内核与设备信息的虚拟文件系统，由内核自动生成目录下的内容
/mnt	文件系统挂接点，用于临时安装文件系统
/tmp	临时性的文件，重启后将自动清除

制作根文件系统就是要建立以上的目录，并在其中建立完整目录内容。其过程大体包括：

- 编译/安装 busybox，生成 /bin、/sbin、/usr/bin、/usr/sbin 目录及其内容；
- 利用交叉编译工具链，构建 /lib 目录；
- 手工构建 /etc 目录；
- 手工构建最简化的 /dev 目录；
- 创建其他空目录；
- 配置系统自动生成 /proc 和 /sys 目录；

第 7 章 构建嵌入式 Linux 文件系统

- 利用 udev 构建完整的 /dev 目录；
- 制作根文件系统的 jffs2 或者 yaffs2 映像文件。

下面详细介绍这个过程。

7.3.2 编译安装 busybox，生成 /bin、/sbin、/usr/bin、/usr/sbin 目录

这些目录下存放的主要是常用命令的二进制文件。如果要自己编写这几百个常用命令的源程序，将非常困难，好在我们有嵌入式 Linux 系统的瑞士军刀——busybox，事情就简单多了。

编译/安装过程如下：

(1) 从 http://www.busybox.net/ 下载 busybox-1.13.3.tar.bz2（光盘中已提供该文件 /work/rootfs/busybox-1.13.3.tar.bz2），上传到 Linux 虚拟机的 /work/rootfs/ 目录。

(2) tar xjvf busybox-1.13.3.tar.bz2 解包。

(3) cd busybox-1.13.3 后，执行 make defconfig 对 busybox 进行缺省配置。

(4) 执行 make menuconfig 对 busybox 进行详细配置，如图 7-3 所示。

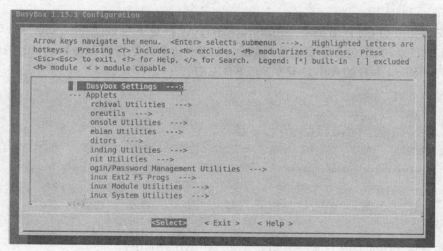

图 7-3 配置 busybox

busybox 配置主要分两部分。

第一部分是 Busybox Settings，主要是编译和安装 busybox 的一些选项。这里主要需要配置：

① Build Options -- Build BusyBox as a static binary (no shared libs)，表示编译 busybox 时，是否静态链接 C 库。我们选择动态链接 C 库。

② Build Options -- Cross Compiler prefix，表示编译时使用的交叉编译器。我们输入 arm-linux-。

③ Installation Options -- Applets links (as soft-links) -- (X) as soft-links，表示安装 busybox 时，将各个命令安装为指向 busybox 的软链接还是硬链接。我们选择软链接。

④ Installation Options -- (/work/rootfs/myfs) BusyBox installation prefix，表示 busybox 的安装位置。我们选择/work/rootfs/myfs。

⑤ Busybox Library Tuning。保留 Command line editing 以支持命令行编辑，保留 History size 和 History saving 以支持记忆历史命令，选中 Tab completion 和 Username completion 以支持命令自动补全。

第二部分是 Applets，它将 busybox 支持的几百个命令分门别类。我们只要在各个门类下选择想要的命令即可。这里我们基本保持默认设置。

去除 Linux Module Utilities 下的 Simplified modutils，选中 insmod、rmmod、lsmod、modprobe、depmod。

(5) 编译 busybox。

make。

(6) 安装 busybox。

make install。

安装完成后，可以看到在/work/rootfs/myfs 目录下生成了 bin、sbin、usr/bin、usr/sbin 目录，其下包含了我们常用的命令，这些命令都是指向 bin/busybox 的软链接，而 busybox 本身的大小差不多 800 KB 左右。

```
    /work/rootfs/myfs $ ls
    bin   linuxrc   sbin   usr
    /work/rootfs/fs_mini3 $  ls -l bin
 total 820
    lrwxrwxrwx 1 dennis dennis      7 2010-08-26 17:10 addgroup -> busybox
    lrwxrwxrwx 1 dennis dennis      7 2010-08-26 17:10 adduser -> busybox
    lrwxrwxrwx 1 dennis dennis      7 2010-08-26 17:10 ash -> busybox
    -rwxr-xr-x 1 dennis dennis 834912 2010-08-26 17:10 busybox
```

而普通 PC 机上的 ls 命令就有差不多 110 KB 的大小。

```
    /work/rootfs/myfs $ ls -l /bin/ls
    -rwxr-xr-x 1 root root 112720 2009-10-06 19:07 /bin/ls
```

busybox 以它娇小的身躯容纳了数以百计的命令代码，实在是让人佩服不已，不愧嵌入式系统瑞士军刀之美誉。据说，busybox 的作者身患绝症，这更让人钦佩 GNU 开源软件的作者们。大家积极加入开源软件的队伍吧！

7.3.3 利用交叉编译工具链构建 /lib 目录

光有应用程序(命令)是不够的，因为应用程序本身需要使用 C 库的库函数，因

第7章 构建嵌入式 Linux 文件系统

此还必须制作 for ARM 的 C 库,并将其放置于/lib 目录。难道,要自己写 C 库的源代码吗? 不用! 还记得交叉编译工具链的 3 个组成部分吗? 交叉编译器、for ARM 的 C 库和二进制工具。哈哈,for ARM 的 C 库是现成的,我们只需要复制过来就可以了。遗憾的是,整个 C 库目录下的文件总大小有 29 MB,而嵌入式设备的 Nand Flash 空间不会太大,根本不会容忍一个 lib 库就占用这么大的空间。怎么办呢?

```
/work/rootfs/myfs$ du -s --si /usr/local/arm/gcc-3.4.5-glibc-2.3.6/arm-linux/lib
29M /usr/local/arm/gcc-3.4.5-glibc-2.3.6/arm-linux/lib
```

需要 C 库目录下所有的文件吗? 当然不用! 让我们来分析一下 glibc 库目录下内容的组成。该目录下的子目录和文件共分 7 类:

(1) 目标文件,如 crtn.o,用于 GCC 链接可执行文件。

(2) libtool 库文件(.la),在链接库文件时这些文件会被用到,比如它们列出了当前库文件所依赖的其他库文件,程序运行时无须这些文件。

(3) gconv 目录,里面是各种链接脚本,在编译应用程序时,它们用于指定程序的运行地址,各段的位置等。

(4) 静态库文件(.a),例如 libm.a、libc.a。

(5) 动态库文件(.so、.so.[0-9]*)。

(6) 动态链接库加载器 ld-2.3.6.so、ld-linux.so.2。

(7) 其他目录及文件。

很显然,第 1、2、3、4、7 类文件和目录是不需要复制的。

由于动态链接的应用程序本身并不含有它所调用的 C 库函数的代码,因此执行时需要动态链接库加载器来为它加载相应的 C 库文件,所以第 6 类文件是需要复制的。

除此之外,第 5 类文件当然要复制,但第 5 类文件的大小也相当大。

```
/work/rootfs/myfs$ du -c --si /usr/local/arm/gcc-3.4.5-glibc-2.3.6/arm-linux/lib/*.so*
8.3M    total
```

需要全部复制吗? 非也,非也! 其实,需要哪些库完全取决于要运行的应用程序使用了哪些库函数。如果我们只制作最简单的系统,那么我们只需要运行 busybox 这一个应用程序即可。通过执行:

```
/work/rootfs/myfs$ arm-linux-readelf -a bin/busybox | grep 'Shared'
 0x00000001 (NEEDED)                     Shared library: [libm.so.6]
 0x00000001 (NEEDED)                     Shared library: [libc.so.6]
```

可知:busybox 只用到了 2 个库,通用 C 库(libc)、数学库(libm)。因此我们只需要复制这 2 个库的库文件即可。但是每个库都有 4 个文件,4 个文件都要复制吗? 当然不是。

```
/usr/local/arm/gcc-3.4.5-glibc-2.3.6/arm-linux/lib $ ls -l libm[.-]*
-rwxr-xr-x 1 dennis dennis   779096 2008-01-22 05:31 libm-2.3.6.so
-rw-r--r-- 1 dennis dennis  1134282 2008-01-22 05:32 libm.a
lrwxrwxrwx 1 dennis dennis        9 2008-12-22 15:38 libm.so -> libm.so.6
lrwxrwxrwx 1 dennis dennis       13 2008-12-22 15:38 libm.so.6 -> libm-2.3.6.so
/usr/local/arm /gcc-3.4.5-glibc-2.3.6/arm-linux/lib $ ls -l libc[.-]*
-rwxr-xr-x 1 dennis dennis  1435660 2008-01-22 05:48 libc-2.3.6.so
-rw-r--r-- 1 dennis dennis  2768280 2008-01-22 05:31 libc.a
-rw-r--r-- 1 dennis dennis      195 2008-01-22 05:34 libc.so
lrwxrwxrwx 1 dennis dennis       13 2008-12-22 15:38 libc.so.6 -> libc-2.3.6.so
```

4 个文件中的.a 文件是静态库文件,是不需要复制的。另外 3 个文件是:
- 实际的共享链接库:libLIBRARY_NAME-GLIBC_VERSION.so,当然需要复制。
- 主修订版本的符号链接,指向实际的共享链接库:libLIBRARY_NAME.so.MAJOR_REVISION_VERSION。程序一旦链接了特定的链接库,将会参用该符号链接。程序启动时,加载器在加载程序前,会检索该文件,所以需要复制。
- 与版本无关的符号链接,指向主修订版本的符号连接(libc.so 是唯一的例外,它是一个链接命令行:libLIBRARY_NAME.so,是为编译程序时提供一个通用条目)。这些文件在程序被编译时会被用到,但在程序运行时不会被用到,所以不必复制它。

关于共享库的 2 个符号链接的作用的特别说明:

当我们使用 gcc hello.c -o hello -lm 编译程序时,gcc 会根据-lm 的指示,加头(lib)添尾(.so)得到 libm.so,从而沿着与版本无关的符号链接(libm.so -> libm.so.6)找到 libm.so.6 并记录在案(hello 的 ELF 头中),表示 hello 需要使用 libm.so.6 这个库文件所代表的数学库中的库函数。而当 hello 被执行的时候,动态链接库加载器会从 hello 的 ELF 头中找到 libm.so.6 这个记录,然后沿着主修订版本的符号链接(libm.so.6 -> libm-2.3.6.so)找到实际的共享链接库 libm-2.3.6.so,从而将其与 hello 做动态链接。可见,与版本无关的符号链接是供编译器使用的,主修订版本的符号链接是供动态链接库加载器使用的,而实际的共享链接库则是供应用程序使用的。

通过以上分析,我们只需要复制 2 个库(每个库各 1 个主修订版本的符号链接和 1 个实际的共享链接库)以及动态链接库加载器(1 个符号链接和 1 个实体文件)。步骤如下:

```
/usr/local/arm/gcc-3.4.5-glibc-2.3.6/arm-linux/lib $ mkdir /work/rootfs/myfs/lib
/usr/local/arm/gcc-3. 4. 5-glibc-2. 3. 6/arm-linux/lib $ cp libm-* /work/rootfs/
myfs/lib
/usr/local/arm/gcc-3.4.5-glibc-2.3.6/arm-linux/lib $ cp -P libm.so. * /work/rootfs/
myfs/lib
/usr/local/arm/gcc-3. 4. 5-glibc-2. 3. 6/arm-linux/lib $ cp libc-* /work/rootfs/
myfs/lib
/usr/local/arm/gcc-3.4.5-glibc-2.3.6/arm-linux/lib $ cp -P libc.so. * /work/rootfs/
myfs/lib
/usr/local/arm/gcc-3. 4. 5-glibc-2. 3. 6/arm-linux/lib $ cp -P ld-* /work/rootfs/myfs/
lib
```

7.3.4 手工构建 /etc 目录

/etc 目录存放的是系统程序的主配置文件，因此需要哪些配置文件取决于要运行哪些系统程序。即使最小的系统也一定会运行 1 号用户进程 init，所以我们至少要手工编写 init 的主配置文件 inittab，该配置文件用于决定 init 进程要启动哪些子进程以及如何启动这些子进程。busybox 的 inittab 文件的语法、语义与传统的 SYSV 的 inittab 有所不同。

inittab 文件中每个条目用来定义一个需要 init 启动的子进程，并确定它的启动方式，格式为＜id＞:＜runlevel＞:＜action＞:＜process＞。例如：ttySAC0::askfirst:-/bin/sh。

- ＜id＞表示子进程要使用的控制台，若省略则使用与 init 进程一样的控制台。
- ＜runlevel＞表示运行级别，busybox init 程序这个字段没有意义。
- ＜action＞表示 init 进程如何控制这个子进程。
  - ❖ sysinit：以该方式启动的子进程最先被 init 启动，该子进程只会被启动一次，如该子进程结束，init 将不会重新启动它（请与 respawn 对照查看）。init 进程必须等待该子进程结束后才能继续执行启动其他子进程的动作。
  - ❖ wait：系统执行完 sysinit 条目后才启动该子进程，该子进程只执行一次，init 进程必须等待该子进程结束后才能继续执行启动其他子进程的动作。
  - ❖ once：系统执行完 wait 条目后才启动该子进程，该子进程只执行一次，init 进程不必等待该子进程的结束就可以执行启动其他子进程的动作。
  - ❖ respawn：系统执行完 once 条目后才启动该子进程，init 进程会持续监测该子进程的状态，若发现该子进程退出，会重新启动它。
  - ❖ askfirst：系统启动完 respawn 条目后才启动该子进程，与 respawn 类似，不过 init 进程先输出"Please press Enter to activate this console"，等用户输入回车后才启动子进程。
  - ❖ shutdown：当系统关机时启动该子进程。

- ❖ restart：Busybox 中配置了 CONFIG_FEATURE_USE_INITAB，并且 init 进程接收到 SIGUP 信号时执行，先重新读取、解析/etc/inittab 文件，再执行 restart 程序。
- ❖ ctrlaltdel：按下 Ctrl+Alt+Del 键时启动该子进程。不过在串口控制台中无法输入它。
- ＜process＞表示进程对应的二进制文件。如果前面有-号，表示该程序是"可以与用户进行交互的"。

我们制作最简单的/etc/inittab 文件，其内容如下：

```
::sysinit:/etc/init.d/rcS
::askfirst:-/bin/sh
::ctrlaltdel:/sbin/reboot
::shutdown:/bin/umount -a -r
```

制作最简单的脚本程序文件/etc/init.d/rcS，其内容如下：

```
#!/bin/sh
ifconfig eth0 192.168.1.222
```

修改 shell 脚本文件 etc/init.d/rcS 的权限，以使其可被执行：

```
/work/rootfs/myfs/etc/init.d$ chmod a+x rcS
```

7.3.5　手工构建最简化的 /dev 目录

在 Linux 机器上，执行 ls /dev 可看到几百个设备文件，我需要手工创建它们吗？也许，我只需要手工创建几个设备文件！我怎么知道我应该创建哪几个设备文件呢？管它呢，先看看开发板上可爱的 Linux 的反应再说。

启动 Linux 操作系统，显示：

```
VFS: Mounted root (nfs filesystem).
Freeing init memory: 112K
Warning: unable to open an initial console.
```

这说明，内核已经成功挂载根文件系统，但却未能成功启动第 1 个用户进程 init。通过错误消息"unable to open an initial console"搜索内核源代码，找到 init/main.c 文件。

```
748 static int noinline init_post(void)
749 {
750     free_initmem();
751     unlock_kernel();
752     mark_rodata_ro();
753     system_state = SYSTEM_RUNNING;
```

第 7 章　构建嵌入式 Linux 文件系统

```
754         numa_default_policy();
755
756         if (sys_open((const char __user *) "/dev/console", O_RDWR, 0) < 0)
757             printk(KERN_WARNING "Warning: unable to open an initial console.\n");
758
759         (void) sys_dup(0);
760         (void) sys_dup(0);
761
762         if (ramdisk_execute_command) {
763             run_init_process(ramdisk_execute_command);
764             printk(KERN_WARNING "Failed to execute %s\n",
765                     ramdisk_execute_command);
766         }
767
768         /*
769          * We try each of these until one succeeds.
770          *
771          * The Bourne shell can be used instead of init if we are
772          * trying to recover a really broken machine.
773          */
774         if (execute_command) {
775             run_init_process(execute_command);
776             printk(KERN_WARNING "Failed to execute %s.  Attempting "
777                     "defaults...\n", execute_command);
778         }
779         run_init_process("/sbin/init");
780         run_init_process("/etc/init");
781         run_init_process("/bin/init");
782         run_init_process("/bin/sh");
783
784         panic("No init found.  Try passing init = option to kernel.");
785 }
```

显然，内核错误是由 757 行不能打开 /dev/console 所致。通过查看已经安装好的 Linux 机器的 /dev/console 设备文件，可知其是字符设备文件，主设备号为 5，次设备号为 1。

```
/work/rootfs/myfs/etc $ ls -l /dev/console
crw------- 1 root root 5, 1 2010-04-08 08:40 /dev/console
```

因此，使用下面的命令创建它：

```
/work/rootfs/myfs/dev $ sudo mknod console c 5 1
```

还需要创建其他设备文件吗？只有天知道！再看看 Linux 的反应。
再次重启开发板上的 Linux,显示：

```
VFS: Mounted root (nfs filesystem).
Freeing init memory: 112K
Please press Enter to activate this console.
#
```

哈哈,我们成功了,终于可以 K 歌去了。

7.3.6 使用启动脚本完成 /proc、/sys、/dev、/tmp、/var 等目录的完整构建

K 完歌回来,继续战斗。

```
/work/rootfs/myfs $  mkdir home root proc sys tmp mnt var
```

再次重启动开发板上的 Linux。咦,似乎有些问题。

```
VFS: Mounted root (nfs filesystem).
Freeing init memory: 112K
Please press Enter to activate this console.
# ps
  PID USER       VSZ STAT COMMAND
```

ps 竟然看不到任何进程的存在！让我想想。对了,ps 的机制是通过查看 /proc 中的内容来获得进程信息的。那么,目前 /proc 里有哪些内容呢？

```
# ls /proc
#
```

竟然空空如野！这可如何是好？

其实 /proc 是用来提供内核与进程信息的虚拟文件系统,由内核自动生成目录下的内容。不过需要我们设置一下,将 /etc/init.d/rcS 修改为：

```
#!/bin/sh
ifconfig eth0 192.168.1.222
mount -t proc none /proc
```

对于 mount -t proc none /proc 的解释：通常情况下 mount 命令应该写为 mount -t ext2 /dev/hdb1 /proc,但由于现在挂载的 /proc 是虚拟文件系统,它不与任何物理硬盘分区相对应,因此物理硬盘分区的位置用占位符 none 来表示。

重启开发板上的 Linux,显示成功了：

```
Please press Enter to activate this console.
# ps
  PID USER       VSZ STAT COMMAND
    1 0         2960 S    init
```

第 7 章　构建嵌入式 Linux 文件系统

```
    2 0          0 SW<    [kthreadd]
    3 0          0 SWN    [ksoftirqd/0]
    4 0          0 SW<    [events/0]
    5 0          0 SW<    [khelper]
   41 0          0 SW<    [kblockd/0]
   42 0          0 SW<    [ksuspend_usbd]
   45 0          0 SW<    [khubd]
   47 0          0 SW<    [kseriod]
   59 0          0 SW     [pdflush]
   60 0          0 SW     [pdflush]
   61 0          0 SW<    [kswapd0]
   62 0          0 SW<    [aio/0]
  179 0          0 SW<    [mtdblockd]
  231 0          0 SW<    [rpciod/0]
  236 0       2964 S      -/bin/sh
  237 0       2964 R      ps
```

高兴地插入 U 盘，内核显示识别到了 U 盘：

```
# usb 1-1: new full speed USB device using s3c2410-ohci and address 2
usb 1-1: not running at top speed; connect to a high speed hub
usb 1-1: configuration #1 chosen from 1 choice
scsi0 : SCSI emulation for USB Mass Storage devices
scsi 0:0:0:0: Direct-Access     SanDisk   Cruzer            8.02 PQ: 0 ANSI: 0 CCS
sd 0:0:0:0: [sda] 7856127 512-byte hardware sectors (4022 MB)
sd 0:0:0:0: [sda] Write Protect is off
sd 0:0:0:0: [sda] Assuming drive cache: write through
sd 0:0:0:0: [sda] 7856127 512-byte hardware sectors (4022 MB)
sd 0:0:0:0: [sda] Write Protect is off
sd 0:0:0:0: [sda] Assuming drive cache: write through
 sda: sda1
sd 0:0:0:0: [sda] Attached SCSI removable disk
```

但当要使用的时候，却找不到设备文件：

```
# mount /dev/sda1 /mnt
mount: mounting /dev/sda1 on /mnt failed: No such file or directory
# ls /dev/sda1
ls: /dev/sda1: No such file or directory
```

/dev 目录下只有可怜巴巴的 1 个设备文件。

```
# ls /dev
console
```

在虚拟机 Linux 操作系统下，执行 ls /dev 可看到几百个设备文件，难道要我揉着酸疼的眼睛查看这几百个设备文件的主、次设备号，然后再手工使用 mknod 命令来生成这几百个设备文件吗？那不如杀了我算了！其实构建/dev 目录有 3 种方法：

- 创建静态设备文件：需要使用 mknod 命令事先创建很多设备文件，麻烦大了。
- 使用 devfs：使用上存在一些问题，在 2.6.13 内核版本之后已被废弃。
- 使用 udev(user dev)，mdev 是 busybox 中对 udev 的简化实现。我们采用该方法。

mdev 的原理是：操作系统启动的时候会将识别到的所有设备的信息自动导出到/sys 目录。在此基础上，用户态的应用程序 mdev -s 就可以扫描 /sys/class 和/sys/block 中所有的类设备目录，如果在目录中含有名为"dev"的文件，且文件中包含的是设备号，则 mdev 就利用这些信息为这个设备在/dev 下创建设备节点文件。

因此我们要做的就是：配置自动生成/sys 目录下的内容并调用 mdev。

```
# ls /sys
# mount -t sysfs none /sys
# ls /sys
block   class   firmware   kernel   power
bus     devices   fs    module
# cat /sys/block/sda/dev
8:0
# ls /dev
console
# mdev -s
# ls -l dev | wc -l
140
# ls /dev/sda* -l
brw-rw----   1  0        0        8,   0 Aug 26 11:51 /dev/sda
brw-rw----   1  0        0        8,   1 Aug 26 11:51 /dev/sda1
```

可是，当我们将 U 盘拔出后，发现/dev/sda1 并不自动消失；手工删除/dev/sda1 后，再重新插入 U 盘，/dev/sda1 也不会自动生成。怎么办呢？

先让我们来了解一下 Linux 系统下实现热插拔的机制：当有热插拔事件产生时，内核就会调用位于/sbin 目录的 mdev。这时 mdev 通过环境变量中的 ACTION 和 DEVPATH（这两个变量是系统自带的）来确定此次热插拔事件的动作以及影响了/sys 中的哪个目录。接着会看看这个目录中是否有"dev"的属性文件，如果有就利用这些信息为这个设备在/dev 下创建或删除设备节点文件。

由此可知：我们需要告知操作系统，当它发现热插拔事件时应调用 mdev，而不是

第 7 章 构建嵌入式 Linux 文件系统

别的程序。

```
# echo /sbin/mdev > /proc/sys/kernel/hotplug
```

将上述工作放到 rcS 中：

```
#! /bin/sh
ifconfig eth0 192.168.1.222
mount -t proc none /proc
mount -t sysfs none /sys
echo /sbin/mdev > /proc/sys/kernel/hotplug
mdev -s
```

似乎我们的根文件系统已经相当完善了。但仔细想一想，Nand Flash 的擦写寿命是有限的，我们就应该明白，还需将 /dev、/tmp、/var 3 个目录挂载为 tmpfs 文件系统。修改 rcS 如下：

```
#!/bin/sh
ifconfig eth0 192.168.1.222
mount -t proc none /proc
mount -t sysfs none /sys
mount -t tmpfs none /dev
mount -t tmpfs none /var
mount -t tmpfs none /tmp
echo /sbin/mdev > /proc/sys/kernel/hotplug
mdev -s
```

到此为止，我们的根文件系统基本定型，但还有一个问题需要考虑。我们现在处在产品研发阶段，所以根文件系统采用 NFS 挂载以方便开发。由于在 U-Boot 中我们指定了开发板的 IP 地址为 192.168.1.222，所以必须在 rcS 中指定相同的 IP 地址，否则会因为 IP 地址的缘故，在执行 rcS 后，导致开发板无法和 NFS 服务器通信，也就无法进入 shell。但在最终产品的根文件系统中，也许要求开发板的 IP 地址是别的 IP，而不是 192.168.1.222。应该如何做，才能做出一个即可以用于开发阶段，又可以用于最终产品的统一的根文件系统呢？

答案是：查看 /proc/mounts。

因为如果 kernel 是通过 NFS 挂载根文件系统的话，会在虚拟文件 /proc/mounts 中产生如下一行：

/dev/root / nfs rw,vers=2,rsize=4096,wsize=4096,hard,nolock,proto=udp,addr=192.168.1.11

从而我们可以据此判断是否是 NFS 挂载。是，则在 rcS 中不设置 IP 地址；不是，则在 rcS 中设置最终产品需要的 IP 地址。因此将 rcS 改写如下：

```
#!/bin/sh
mount -t proc none /proc
mount -t sysfs none /sys
mount -t tmpfs none /dev
mount -t tmpfs none /var
mount -t tmpfs none /tmp
echo /sbin/mdev > /proc/sys/kernel/hotplug
mdev -s
/sbin/ifconfig lo 127.0.0.1
/etc/init.d/ifconfig-eth0
```

在/etc/init.d/下新建脚本文件 ifconfig-eth0，如下：

```
1  #!/bin/sh
2  echo -n Try to bring eth0 interface up……
3  if [ -f /etc/eth0-setting ] ; then
4          source /etc/eth0-setting
5          if grep -q "^/dev/root / nfs " /proc/mounts ; then
6                  echo -n NFS root …
7          else
8                  ifconfig eth0 down
9                  ifconfig eth0 hw ether $MAC
10                 ifconfig eth0 $IP netmask $Mask up
11                 route add default gw $Gateway
12         fi
13         echo nameserver $DNS > /etc/resolv.conf
14 else
15         if grep -q "^/dev/root / nfs " /proc/mounts ; then
16                 echo -n NFS root …
17         else
18                 /sbin/ifconfig eth0 192.168.1.222 netmask 255.255.255.0 up
19         fi
20 fi
21 echo Done
```

其中，18 行的 192.168.1.222 就是最终产品的 IP 地址。这样做的好处还在于，在最终产品运行期间，用户还可以通过修改配置文件/etc/eth0-setting，来定制 IP 地址、子网掩码、MAC 地址、网关地址、DNS 服务器地址。

一个 eth0-setting 文件范例如下：

```
IP = 192.168.1.223
Mask = 255.255.255.0
Gateway = 192.168.1.1
DNS = 192.168.1.1
MAC = 08:20:90:50:90:50
```

第7章 构建嵌入式 Linux 文件系统

7.3.7 制作根文件系统的 jffs2 镜像文件

根文件系统已经制作完毕,最后一个步骤是将其打包为 jffs2 映像文件,以供 BootLoader 将其烧录到 Nand Flash 上。这只需要执行命令:

```
/work/rootfs $ sudo mkfs.jffs2 -n -s 2048 -e 128KiB -d myfs -o myfs.jffs2
```

其中:
- -n 表示不要在每个擦除块上都加上清除标记;
- -s 2048 指明一页大小为 2 048 字节;
- -e 128KiB 指明一个擦除块大小为 128 KB;
- -d myfs 指明要打包的目录;
- -o myfs.jffs2 指明最终的映像文件名。

以上命令是针对大页 Nand Flash 的。如果你的开发板的 Nand Flash 总容量为 64 MB 或更小,则一般而言,你的 Nand Flash 是小页的。此时,应当使用如下的命令:

```
/work/rootfs $ sudo  mkfs.jffs2 -n -s 512 -e 16KiB -d myfs  -o myfs.jffs2
```

7.3.8 制作根文件系统的 yaffs2 镜像文件

(1) 获取 yaffs2 镜像文件的源代码。

网络下载:http://www.yaffs.net 获取最新的 yaffs2 源代码文件。

光盘的/work/rootfs 目录下为读者准备好了原始 yaffs2 压缩文件 yaffs2_source.tar.gz。

(2) 解压并进入相应的目录进行修改。

```
tar xzf yaffs2_source.tar.gz
cd yaffs2/utils
```

(3) 进行代码修改,以符合 linux2.6.22.6 内核的 ECC 软件算法。

① 修改 Makefile 文件 31 行,增加 nand_ecc.c 的 ECC 软件算法。

```
MKYAFFSSOURCES = mkyaffsimage.c yaffs_packedtags1.c nand_ecc.c
```

② 增加数据类型的定义,在 mkyaffs2image.c 文件的 38 行。

```
typedef unsigned char        u_char;
typedef unsigned short       u_short;
typedef unsigned int         u_int;
typedef unsigned long        u_long;
typedef unsigned char        uint8_t;
typedef unsigned short       uint16_t;
typedef unsigned int         uint32_t;
```

③ 增加 OOB 数据结构体，在 mkyaffs2image.c 文件的 79 行。

```c
/* yaffs2 OOB 区域结构体定义 */
struct nand_oobinfo {
    uint32_t useecc;
    uint32_t eccbytes;
    uint32_t oobfree[8][2];
    uint32_t eccpos[32];
};

/* ECC 存放的位置 */
#define MTD_NANDECC_OFF           0    // ECC 的开关
#define MTD_NANDECC_PLACE         1    // 使用老的 yaffs1 的 ECC 位置
#define MTD_NANDECC_AUTOPLACE     2    // 使用默认的 ECC 位置
#define MTD_NANDECC_PLACEONLY     3    // 使用结构体中的给定位置
#define MTD_NANDECC_AUTOPL_USR    4    // 使用给定的位置而不是默认

/* yaffs2 大页 OOB 布局，共 24 字节，位置由 eccpos 指定 */
static struct nand_oobinfo nand_oob_64 = {
    .useecc = MTD_NANDECC_AUTOPLACE,
    .eccbytes = 24,
    .eccpos = {
        40, 41, 42, 43, 44, 45, 46, 47,
        48, 49, 50, 51, 52, 53, 54, 55,
        56, 57, 58, 59, 60, 61, 62, 63},
    .oobfree = { {2, 38} }
};

static u_char oob_buf[spareSize];
```

④ 增加用于计算的 ECC 预处理表，每 3 个字节校验 nand 的 256 字节，24 字节对应 2 048 字节。

```c
static const u_char nand_ecc_precalc_table[] = {
    0x00, 0x55, 0x56, 0x03, 0x59, 0x0c, 0x0f, 0x5a, 0x5a, 0x0f, 0x0c, 0x59, 0x03,
0x56, 0x55, 0x00,
    0x65, 0x30, 0x33, 0x66, 0x3c, 0x69, 0x6a, 0x3f, 0x3f, 0x6a, 0x69, 0x3c, 0x66,
0x33, 0x30, 0x65,
    0x66, 0x33, 0x30, 0x65, 0x3f, 0x6a, 0x69, 0x3c, 0x3c, 0x69, 0x6a, 0x3f, 0x65,
0x30, 0x33, 0x66,
    0x03, 0x56, 0x55, 0x00, 0x5a, 0x0f, 0x0c, 0x59, 0x59, 0x0c, 0x0f, 0x5a, 0x00,
0x55, 0x56, 0x03,
```

第7章 构建嵌入式 Linux 文件系统

```
    0x69, 0x3c, 0x3f, 0x6a, 0x30, 0x65, 0x66, 0x33, 0x33, 0x66, 0x65, 0x30, 0x6a,
0x3f, 0x3c, 0x69,
    0x0c, 0x59, 0x5a, 0x0f, 0x55, 0x00, 0x03, 0x56, 0x56, 0x03, 0x00, 0x55, 0x0f,
0x5a, 0x59, 0x0c,
    0x0f, 0x5a, 0x59, 0x0c, 0x56, 0x03, 0x00, 0x55, 0x55, 0x00, 0x03, 0x56, 0x0c,
0x59, 0x5a, 0x0f,
    0x6a, 0x3f, 0x3c, 0x69, 0x33, 0x66, 0x65, 0x30, 0x30, 0x65, 0x66, 0x33, 0x69,
0x3c, 0x3f, 0x6a,
    0x6a, 0x3f, 0x3c, 0x69, 0x33, 0x66, 0x65, 0x30, 0x30, 0x65, 0x66, 0x33, 0x69,
0x3c, 0x3f, 0x6a,
    0x0f, 0x5a, 0x59, 0x0c, 0x56, 0x03, 0x00, 0x55, 0x55, 0x00, 0x03, 0x56, 0x0c,
0x59, 0x5a, 0x0f,
    0x0c, 0x59, 0x5a, 0x0f, 0x55, 0x00, 0x03, 0x56, 0x56, 0x03, 0x00, 0x55, 0x0f,
0x5a, 0x59, 0x0c,
    0x69, 0x3c, 0x3f, 0x6a, 0x30, 0x65, 0x66, 0x33, 0x33, 0x66, 0x65, 0x30, 0x6a,
0x3f, 0x3c, 0x69,
    0x03, 0x56, 0x55, 0x00, 0x5a, 0x0f, 0x0c, 0x59, 0x59, 0x0c, 0x0f, 0x5a, 0x00,
0x55, 0x56, 0x03,
    0x66, 0x33, 0x30, 0x65, 0x3f, 0x6a, 0x69, 0x3c, 0x3c, 0x69, 0x6a, 0x3f, 0x65,
0x30, 0x33, 0x66,
    0x65, 0x30, 0x33, 0x66, 0x3c, 0x69, 0x6a, 0x3f, 0x3f, 0x6a, 0x69, 0x3c, 0x66,
0x33, 0x30, 0x65,
    0x00, 0x55, 0x56, 0x03, 0x59, 0x0c, 0x0f, 0x5a, 0x5a, 0x0f, 0x0c, 0x59, 0x03,
0x56, 0x55, 0x00
};
```

⑤ 增加基于行校验的 ECC 算法函数,在上表下面增加如下代码。

```
static void nand_trans_result(u_char reg2, u_char reg3,
    u_char * ecc_code)
{
    u_char a, b, i, tmp1, tmp2;

    /* Initialize variables */
    a = b = 0x80;
    tmp1 = tmp2 = 0;

    /* Calculate first ECC byte */
    for (i = 0; i < 4; i++) {
        if (reg3 & a)          /* LP15,13,11,9 --> ecc_code[0] */
            tmp1 |= b;
        b >>= 1;
        if (reg2 & a)          /* LP14,12,10,8 --> ecc_code[0] */
```

```
            tmp1 |= b;
        b >>= 1;
        a >>= 1;
    }

    /* Calculate second ECC byte */
    b = 0x80;
    for (i = 0; i < 4; i++) {
        if (reg3 & a)           /* LP7,5,3,1 -> ecc_code[1] */
            tmp2 |= b;
        b >>= 1;
        if (reg2 & a)           /* LP6,4,2,0 -> ecc_code[1] */
            tmp2 |= b;
        b >>= 1;
        a >>= 1;
    }

    /* Store two of the ECC bytes */
    ecc_code[0] = tmp1;
    ecc_code[1] = tmp2;
}
```

⑥ 增加 nand ECC 算法，将通过上表产生 3 个字节的 ECC 代码对应 256 字节 Nand Flash 数据，在以上代码继续增加如下代码。

```
int nand_calculate_ecc(const u_char *dat, u_char *ecc_code)
{
    u_char idx, reg1, reg2, reg3;
    int j;

    /* Initialize variables */
    reg1 = reg2 = reg3 = 0;
    ecc_code[0] = ecc_code[1] = ecc_code[2] = 0;

    /* Build up column parity */
    for(j = 0; j < 256; j++) {

        /* Get CP0 - CP5 from table */
        idx = nand_ecc_precalc_table[dat[j]];
        reg1 ^= (idx & 0x3f);

        /* All bit XOR = 1 ? */
```

```
            if (idx & 0x40) {
                reg3 ^= (u_char) j;
                reg2 ^= ~((u_char) j);
            }
        }

        /* Create non-inverted ECC code from line parity */
        nand_trans_result(reg2, reg3, ecc_code);

        /* Calculate final ECC code */
        ecc_code[0] = ~ecc_code[0];
        ecc_code[1] = ~ecc_code[1];
        ecc_code[2] = ((~reg1) << 2) | 0x03;
        return 0;
}
```

⑦ 把计算出的 ECC 校验值，放入 oobuf 中（最后写入文件的 oob 区），继续基于上面部分增加如下函数。

```
static void nand_prepare_oobbuf (u_char * oob_buf, u_char * fs_buf, struct nand_oobinfo * oobsel)
{
    int i;

    for (i = 0; oobsel->oobfree[i][1]; i++) {
        int to = oobsel->oobfree[i][0];
        int num = oobsel->oobfree[i][1];
        memcpy (&oob_buf[to], fs_buf, num);
        fs_buf += num;
    }
}
```

⑧ 修改 mkyaffs2image.c 的 write_chunk 函数。

```
u8 ecc_code[3];
int i;
……

memset(oob_buf, 0xff, sizeof(oob_buf));
    nand_prepare_oobbuf(oob_buf, (u_char *)&pt, &nand_oob_64);

    for (i = 0; i < chunkSize/256; i++) {
        nand_calculate_ecc(data + i * 256, ecc_code);
```

```
            oob_buf[nand_oob_64.eccpos[i*3]] = ecc_code[0];
            oob_buf[nand_oob_64.eccpos[i*3]+1] = ecc_code[1];
            oob_buf[nand_oob_64.eccpos[i*3]+2] = ecc_code[2];
        }
/* 在 return 之前增加如上代码 */
    return write(outFile,oob_buf,spareSize);
```

⑨ 对 mkyaffsimage.c 文件的修改。

```
#include "yaffs_packedtags1.h"          //增加头文件的定义
#ifdef CONFIG_YAFFS_9BYTE_TAGS          //在 write_chunk 函数体的开头增加条件定义
#endif                                  //在 write_chunk 结束位置增加结束条件定义
```

⑩ 增加 nand_ecc.c 文件。

```
#include <linux/types.h>

typedef unsigned char       u_char;
typedef unsigned short      u_short;
typedef unsigned int        u_int;
typedef unsigned long       u_long;
typedef unsigned char       uint8_t;
typedef unsigned short      uint16_t;
typedef unsigned int        uint32_t;


/*
 * Pre-calculated 256-way 1 byte column parity
 */
static const u_char nand_ecc_precalc_table[] = {
    0x00, 0x55, 0x56, 0x03, 0x59, 0x0c, 0x0f, 0x5a, 0x5a, 0x0f, 0x0c, 0x59, 0x03,
0x56, 0x55, 0x00,
    0x65, 0x30, 0x33, 0x66, 0x3c, 0x69, 0x6a, 0x3f, 0x3f, 0x6a, 0x69, 0x3c, 0x66,
0x33, 0x30, 0x65,
    0x66, 0x33, 0x30, 0x65, 0x3f, 0x6a, 0x69, 0x3c, 0x3c, 0x69, 0x6a, 0x3f, 0x65,
0x30, 0x33, 0x66,
    0x03, 0x56, 0x55, 0x00, 0x5a, 0x0f, 0x0c, 0x59, 0x59, 0x0c, 0x0f, 0x5a, 0x00,
0x55, 0x56, 0x03,
    0x69, 0x3c, 0x3f, 0x6a, 0x30, 0x65, 0x66, 0x33, 0x33, 0x66, 0x65, 0x30, 0x6a,
0x3f, 0x3c, 0x69,
    0x0c, 0x59, 0x5a, 0x0f, 0x55, 0x00, 0x03, 0x56, 0x56, 0x03, 0x00, 0x55, 0x0f,
0x5a, 0x59, 0x0c,
    0x0f, 0x5a, 0x59, 0x0c, 0x56, 0x03, 0x00, 0x55, 0x55, 0x00, 0x03, 0x56, 0x0c,
0x59, 0x5a, 0x0f,
```

第7章 构建嵌入式Linux文件系统

```
    0x6a, 0x3f, 0x3c, 0x69, 0x33, 0x66, 0x65, 0x30, 0x30, 0x65, 0x66, 0x33, 0x69,
0x3c, 0x3f, 0x6a,
    0x6a, 0x3f, 0x3c, 0x69, 0x33, 0x66, 0x65, 0x30, 0x30, 0x65, 0x66, 0x33, 0x69,
0x3c, 0x3f, 0x6a,
    0x0f, 0x5a, 0x59, 0x0c, 0x56, 0x03, 0x00, 0x55, 0x55, 0x00, 0x03, 0x56, 0x0c,
0x59, 0x5a, 0x0f,
    0x0c, 0x59, 0x5a, 0x0f, 0x55, 0x00, 0x03, 0x56, 0x56, 0x03, 0x00, 0x55, 0x0f,
0x5a, 0x59, 0x0c,
    0x69, 0x3c, 0x3f, 0x6a, 0x30, 0x65, 0x66, 0x33, 0x33, 0x66, 0x65, 0x30, 0x6a,
0x3f, 0x3c, 0x69,
    0x03, 0x56, 0x55, 0x00, 0x5a, 0x0f, 0x0c, 0x59, 0x59, 0x0c, 0x0f, 0x5a, 0x00,
0x55, 0x56, 0x03,
    0x66, 0x33, 0x30, 0x65, 0x3f, 0x6a, 0x69, 0x3c, 0x3c, 0x69, 0x6a, 0x3f, 0x65,
0x30, 0x33, 0x66,
    0x65, 0x30, 0x33, 0x66, 0x3c, 0x69, 0x6a, 0x3f, 0x3f, 0x6a, 0x69, 0x3c, 0x66,
0x33, 0x30, 0x65,
    0x00, 0x55, 0x56, 0x03, 0x59, 0x0c, 0x0f, 0x5a, 0x5a, 0x0f, 0x0c, 0x59, 0x03,
0x56, 0x55, 0x00
};

/**
 * nand_calculate_ecc - [NAND Interface] Calculate 3-byte ECC for 256-byte block
 * @mtd:    MTD block structure
 * @dat:    raw data
 * @ecc_code:    buffer for ECC
 */
int nand_calculate_ecc(const u_char *dat, u_char *ecc_code)
{
    uint8_t idx, reg1, reg2, reg3, tmp1, tmp2;
    int i;

    /* Initialize variables */
    reg1 = reg2 = reg3 = 0;

    /* Build up column parity */
    for(i = 0; i < 256; i++) {
        /* Get CP0 - CP5 from table */
        idx = nand_ecc_precalc_table[*dat++];
        reg1 ^= (idx & 0x3f);

        /* All bit XOR = 1 ? */
        if (idx & 0x40) {
```

```c
            reg3 ^= (uint8_t) i;
            reg2 ^= ~((uint8_t) i);
        }
    }

    /* Create non-inverted ECC code from line parity */
    tmp1  = (reg3 & 0x80) >> 0; /* B7 -> B7 */
    tmp1 |= (reg2 & 0x80) >> 1; /* B7 -> B6 */
    tmp1 |= (reg3 & 0x40) >> 1; /* B6 -> B5 */
    tmp1 |= (reg2 & 0x40) >> 2; /* B6 -> B4 */
    tmp1 |= (reg3 & 0x20) >> 2; /* B5 -> B3 */
    tmp1 |= (reg2 & 0x20) >> 3; /* B5 -> B2 */
    tmp1 |= (reg3 & 0x10) >> 3; /* B4 -> B1 */
    tmp1 |= (reg2 & 0x10) >> 4; /* B4 -> B0 */

    tmp2  = (reg3 & 0x08) << 4; /* B3 -> B7 */
    tmp2 |= (reg2 & 0x08) << 3; /* B3 -> B6 */
    tmp2 |= (reg3 & 0x04) << 3; /* B2 -> B5 */
    tmp2 |= (reg2 & 0x04) << 2; /* B2 -> B4 */
    tmp2 |= (reg3 & 0x02) << 2; /* B1 -> B3 */
    tmp2 |= (reg2 & 0x02) << 1; /* B1 -> B2 */
    tmp2 |= (reg3 & 0x01) << 1; /* B0 -> B1 */
    tmp2 |= (reg2 & 0x01) << 0; /* B7 -> B0 */

    /* Calculate final ECC code */
#ifdef CONFIG_MTD_NAND_ECC_SMC
    ecc_code[0] = ~tmp2;
    ecc_code[1] = ~tmp1;
#else
    ecc_code[0] = ~tmp1;
    ecc_code[1] = ~tmp2;
#endif
    ecc_code[2] = ((~reg1) << 2) | 0x03;

    return 0;
}
EXPORT_SYMBOL(nand_calculate_ecc);

static inline int countbits(uint32_t byte)
{
    int res = 0;
```

```c
        for (;byte; byte >>= 1)
            res += byte & 0x01;
        return res;
}

/**
 * nand_correct_data - [NAND Interface] Detect and correct bit error(s)
 * @mtd:       MTD block structure
 * @dat:       raw data read from the chip
 * @read_ecc:  ECC from the chip
 * @calc_ecc:  the ECC calculated from raw data
 *
 * Detect and correct a 1 bit error for 256 byte block
 */
int nand_correct_data(u_char * dat, u_char * read_ecc, u_char * calc_ecc)
{
    uint8_t s0, s1, s2;

#ifdef CONFIG_MTD_NAND_ECC_SMC
    s0 = calc_ecc[0] ^ read_ecc[0];
    s1 = calc_ecc[1] ^ read_ecc[1];
    s2 = calc_ecc[2] ^ read_ecc[2];
#else
    s1 = calc_ecc[0] ^ read_ecc[0];
    s0 = calc_ecc[1] ^ read_ecc[1];
    s2 = calc_ecc[2] ^ read_ecc[2];
#endif
    if ((s0 | s1 | s2) == 0)
        return 0;

    /* Check for a single bit error */
    if( ((s0 ^ (s0 >> 1)) & 0x55) == 0x55 &&
        ((s1 ^ (s1 >> 1)) & 0x55) == 0x55 &&
        ((s2 ^ (s2 >> 1)) & 0x54) == 0x54) {

        uint32_t byteoffs, bitnum;

        byteoffs  = (s1 << 0) & 0x80;
        byteoffs |= (s1 << 1) & 0x40;
        byteoffs |= (s1 << 2) & 0x20;
        byteoffs |= (s1 << 3) & 0x10;
```

```
            byteoffs |= (s0 >> 4) & 0x08;
            byteoffs |= (s0 >> 3) & 0x04;
            byteoffs |= (s0 >> 2) & 0x02;
            byteoffs |= (s0 >> 1) & 0x01;

            bitnum = (s2 >> 5) & 0x04;
            bitnum |= (s2 >> 4) & 0x02;
            bitnum |= (s2 >> 3) & 0x01;

            dat[byteoffs] ^= (1 << bitnum);

            return 1;
        }

        if(countbits(s0 | ((uint32_t)s1 << 8) | ((uint32_t)s2 <<16)) == 1)
            return 1;

        return -1;
    }
```

⑪ 增加 yaffs_packedtags1.c 文件。

```
#include "yaffs_packedtags1.h"
#include "yportenv.h"

void yaffs_PackTags1(yaffs_PackedTags1 * pt, const yaffs_ExtendedTags * t)
{
    pt->chunkId = t->chunkId;
    pt->serialNumber = t->serialNumber;
    pt->byteCount = t->byteCount;
    pt->objectId = t->objectId;
    pt->ecc = 0;
    pt->deleted = (t->chunkDeleted) ? 0 : 1;
    pt->unusedStuff = 0;
    pt->shouldBeFF = 0xFFFFFFFF;

}

void yaffs_UnpackTags1(yaffs_ExtendedTags * t, const yaffs_PackedTags1 * pt)
{
    static const __u8 allFF[] =
```

第7章 构建嵌入式 Linux 文件系统

```
            { 0xff, 0xff, 0xff, 0xff, 0xff, 0xff, 0xff, 0xff, 0xff, 0xff, 0xff };

        if (memcmp(allFF, pt, sizeof(yaffs_PackedTags1))) {
            t->blockBad = 0;
            if (pt->shouldBeFF != 0xFFFFFFFF) {
                t->blockBad = 1;
            }
            t->chunkUsed = 1;
            t->objectId = pt->objectId;
            t->chunkId = pt->chunkId;
            t->byteCount = pt->byteCount;
            t->eccResult = YAFFS_ECC_RESULT_NO_ERROR;
            t->chunkDeleted = (pt->deleted) ? 0 : 1;
            t->serialNumber = pt->serialNumber;
        } else {
            memset(t, 0, sizeof(yaffs_ExtendedTags));

        }
}
```

（4）修改代码完毕，直接在 utils 目录下执行 make 命令，可以得到两个文件 mkyaffsimage 和 mkyaffs2image 可执行文件。

（5）制作 yaffs2 文件系统镜像文件 yaffs2FS.img，其中 mkyaffs2image 是我们刚编译出的，针对大页的 Nand Flash。yaffs2FS.img 便是由 mkyaffs2image 编译出的烧写到 Nand Flash 设备上的 yaffs2 根文件系统，我们把做好的 myfs 根文件系统的目录使用 mkyaffs2image 制作成可以烧写到 Nand Flash 设备上的 yaffs2 文件系统的命令如下：

```
dennis@dennis-desktop:/work/rootfs $ yaffs2/utils/mkyaffs2image myfs yaffs2FS.img
```

读者可以通过以上的内容学习 yaffs 文件系统的制作过程。为了方便读者，在光盘的 /work/rootfs 目录下已经为读者准备好了可以直接使用的 yaffs 工具和源代码文件。读者只需要解压 yaffs2_source_new.tar.gz 文件，并进入 yaffs2/utils 目录下直接编译即可得到 mkyaffsimage 和 mkyaffs2image，分别用来制作小页和大页的 Nand Flash 镜像文件。

另外读者也可通过打补丁的方式获得 mkyaffs2image 工具。补丁文件 yaffs2_source.patch 放在 /work/rootfs 目录下，解压光盘中的 yaffs2_source.tar.gz，并进入 yaffs2 目录，把补丁文件复制到当前目录下，执行以下命令：

```
patch -p1 < yaffs2_source.patch
cd utils
make
```

通过这两条命令,会在当前目录下生成 mkyaffsimage 和 mkyaffs2image 两个工具。mkyaffsimage 用于制作 512B/页的 Nand Flash 镜像文件,mkyaffs2image 用于制作 2 048B/页的 Nand Flash 镜像文件。

7.3.9 使用 U-Boot 的 nfs 命令挂载远程文件系统

当我们制作好了镜像文件的时候往往不是直接烧写到 Nand Flash 中测试,而是先通过 U-Boot 的 nfs 命令启动远程文件系统。如果正常,再使用 U-Boot 的 nand write 烧写命令烧写到 Nand Flash 中作为根文件系统。

我们重新启动开发板,在串口控制台进入 U-Boot 命令行,执行以下命令,使得 U-Boot 通过 nfs 来启动引导 Linux 文件系统:

```
setenv bootargs noinitrd root = /dev/nfs console = ttySAC0,115200 nfsroot = 192.168.1.11:/work/rootfs/myfs ip = 192.168.1.222:192.168.1.11:192.168.1.222:255.255.255.0:my2440:eth0:off
setenv bootcmd 'nfs 0x32000000 192.168.1.11:/work/system/linux-2.6.22.6/arch/arm/boot/uImage;bootm 0x32000000'
saveenv
```

重新启动开发板,使得开发板挂载/dev/nfs 上的/work/rootfs/myfs 文件系统,而内核也是通过 nfs 在 192.168.1.11 获得的/work/system/linux-2.6.22.6/arch/arm/boot/uImage 内核。

上述命令比较复杂,在光盘的/work/bootloader 目录下预先写好了一个 nfs.txt 的命令文件,读者可以自行查看,并复制、粘贴相应内容,以避免输入错误。

7.3.10 使用 dnw 工具烧写到开发板测试

以上制作了两种镜像文件,一个是 jffs2 文件系统镜像 myfs.jffs2,一个是 yaffs2 文件系统镜像 yaffs2FS.img,我们选择 yaffs2FS.img 来做测试。

Windows 下使用 dnw 软件烧写 yaffs2FS.img,连接好 USB 线,开发板执行命令:

```
nand erase yaffs2
usbslave 1 0x31000000
```

启动光盘中的 software 目录下的 dnw.exe 软件。

选择 Usb Port→Transmit/Restore,在弹出的窗口中选择 yaffs2FS.img 镜像文件。

同时开发板就会接收到传送过来的数据,当开发板数据接收完毕,会返回命令行,再次执行以下命令,把通过 dnw.exe 软件传送过来的 yaffs2FS.img 文件烧写到开发板的 Nand Flash 中:

第 7 章　构建嵌入式 Linux 文件系统

```
nand write.yaffs 0x31000000 yaffs2 $(filesize)
```

Linux 下使用 dnw 软件烧写 yaffs2 文件系统。
连接好 USB 线，开发板执行命令：

```
nand erase yaffs2
usbslave 1 0x31000000
```

把光盘中的 /software/usb_driver_dnw 目录复制到 /work/bootloader 目录下，依次执行以下的命令：

```
cd /work/bootloader/usb_driver_dnw
make
sudo insmod usb-skeleton.ko
gcc dnw.c -o dnw
./dnw /work/rootfs/yaffs2FS.img
```

以上的 insmod 命令是加载 Linux 针对开发板的 USB 驱动程序，使用 GCC 编译出来的 dnw 软件是把 /work/rootfs/yaffs2FS.img 文件写入到开发板指定的 0x31000000 内存地址的工具。

做完上述步骤，开发板就会接收到数据，开发板继续执行以下命令：

```
nand write.yaffs 0x31000000 yaffs2 $(filesize)
```

其中 yaffs2 是被 U-Boot 识别的第 4 个分区，$(filesize) 是 dnw 软件传送过来的数据的大小。

7.4　构建嵌入式 Linux 应用程序系统

目前我们得到了一个光秃秃的根文件系统，几乎没有任何实际用途。这就好比你的 iphone 手机上面几乎没有安装多少应用程序，使用这样的手机是不是非常无趣呢？所以，我们必须为我们的嵌入式 Linux 设备配上功能强大的应用系统。

7.4.1　辅助处理工具的移植

在某些情况下，在嵌入式设备上可能需要处理 ext2、fat 文件系统分区，或者 mtdblock 分区。这就需要相应的文件系统工具，这些工具 busybox 中并不包含，需要通过 tar 包进行交叉编译得到。

1. 移植 ext2 文件系统所需工具

（1）可以到 http://sourceforge.net/projects/e2fsprogs/ 下载 e2fsprogs 源码（光盘 /work/rootfs/e2fsprogs-1.40.2.tar.gz），放到虚拟机 Linux 系统的 /work/rootfs 目录。

(2) 解压、编译以及安装。

```
cd /work/rootfs/
tar xzvf e2fsprogs-1.40.2.tar.gz
cd e2fsprogs-1.40.2
./configure --with-cc = arm-linux-gcc --with-linker = arm-linux-ld --enable-elf-shlibs --host = arm --prefix = /work/rootfs/e2fsprogs-1.40.2/result
make
make install-libs
make install
```

对上述命令的解释：

采用 tar 包编译应用，一般有 3 个步骤：configure 用于配置软件以生成 Makefile 文件，make 编译软件，make install 安装软件。其中最重要的步骤是 configure。configure 的参数因软件不同而不同，但通常需要--prefix 参数指定安装目录。对于交叉编译，通常还需要--host 参数指定软件将来会运行在何种主机平台（本软件是 arm）之上，对于 arm 而言，一般其值为 arm-linux 或 arm。此外可能还需指定交叉编译器，如上文程序中的--with-cc＝arm-linux-gcc。如果需要编译出动态链接库，还需指定相应参数，如上文程序中的--enable-elf-shlibs。

(3) 将/work/rootfs/e2fsprogs-1.40.2/result/sbin/mke2fs 复制至根文件系统的 usr/sbin 目录。

```
/work/rootfs/e2fsprogs-1.40.2/result/sbin$ cp mke2fs /work/rootfs/myfs/usr/sbin
arm-linux-strip /work/rootfs/myfs/usr/sbin/mke2fs
```

(4) 将 mke2fs 要用到的 5 个相关库文件（位于 result/lib 目录）复制至根文件系统的 usr/lib 目录，并创建相应软链接文件。

```
/work/tools/e2fsprogs-1.40.2 $ mkdir /work/rootfs/myfs/usr/lib
/work/tools/e2fsprogs-1.40.2 $ cd result/lib
/work/tools/e2fsprogs-1.40.2/result/lib $ cp libblkid.so.1.0 libcom_err.so.2.1 libe2p.so.2.3 libext2fs.so.2.4 libuuid.so.1.2 /work/rootfs/myfs/usr/lib
/work/tools/e2fsprogs-1.40.2/result/lib $ cd /work/rootfs/myfs/usr/lib
/work/rootfs/myfs/usr/lib $ ln -s libblkid.so.1.0 libblkid.so.1
/work/rootfs/ myfs/usr/lib $ ln -s libcom_err.so.2.1 libcom_err.so.2
/work/rootfs/ myfs/usr/lib $ ln -s libe2p.so.2.3 libe2p.so.2
/work/rootfs/ myfs/usr/lib $ ln -s libext2fs.so.2.4 libext2fs.so.2
/work/rootfs/ myfs/usr/lib $ ln -s libuuid.so.1.2 libuuid.so.1
```

(5) 测试 ext2 文件系统工具。

启动开发板 Linux 后
必要情况下，使用 fdisk /dev/sda 分区

第7章 构建嵌入式 Linux 文件系统

```
mke2fs /dev/sda1
mount -t ext2 /dev/sda1 /mnt
```

（6）由于将来我们在编译 qt4.7 时，需要链接 libuuid 库。因此现在将 libuuid 库的头文件和库文件复制到交叉编译工具链的 C 库中，并创建库文件相应的 2 个软链接。

```
/work/rootfs/e2fsprogs-1.40.2 $ cp -R result/include/uuid /usr/local/arm/gcc-3.4.5-glibc-2.3.6/arm-linux/include/
/work/rootfs/e2fsprogs-1.40.2 $ cp result/lib/libuuid.so.1.2 /usr/local/arm/gcc-3.4.5-glibc-2.3.6/arm-linux/lib
/work/rootfs/e2fsprogs-1.40.2 $ cd /usr/local/arm/gcc-3.4.5-glibc-2.3.6/arm-linux/lib
/usr/local/arm/gcc-3.4.5-glibc-2.3.6/arm-linux/lib $ ln -s libuuid.so.1.2 libuuid.so.1
/usr/local/arm/gcc-3.4.5-glibc-2.3.6/arm-linux/lib $ ln -s libuuid.so.1 libuuid.so
```

2. 移植 DOS 文件系统所需工具

（1）可以到 http://ftp.debian.org/debian/pool/main/d/dosfstools/ 下载 dosfstools 源码（光盘/work/rootfs/dosfstools_2.11.orig.tar.gz），放到虚拟机 Linux 系统的 /work/rootfs 目录。

（2）解压、编译。

```
cd /work/rootfs/
tar xzvf dosfstools-2.11.orig.tar.gz
cd dosfstools-2.11
修改 Makefile,将 CC = gcc 改为 CC = arm-linux-gcc
make
```

特别说明：

此处由于 Makefile 已经存在，所以没有使用 configure 命令，但由于是交叉编译，因此仍然需要指定交叉编译器，这里采用直接修改 Makefile 中 CC 变量的方式指定交叉编译器。

很多的交叉编译移植所要修改的环境变量是：

CC 编译器，系统默认为 GCC，需要修改为 arm-linux-gcc；
AR 库工具，用以创建和修改库，需要修改为 arm-linux-ar；
LD 链接器，系统默认为 LD，需要修改为 arm-linux-ld；
RANLIB 随机库创建器，系统默认为 ranlib，需要修改为 arm-linux-ranlib；
AS 汇编器，系统默认为 as，需要修改为 arm-linux-as；
NM 库查看工具，系统默认为 nm，需要修改为 arm-linux-nm。

还有一些不常用的其他环境变量，在此就不一一列举了。需要注意的是，并不是每个移植都需要做全面的环境变量修改,有些是不需要改的,这要根据实际情况,也就是系统提示信息来调整。

(3) 将./mkdosfs/mkdosfs 复制至根文件系统的 usr/bin 目录。

```
/work/rootfs/dosfstools-2.11 $ cp ./mkdosfs/mkdosfs /work/rootfs/myfs/usr/bin
```

(4) 测试 DOS 文件系统工具。

```
启动开发板 Linux
必要情况下,使用 fdisk /dev/sda 分区
mkdosfs -F 32 /dev/sda1
mount -t msdos /dev/sda1 /mnt
```

3. 移植 mtd 工具程序

(1) 由于 mtd 工具程序会用到 zlib 库,因此先移植 zlib 库。

```
cd /work/rootfs/
tar xzvf zlib-1.2.3.tar.gz
cd zlib-1.2.3
./configure --shared --prefix=/work/rootfs/zlib-1.2.3/result
```

注意此处生成动态链接库使用的参数是--shared,对比"移植 ext2 文件系统所需工具"指定的参数,可知:即使是相同作用,不同软件使用的 configure 参数也是不同的。不过一般都可以通过./configure --help 获得该软件的 configure 所能使用的参数说明。

```
修改 Makefile,将 19、28、29、36、37 全部加上 arm-linux-这个前缀,例如:19 行原为 CC = gcc,
改为 CC = arm-linux-gcc
make
make install
```

(2) 移植 mtd 工具程序。

```
cd /work/rootfs/
tar xjvf mtd-utils-05.07.23.tar.bz2
cd mtd-utils-05.07.23/util
修改 Makefile:
增加第 5 行 DESTDIR=/work/rootfs/mtd-utils-05.07.23/util/result
第 9 行改为 CROSS=arm-linux- ,此处直接修改变量指定交叉编译器
第 11 行改为 CFLAGS :=-I../include -I/work/rootfs/zlib-1.2.3/result/include -O2 -
Wall,此处-I 选项指定编译过程中查找 zlib 库的头文件的位置
增加第 12 行 LDFLAGS :=-L/work/rootfs/zlib-1.2.3/result/lib,此处-L 选项指定编译过
程中查找 zlib 库的库文件的位置
第 63 行改为 install -m0755 ${TARGETS} ${DESTDIR}/${SBINDIR}/
第 67 行改为:
```

第 7 章 构建嵌入式 Linux 文件系统

```
install -m0644 ../include/mtd/*.h ${DESTDIR}/${INCLUDEDIR}/mtd/
make
make install
```

（3）将 result 目录下的 mtd 工具程序复制到根文件系统的 usr/bin 目录。

```
/work/rootfs/mtd-utils-05.07.23/util $ cp result/usr/sbin/* /work/rootfs/myfs/usr/bin
```

（4）将 mtd 工具程序所需的 zlib 库复制到根文件系统的 usr/lib 目录。

```
/work/tools/mtd-utils-05.07.23/util $ cd /work/rootfs/zlib-1.2.3/result/lib/
/work/rootfs/zlib-1.2.3/result/lib $ cp -P libz.so.1* /work/rootfs/myfs/usr/lib
```

（5）测试 mtd 工具程序。

```
启动开发板 Linux
可以运行 mkfs.jffs2 在开发板上制作 jffs2 文件映像
可以运行 nandwrite 将 jffs2 或 yaffs 文件映像写入 Nand Flash 的某个分区
可以运行 nanddump 将 Nand Flash 的某个分区的内容制作为文件映像
```

7.4.2 mp3 播放器 madplay 的移植

我们在测试声卡驱动时，使用的播放器就是 madplay，本节我们学习一下该播放器的详细移植过程。

目前 madplay 的官方网站是 http://www.underbit.com/products/mad/，透过该网站的介绍可知，它还需要 libmad 和 libid3tag 两个库。

从该网站找到下载连接 http://sourceforge.net/project/showfiles.php?group_id=12349。

这样我们就得到了移植 madplay 所需要的关键的 3 个文件（光盘/work/rootfs 目录中已提供）：

```
madplay-0.15.2b.tar.gz
libmad-0.15.1b.tar.gz
libid3tag-0.15.1b.tar.gz
```

它还会用到其他文件吗？只有天知道！一般都会遇到一些小麻烦，让我们继续吧。

1. 准备目录及文件

（1）在/work 目录下建立工作目录 madplay，在该目录下创建 3 个子目录：tarball 用于存放源码包，src-arm 用于存放解包后的源代码，target-arm 用于安装编译成功的内容。

（2）将上述 3 个源码包复制到/work/madplay/tarball 目录。

(3) 将 3 个源码包解包到 /work/madplay/src-arm 目录下。
进入 /work/rootfs/madplay/tarball 目录。

```
tar xzvf libid3tag-0.15.1b.tar.gz -C /work/rootfs/madplay/src-arm
tar xzvf libmad-0.15.1b.tar.gz -C /work/rootfs/madplay/src-arm
tar xzvf madplay-0.15.2b.tar.gz -C /work/rootfs/madplay/src-arm
```

2．指定交叉编译器

```
/work/rootfs/madplay $ export CC = arm-linux-gcc
```

3．交叉编译 libid3tag 库

(1) 配置。

```
cd src-arm/libid3tag-0.15.1b/
./configure --host = arm-linux --prefix = /work/rootfs/madplay/target-arm
```

结果出现如图 7-4 所示错误。

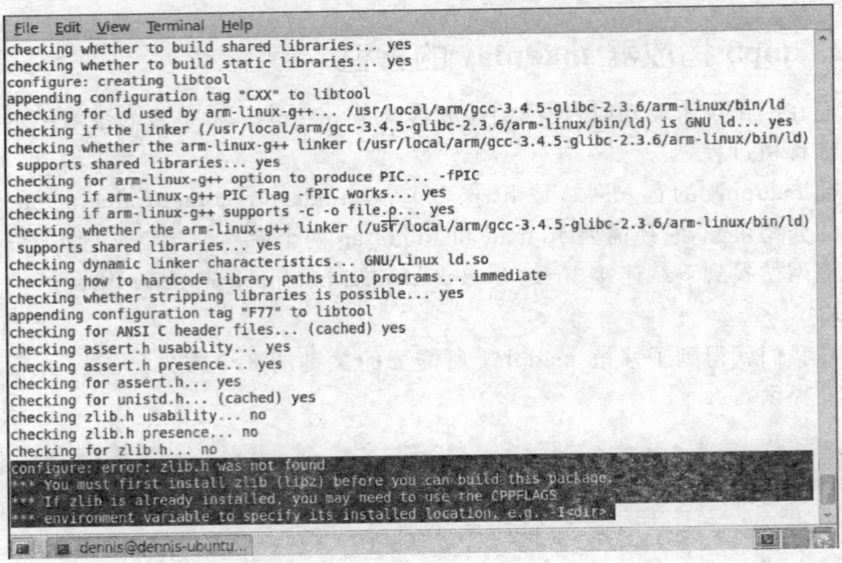

图 7-4　配置 libid3tag 库 1

由错误提示可知，libid3tag 库依赖于 zlib 库。我们已经在"移植 mtd 工具程序"时生成了 for ARM 的 zlib 库，根据提示，指定 zlib 库的头文件的位置即可。

(2) 更正配置如图 7-5 所示。

```
./configure --host = arm-linux  \
--prefix = /work/rootfs/madplay/target-arm   \
CPPFLAGS = -I/work/rootfs/zlib-1.2.3/result/include
```

第 7 章 构建嵌入式 Linux 文件系统

由错误提示可知,libid3tag 库依赖于 zlib 库。我们已经在"移植 mtd 工具程序"时生成了 for ARM 的 zlib 库,根据提示,指定 zlib 库的库文件的位置即可。

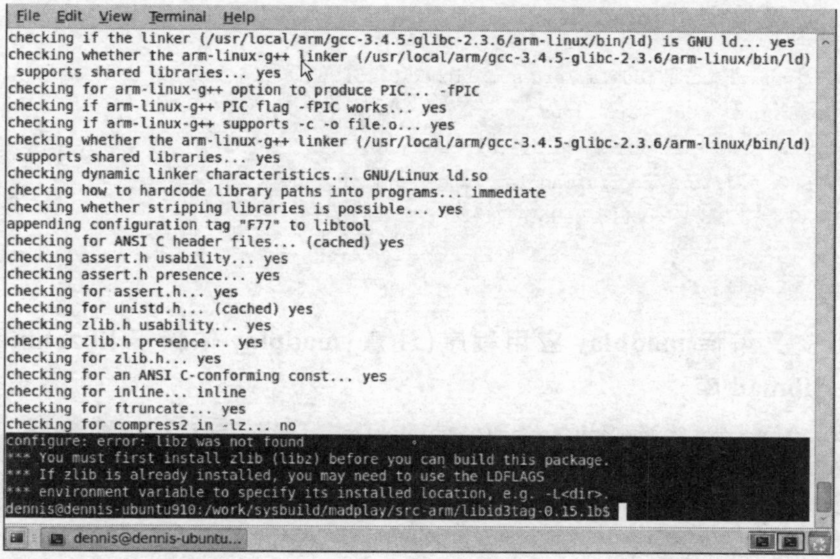

图 7-5 配置 libid3tag 库 2

(3) 再次更正配置,成功。

```
./configure --host = arm-linux \
--prefix = /work/rootfs/madplay/target-arm \
CPPFLAGS = -I/work/rootfs/zlib-1.2.3/result/include    \
LDFLAGS = -L/work/rootfs/zlib-1.2.3/result/lib
```

(4) 编译、安装。

```
make
make install
```

此时查看安装目录,可以看到 libid3tag 的库文件和头文件。

```
ls /work/rootfs/madplay/target-arm/lib -l
total 356
-rw-r--r-- 1 dennis dennis 199170 2010-08-27 12:47 libid3tag.a
-rwxr-xr-x 1 dennis dennis    884 2010-08-27 12:47 libid3tag.la
lrwxrwxrwx 1 dennis dennis     18 2010-08-27 12:47 libid3tag.so -> libid3tag.so.0.3.0
lrwxrwxrwx 1 dennis dennis     18 2010-08-27 12:47 libid3tag.so.0 -> libid3tag.so.0.3.0
-rwxr-xr-x 1 dennis dennis 147596 2010-08-27 12:47 libid3tag.so.0.3.0


ls /work/rootfs/madplay/target-arm/include -l
```

```
total 12
-rw-r--r-- 1 dennis dennis 10647 2010-08-27 12:47 id3tag.h
```

4. 交叉编译 libmad 库

```
cd   /work/rootfs/madplay/src-arm/libmad-0.15.1b
./configure --host = arm-linux \
--prefix = /work/rootfs/madplay/target-arm   \
CPPFLAGS = -I/work/rootfs/madplay/target-arm/include \
LDFLAGS = -L/work/rootfs/madplay/target-arm/lib
make
make install
```

5. 交叉编译 madplay 应用程序（注意：madplay 依赖于 libz、libid3tag、libmad 库）

```
cd   /work/rootfs/madplay/src-arm/madplay-0.15.2b
./configure --host = arm-linux  \
--prefix = /work/rootfs/madplay/target-arm  \
CPPFLAGS = -I/work/rootfs/madplay/target-arm/include  \
LDFLAGS = '-L/work/rootfs/madplay/target-arm/lib   -L/work/rootfs/zlib-1.2.3/result/lib'
make
make install
```

6. 下载 madplay 到开发板运行测试

把它以及依赖库下载到开发板，并做如下放置：

执行文件：madplay 放在 /usr/local/bin 目录。

库文件：libid3tag.so.0、libid3tag.so.0.3.0、libmad.so.0、libmad.so.0.2.1 放在/usr/local/lib 目录。

注：libid3tag 和 madplay 依赖的 zlib 库已经放到了开发板根文件系统中，因此不需复制 zlib 库。

执行结果如下：

```
# madplay /music/lover.mp3
MPEG Audio Decoder 0.15.2 (beta) - Copyright (C) 2000-2004 Robert Leslie et al.
```

插上耳机或是扬声器就可以听到悦耳的歌曲了。

7.4.3 主要网络服务器的移植与使用

1. telnet 服务器

busybox 中已经包含了 telnet 服务器 telnetd，所以我们只需要对它进行配置就

可以了。(1~4步均在开发板上执行)

(1) telnet时需要输入登录用户名和密码,所以首先创建用户。
- adduser dennis,这将创建dennis用户;
- 在/etc/passwd中第1行新增:root:x:0:0:Root,,,:/root:/bin/sh;
- passwd root,设置root的密码为1234;
- passwd dennis,设置dennis的密码1234;
- chown 0:0 /bin/busybox,改变busybox的属主,否则将来u+s后第1个用户进程init的权限将不是root的权限,而是dennis权限;
- chmod u+s /bin/busybox,这将使普通用户能使用passwd修改自己的密码,同时也使将来要使用的login程序能正常工作。

(2) 创建组audio,并将dennis加入到audio组中,为dennis能播放音乐做准备。
- addgroup -g 0 root,这将增加一个组,组名为root,组号为0;
- addgroup audio,这将增加一个组,组名为audio,组号为1;
- addgroup dennis audio,这将用户dennis加入到audio组中。

(3) 修改/etc/inittab,使得telnetd开机自动启动。

```
::sysinit:/etc/init.d/rcS
::once:/usr/sbin/telnetd
::askfirst:-/bin/sh
::ctrlaltdel:/sbin/reboot
::shutdown:/bin/umount -a -r
```

注意此处必须使用once,一定不能用respawn,因为telnetd是守护进程,其实现会fork自己后让自己结束。

(4) 修改rcS。
- 创建并挂载/dev/pts,它将供telnetd服务使用;
- 更改/dev/dsp的组,以使audio组的用户可以播放音乐;
- 更改/dev/tty和/dev/console的权限,以使普通用户登录系统时也能读写控制终端。

修改后的rcS如下:

```
#!/bin/sh
mount -t proc none /proc
mount -t sysfs none /sys
mount -t tmpfs none /dev
mount -t tmpfs none /var
mount -t tmpfs none /tmp
echo /sbin/mdev > /proc/sys/kernel/hotplug
mdev -s
mkdir /dev/pts
```

```
mount -t devpts devpts /dev/pts
chown root:audio /dev/dsp
chmod 666 /dev/tty
chmod 600 /dev/console
```

(5) 测试 telnet 服务器。在 Linux 机器上执行 telnet 192.168.1.222，输入正确的用户名和密码登录开发板后，播放开发板上的 mp3 音乐。

```
~ $ telnet 192.168.1.222
Trying 192.168.1.222...
Connected to 192.168.1.222.
Escape character is '^]'.
www login: dennis
Password:
$ madplay /music/lover.mp3
MPEG Audio Decoder 0.15.2 (beta) - Copyright (C) 2000-2004 Robert Leslie et al.
        Title: Track   1
        Album: Best Memory
        Track: 15
        Genre: Other
```

(6) 顺便让控制台登录也需要输入用户名和密码。

将 etc/inittab 中的::askfirst:-/bin/sh 换为::respawn:-/bin/login。

2. ftp 服务器

(1) 从 vsftpd 官方网站：http://vsftpd.beasts.org/下载版本 vsftpd-2.0.6.tar.gz(光盘/work/rootfs/vsftpd-2.0.6.tar.gz)，并解压。

```
/work/rootfs $ tar xzvf vsftpd-2.0.6.tar.gz
/work/rootfs $ cd vsftpd-2.0.6
```

(2) 交叉编译(for ARM-Linux)。

① 修改 Makefile，指定交叉编译器。

将第 2 行改为 CC = arm-linux-gcc

② 修改 vsf_findlibs.sh。

将所有的/lib 和/usr/lib 前面加上/usr/local/arm/gcc-3.4.5-glibc-2.3.6/arm-linux，以使库目录指向交叉编译工具链的库位置

(3) make 后生成 vsftpd，将 vsftpd 复制到开发板根文件系统相应目录。

```
/work/system/vsftpd-2.0.6 $ make
/work/system/vsftpd-2.0.6 $ cp vsftpd /work/rootfs/myfs/usr/sbin/
```

(4) 复制 vsftpd 依赖的动态库文件到开发板根文件系统相应目录。

第 7 章 构建嵌入式 Linux 文件系统

```
/work/system/vsftpd-2.0.6 $ arm-linux-readelf -a ./vsftpd | grep 'Shared'
0x00000001 (NEEDED)        Shared library: [libcrypt.so.1]
0x00000001 (NEEDED)        Shared library: [libdl.so.2]
0x00000001 (NEEDED)        Shared library: [libnsl.so.1]
0x00000001 (NEEDED)        Shared library: [libresolv.so.2]
0x00000001 (NEEDED)        Shared library: [libc.so.6]
```

可见 vsftpd 依赖 5 个库,其中第 5 个库我们在前面已经复制过,现在只需要复制另外 4 个库。

```
cd /usr/local/arm/gcc-3.4.5-glibc-2.3.6/arm-linux/lib
cp -P libdl.so.2 libdl-2.3.6.so /work/rootfs/myfs/lib/
cp -P libnsl.so.1 libnsl-2.3.6.so /work/rootfs/myfs/lib/
cp -P libresolv.so.2 libresolv-2.3.6.so /work/rootfs/myfs/lib/
cp -P libcrypt.so.1 libcrypt-2.3.6.so /work/rootfs/myfs/lib/
```

(5) 创建配置文件 vsftpd.conf。

将模板配置文件复制到开发板 etc 目录。

```
/work/rootfs/vsftpd-2.0.6 $ cp ./vsftpd.conf /work/rootfs/myfs/etc/
```

修改该配置文件,使有效配置如下:

```
anonymous_enable=YES
local_enable=YES
write_enable=YES
dirmessage_enable=YES
connect_from_port_20=YES
nopriv_user=ftp
# listen entry enable standalone mode
listen=YES
```

(6) 新建相应用户及目录。

由于 vsftp 源代码程序一定要使用一个用户 ftp(供匿名用户 anonymous 映射);同时默认情况下还要使用一个非特权用户 nobody。(5)中我们已经设置了非特权用户为 ftp,因此我们只需新建一个用户 ftp 即可。

```
# adduser ftp
```

再修改匿名用户主目录的属主和权限。

```
# chown root:root /home/ftp
# chmod 755 /home/ftp
```

由于 vsftp 源代码程序一定要使用一个目录/usr/share/empty,所以必须预先创建它。

```
/work/rootfs/myfs $ mkdir -p usr/share/empty
```

（7）复制辅助库文件到开发板。

由于 vsftpd 的源代码程序在寻找 ftp 用户时，调用了 getpwnam 库函数去解析 /etc/passwd 文件。而 getpwnam 库函数若要正确运行，需要一些其他辅助库函数。

```
/usr/local/arm/gcc-3.4.5-glibc-2.3.6/arm-linux/lib $ cp -P libnss_* /work/rootfs/myfs/lib/
```

注：这样操作会使根文件系统变大。另一个解决方案是修改 vsftpd 的源代码，使用 busybox 中的帐户管理 API，而不用标准 libc 中的帐户管理 API，参见 http://hi.baidu.com/hzau_wall_e/blog/item/1c2bd462d458a5680c33facd.html。

（8）修改 /etc/inittab，使 vsftpd 在开机时自动启动。

```
::sysinit:/etc/init.d/rcS
::once:/usr/sbin/telnetd
::respawn:/usr/sbin/vsftpd
::respawn:-bin/login
::ctrlaltdel:/sbin/reboot
::shutdown:/bin/umount -a -r
```

（9）测试 vsftpd。

```
/ $ ftp 192.168.1.222
Connected to 192.168.1.222.
220 (vsFTPd 2.0.6)
Name (192.168.1.222:dennis): dennis
331 Please specify the password.
Password:
230 Login successful.
Remote system type is UNIX.
Using binary mode to transfer files.
ftp> quit
221 Goodbye.
 $ ftp 192.168.1.222
Connected to 192.168.1.222.
220 (vsFTPd 2.0.6)
Name (192.168.1.222:dennis): anonymous
331 Please specify the password.
Password:
230 Login successful.
Remote system type is UNIX.
Using binary mode to transfer files.
ftp> quit
221 Goodbye.
```

3. http 服务器

busybox 中已经包含了 http 服务器 httpd，所以我们只需要对它进行配置就可以了。

（1）出于安全考虑，应该让 httpd 运行在非 root 权限下，因此先创建专用于 httpd 服务的普通用户 www。（没有主目录和密码，不能用于交互式登录）

```
# adduser -S -D -H www
```

（2）修改 /etc/inittab 文件，以便系统启动时自动启动 httpd 并指定主目录为 /www，服务运行帐户是普通用户 www。

```
::sysinit:/etc/init.d/rcS
::once:/usr/sbin/telnetd
::once:/usr/sbin/httpd -h /www -u www
```

（3）httpd 运行时会以普通用户 www 的身份访问 /dev/null 设备，因此需在 rcS 脚本中修改 /dev/null 的权限。

```
#!/bin/sh
ifconfig eth0 192.168.1.222
mount -t proc none /proc
mount -t sysfs none /sys
mount -t tmpfs none /dev
mount -t tmpfs none /var
mount -t tmpfs none /tmp
echo /sbin/mdev > /proc/sys/kernel/hotplug
mdev -s
mkdir /dev/pts
mount -t devpts devpts /dev/pts
chown root:audio /dev/dsp
chmod 666 /dev/tty
chmod 600 /dev/console
chmod 666 /dev/null
```

（4）创建 http 服务器的主目录和主文件。

```
mkdir /www
echo "this is my first web site" > /www/index.html
```

（5）测试 http 服务器。

① 重新启动开发板 Linux。可见 http 服务器自动启动并运行在 www 用户权限下。

```
VFS: Mounted root (nfs filesystem).
Freeing init memory: 112K
starting pid 230, tty '': '/etc/init.d/rcS'
starting pid 244, tty '': '/usr/sbin/telnetd'
starting pid 245, tty '': '/usr/sbin/httpd'
Please press Enter to activate this console.
starting pid 246, tty '': '/bin/sh'
# ps
  PID  Uid      VSZ Stat Command
    1 root     3092 S    init
    2 root          SW<  [kthreadd]
    3 root          SWN  [ksoftirqd/0]
    4 root          SW<  [events/0]
    5 root          SW<  [khelper]
   42 root          SW<  [kblockd/0]
   43 root          SW<  [ksuspend_usbd]
   46 root          SW<  [khubd]
   48 root          SW<  [kseriod]
   60 root          SW   [pdflush]
   61 root          SW   [pdflush]
   62 root          SW<  [kswapd0]
   63 root          SW<  [aio/0]
  178 root          SW<  [mtdblockd]
  227 root          SW<  [rpciod/0]
  246 root     3096 S    -sh
  251 root     3092 S    /usr/sbin/telnetd
  252 www      3092 S    /usr/sbin/httpd -h /www -u www
  253 root     3096 R    ps
```

② 在 Linux 机器上启动浏览器访问 http 服务器,可以看到正确的结果,如图 7 – 6 所示。

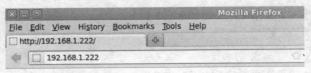

图 7 – 6 测试 http 服务器

7.4.4 数据库程序的移植与使用

1. SQLite 数据库的介绍

SQLite 数据库是一种嵌入式数据库,它的目标是尽量简单,因此它抛弃了传统

第 7 章 构建嵌入式 Linux 文件系统

企业级数据库的种种复杂特性，只实现对于数据库而言必备的功能。尽管简单性是 SQLite 追求的首要目标，但是其功能和性能都非常出色，它具有这样一些特性：

- 支持 ACID 事务；(ACID 是 Automic、Consisten、Isolated 和 Durable 的缩写)
- 零配置，不需要任何管理性的配置过程；
- 支持 SQL92 标准；
- 所有数据存放到单独的文件中，支持的最大文件可达 2TB；
- 数据库可以在不同字节的机器之间共享；
- 体积小；
- 系统开销小，检索效率高；
- 简单易用的 API 接口；
- 可以和 Tcl、Python、C/C++、Java、Ruby、Lua、Perl、PHP 等多种语言绑定；
- 自包含，不依赖于外部支持；
- 良好注释的代码；
- 代码测试覆盖率高达 95% 以上；
- 开放源码，可以用于任何合法用途。

由于 SQLite 具有功能强大、接口简单、速度快、体积小等一系列优点，因此特别适合应用在嵌入式系统中。

总而言之，SQLite 很像 Windows 下的 Access 数据库，非常适合在嵌入式领域使用。

2. 移植 SQLite

(1) 从 http://sqlite.org/download.html 下载最新的 SQLite 源代码（光盘/work/rootfs/sqlite-amalgamation-3.6.23.1.tar.gz 提供）。

(2) 解压源代码 tar xzvf sqlite-amalgamation-3.6.23.1.tar.gz，进入源代码顶层目录 cd sqlite-3.6.23.1。

(3) 配置并进行交叉编译和安装。

```
./configure --enable-shared --prefix=/work/rootfs/sqlite-3.6.23.1/result --host=arm-linux
make
make install
```

最终在 result 目录下得到 for ARM 的数据库管理程序 sqlite3（相当于 Windows 下 Access 这个应用程序），提供编程所需的 API 的动态库 libsqlite3.so.0.8.6，编程所需的头文件 sqlite3ext.h、sqlite3.h。

```
/work/rootfs/sqlite-3.6.23.1/result$ ls
bin  include  lib  share
/work/rootfs/sqlite-3.6.23.1/result$ ls bin
```

```
sqlite3
/work/rootfs/sqlite-3.6.23.1/result $ ls -l lib
total 2252
-rw-r--r-- 1 dennis dennis 1274962 2010-08-27 16:57 libsqlite3.a
-rwxr-xr-x 1 dennis dennis     855 2010-08-27 16:57 libsqlite3.la
lrwxrwxrwx 1 dennis dennis      19 2010-08-27 16:57 libsqlite3.so -> libsqlite3.so.0.8.6
lrwxrwxrwx 1 dennis dennis      19 2010-08-27 16:57 libsqlite3.so.0 -> libsqlite3.so.0.8.6
-rwxr-xr-x 1 dennis dennis 1009316 2010-08-27 16:57 libsqlite3.so.0.8.6
drwxr-xr-x 2 dennis dennis    4096 2010-08-27 16:57 pkgconfig
/work/rootfs/sqlite-3.6.23.1/result $ ls include
sqlite3ext.h  sqlite3.h
```

(4) 将数据库管理程序 sqlite3、提供编程所需的 API 的动态库 libsqlite3.so.0.8.6 及其 1 个软链接复制到开发板根文件系统相应位置。

```
/work/rootfs/sqlite-3.6.23.1/result $ cp bin/sqlite3 /work/rootfs/myfs/usr/bin
/work/rootfs/sqlite-3.6.23.1/result $ cp -P lib/libsqlite3.so.* /work/rootfs/myfs/usr/lib
```

(5) 由于 sqlite3 以及 libsqlite3.so.0.8.6 本身还要用到 C 标准库中 dl 和 pthread 库,因此需要将这 2 个库及其软链接(位于交叉编译工具链的 C 库所在目录/usr/local/arm/gcc-3.4.5-glibc-2.3.6/arm-linux/lib/)复制到开发板根文件系统中的/lib 目录。

(6) 为了能在开发机上编译调用了 SQLite 数据库 API 的应用程序,需要将动态库 libsqlite3.so.0.8.6 及其 2 个软链接,2 个头文件复制到交叉编译工具链所在目录的适当位置。

```
cd /work/rootfs/sqlite-3.6.23.1/result
cp -P lib/libsqlite3.so* /usr/local/arm/gcc-3.4.5-glibc-2.3.6/arm-linux/usr/lib
cp include/*.h /usr/local/arm/gcc-3.4.5-glibc-2.3.6/arm-linux/include/
```

3. 在开发板上,使用数据库管理程序 sqlite3 操作数据库

```
# cd /root
# sqlite3 test.db
SQLite version 3.6.23.1
Enter ".help" for instructions
Enter SQL statements terminated with a ";"
sqlite> create table student(name varchar(10),age INTEGER);
sqlite> insert into student values('TOM',23);
sqlite> select * from student;
TOM|23
```

第 7 章　构建嵌入式 Linux 文件系统

```
sqlite> .quit
# ls -l test.db
-rw-r--r--    1 root     root         2048 Apr  5 17:08 test.db
```

4. 编写 C 程序 testdb.c 操作数据库

```
1  #include <stdio.h>
2  #include <sqlite3.h>
3  int main(void)
4  {
5      sqlite3 * db = NULL;
6      char * zErrMsg = NULL;
7      int rc;
8      rc = sqlite3_open("test.db", &db);
9      if (rc) {
10         fprintf(stderr, "can't open database: %s\n", sqlite3_errmsg(db));
11         sqlite3_close(db);
12         return 1;
13     } else {
14         printf("open a sqlite3 database named test.db successfully! \n");
15     }
16     char * sql = "create table student(id integer primary key,name varchar(10),age varchar(10),sex varchar(6))";
17     sqlite3_exec(db, sql, 0, 0, &zErrMsg);
18     printf("%s\n", zErrMsg);
19     sqlite3_free(zErrMsg);
20     sqlite3_close(db);
21     return 0;
22 }
```

第 2 行包含 SQLite 头文件，第 8 行打开数据库，第 17 行执行 SQL 命令后错误消息存放在 zErrMsg 变量中，第 20 行关闭数据库。

交叉编译 arm-linux-gcc testdb.c -o testdb -lsqlite3 后，运行结果如下：

```
# ./testdb
open a sqlite3 database named test.db successfully!
table student already exists
```

7.5　小　结

这一章主要介绍了如何制作一个嵌入式的根文件系统，重点是如何根据 busybox 制作文件系统的目录、如何制作文件系统的 jffs2 镜像和 yaffs2 镜像。

本章涉及的内容偏多，而主要都是通过获取网络中相应功能的源代码，解压编译源码，并移植到嵌入式文件系统的目录中，最终打包成 jffs2 镜像或是 yaffs2 镜像文件。

　　在制作好镜像之后，还需要通过工具烧写到开发板中。需要借助 U-Boot 中的网络、串口、USB 等通信方式来传输我们在宿主机中的镜像到开发板中。其中 USB 传输的速度最快，因此在烧写大的文件系统的过程中，USB 传输方式是首选。当然在传输一些小的文件到开发板的时候，也可以选择网络或者串口。

第 8 章
构建 Qt 图形系统

8.1 Qt 系统简介

Qt 是跨平台的应用程序和 UI 框架,它包括跨平台类库、集成开发工具和跨平台 IDE。如果使用 Qt 做上层的图形界面和应用程序开发,对于代码的编写只需要 1 次,无须重新编写源代码,便可跨不同桌面和嵌入式操作系统部署这些应用程序。这要归功于 Qt 库对各种操作系统平台的支持。可以毫不夸张地说,目前 Qt 是支持最多系统的桌面软件系统。Qt 的创建源于 1991 年成立的 Trolltech(奇趣科技)开发公司。2008 年,奇趣科技被诺基亚公司收购,Qt 也因此成为诺基亚旗下的编程语言工具。

(1) Qt 的发展历史如下:
- 1996 年 10 月 KDE 组织成立;
- 1998 年 4 月 5 日 Trolltech 的程序员在 5 天之内将 Netscape5.0 从 Motif 移植到 Qt 上,1998 年 4 月 8 日 KDE Free Qt 基金会成立;
- 1999 年 6 月 25 日 Qt 2.0 发布;
- 1999 年 9 月 13 日 KDE 1.1.2 发布;
- 2000 年 3 月 20 日嵌入式 Qt 发布;
- 2000 年 9 月 6 日 Qt 2.2 发布;
- 2000 年 9 月 4 日 Qt free edition 开始使用 GPL;
- 2000 年 10 月 30 日 Qt/Embedded 开始使用 GPL 宣言;
- 2008 年 Nokia 从 Trolltech 公司收购 Qt,并增加 LGPL 的授权模式;
- 2011 年 Digia 从 Nokia 收购了 Qt 的商业版权,从此 Nokia 负责 Qt on Mobile,Qt Commercial 由 Digia 负责。

(2) Qt 支持的平台:

MS/Windows - 95、98、NT 4.0、ME、2000、XP、Vista 和 Win7、Unix/X11、Linux、Sun Solaris、HP-UX、CompaqTru64 UNIX、IBM AIX、SGI IRIX、FreeBSD、BSD/OS 和其他很多 X11 平台、Macintosh - Mac OS X、Embedded 有帧缓冲（framebuffer）支持的嵌入式 Linux 平台，Windows CE、Symbian、Meego 系统，甚至是 Android 和 Tizen 这样最新的移动系统也将支持 Qt。

（3）Qt 的框架结构。

由图 8-1 可知，Qt 的 SDK 还是非常完整的，包括 IDE 开发环境、Qt 中间件、Qt Api 和非常完整和丰富的应用程序案例和帮助文档。

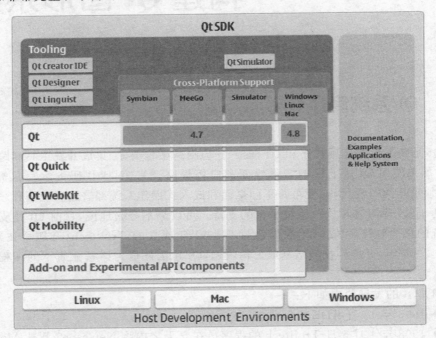

图 8-1　Qt 框架结构图

8.1.1　Qt 的分类和发展

Qt 按照历史发展来划分，有 3 种常用的版本：Qt2.2、Qt4.4、Qt4.7。

按照类型来划分有两种版本：Qtopid 和 Qt。

Qtopid 属于一个软件界面平台，其中集成了窗口操作界面、应用服务、系统管理工具、终端键盘等面向用户的集合，非常适合使用在早期的 PDA 和移动电话市场。但由于界面并不算美观，操作也不是非常流畅，因而后期的奇趣又做出了大量的革新，起名为 Qt4.4，被诺基亚收购之后被命名为 Qtextended。很可惜的是，在 Qt4.4.3 之后，诺基亚全力投入 Qt 产品的开发中，目前我们所看到的就是 Qt4.7 和 Qt4.8，它们都是 Qt 应用框架。其实这是一件好事，因为诺基亚把优秀的资源全部放在了开发 Qt 中，很多内容也集成在其中。

对于 Qt 的发展来说，非常"坎坷"。当诺基亚收购 Qt 的时候，正是 Qt 进入嵌入式领域的最好突破口。可惜的是 Qt 在 Symbian 系统给用户的体验并不是太好，当然这和移动领域打的火热的苹果 IOS 系统、Google 的 Andorid 系统的火速发展脱不了关系，甚至一度好评的黑莓系统也逐渐败下阵来。其后，英特尔公司为了在发展迅速和被所有人看好的嵌入式市场占据一定市场，与诺基亚公司合作开发 MeeGo 系统，Qt 系统又有了新的曙光。但是好景不长，Meego 并没有给 Qt 的发展带来好运，诺基亚在股票和市场都不景气的情况下，决策与微软合作发展 Window phone 7。对于许多人来说，这可能是"噩耗"，但或许也能开辟移动领域新的天地。只是这样的发展可能是牺牲了 Qt，牺牲了与英特尔的 Meego 系统。但是不管是否发展成"三足鼎立"的态势，最起码这样的结合，我们可以看到的是在嵌入式市场三星、HTC、LG、联想、甚至是现在的百度、盛大、最近火热的小米都会成为诺基亚和微软的敌人。其实最后的发展如何，现在还不好下定论，而我们更加关心的是 Qt 到底会怎么样，处于一个什么位置。

首先看平台：可以说 Qt 在系统平台上的支持度是最多的。也就是说从长远发展来看，使用 Qt，并不用参与兵家之争，不管哪一款系统倒下，都不会影响到 Qt。你用与不用，它就在那里，不离不弃。

其次看开发人员：开发人员的流程在一定程度上影响着一个平台的发展。由于 Qt 在平台支持的多样性，在很多应用领域都会使用 Qt 来作为图形界面。虽然它们可能只是机顶盒、中端手机、导航仪之类的产品，但是 Qt 在 Qt Quick 推出之后，更大地降低了开发的难度。因为我们可以使用很多的组件去开发我们的应用程序，对于快速发展的嵌入式市场，应用程序的开发和维护变得容易会促进它的发展。

最后要看的是 Qt 的发展历史，毕竟 Qt 目前在 GUI 领域，已经是家喻户晓了。而在以前，Qt 只能一直努力获得各平台的支持。在诺基亚的支持下，Qt 有了长足的进步和发展。即使诺基亚放弃 Qt，Meego 难以发展，都是证明它在一直发展，只不过还没得到广大用户的认可。对于一个 Qt 爱好者，应该为它的发展壮大感到高兴，而不是对它的发展感到担忧。

8.1.2 Qt 的应用领域

Qt 由于是跨平台的开发工具，几乎被所有的主流操作系统所支持。所以目前也有很多的应用领域在支持 Qt 的发展。

华硕公司推出的 Ecc PC 系列便携式产品里使用了 KDE 作为图形界面平台，而 KDE 平台使用的是 Qt 库。

Barco 数字投影仪的 Communicator 触摸面板是使用 Qt 创建的，可生成功能强大的 GUI 以及具有单一源代码跨平台部署的特性。

Arora 是一款基于 webkit 和 Qt 的轻量级浏览器，因为使用了 QtWebKit，它可以运行在所有支持 Qt 的平台上，如嵌入式的 Linux，FreeBSD，Mac OS X，甚至 Windows。

Eva Linux QQ 通信软件，其界面友好小巧，容易使用。ubuntu 下可以直接下载它使用，通过命令 sudo apt-get install eva 完成。

还有很多著名的软件就不一一列举了。目前 Qt 在汽车信息娱乐、航空航天、家庭影院、视频电话、医疗、石油天然气、移动互联网设备上都有很广阔的发展。

8.1.3　Qt 的资源获取

目前可以通过诺基亚的网站获取到 Qt 的资源内容，主页地址为：

```
http://qt.nokia.com
```

通过上面的主页可以获取到有关 Qt 的所有资源。

如果想获取最新的 Qt SDK，可以到以下地址获取最新的 Qt 开发包：

```
http://qt.nokia.com/downloads
```

当然在这个页面里面也包含 Qt 较早的版本。由于 Qt 的版本更新速度较快，以前可以直接安装的 Qt 版本已经不存在，取而代之的是在线安装（如果希望获取最新的版本）。为了开发者的方便，在光盘的 /work/qt 目录下存放了一个二进制安装包。

```
qt-sdk-linux-x86-opensource-2010.04.bin
```

用户可以把安装包放到 ubuntu 环境中直接解压安装。

8.1.4　Qt 的环境搭建

```
chmod u+x qt-sdk-linux-x86-opensource-2010.04.bin
./qt-sdk-linux-x86-opensource-2010.04.bin
```

执行上面的命令，弹出软件安装步骤的图形界面，如图 8-2 所示。

单击下一步安装软件，选择 Qt 开发包安装的位置，如图 8-3 所示。

等待软件安装完毕，桌面上会有一个 Qt Creator 的图标。Qt Creator 就是用于开发 Qt 应用程序的集成开发环境，虽然 Qt 也有插件集成在 Eclipse 中，但是没有 Qt Creator 的功能完全。

既然是集成开发环境，包括 Qt 的库文件、工具、案例、说明文档会全部被放置在安装的目录之下。第一级目录下的内容如下：

```
bin  lib  LICENSE  qt  share
```

Qt Creator 程序就放在 bin 这个目录下。lib 目录下存放了 Qt 的库文件，share 目录下存放了帮助文档信息，而 qt 目录下存放的内容就会比较多。Qt 目录包含 src 目录存放 Qt 库源代码。demos 和 examples 存放的是 Qt 自带的源代码程序。bin

第 8 章　构建 Qt 图形系统

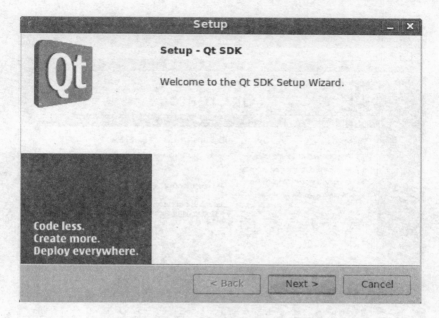

图 8-2　Qt 启动安装界面

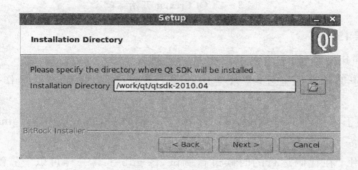

图 8-3　选择安装位置

目录下存放了一系列工具,包括创建图形界面的 designer,案例演示的程序 qtdemo(当然如果想演示 qtdemo 的程序需要编译 demos 和 examples 目录下的源代码),还有 qmake 工具,这个工具将会帮助 Qt 工程文件创建编译所需要的工程文件 Makefile。lib 目录下存放的是 Qt 的库文件。还有其他的一些目录,比如说 plugins,存放了多媒体控件 phonon、mysql 驱动等等。

8.1.5　Qt Creator IDE 开发环境

安装完成后,在桌面上会有一个 Qt Creator 的图标。双击运行,弹出一个欢迎界面,可以在这个界面中打开开发包中自带的很多 examples,这些案例几乎包含了 Qt 所有的 Api,对于学习非常有帮助。

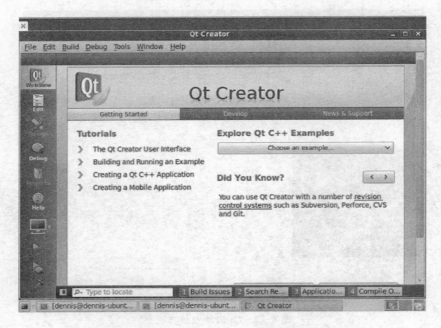

图 8-4　Qt Creator 开始菜单

1. 工具栏

File 按钮用于新建、打开或打开最近的工程。

Edit 用于编译你的工程,经常使用的是 ctrl+z 可以撤销当前操作,还有复制、粘贴。

Build 用于编译你的程序,编译 Qt 程序需要两步,首先先执行 qmake,再执行编译。

Debug 用于在代码运行的时候进行调试,像 gdb 工具一样可以设置断点、抛出异常等。

Tools 用于设置界面的各方面功能。locate 功能可以快速定位到工程的某个文件中来继续编辑代码,快捷键是 ctrl+k;最重要的还有 options 菜单选项,我们可以使用它来设置界面环境、文本显示大小和颜色、选择操作的快捷键、版本控制等。

Windows 用于界面显示方式,help 用于获得在线帮助信息。

2. 导航栏

导航栏分为 welcome、Edit、Design、Debug、Project、Help,如图 8-5 所示。

其中 Edit 用于编辑源代码,Design 用于设计 UI 图形界面,Project 用于设置当前工程的编译选项,Help 用于获得 Qt 工具、库函数的帮助文档(非常详细的帮助文档)。

第 8 章　构建 Qt 图形系统

3. 工程栏

我们打开的工程都会放在工程栏中,如图 8-6,通过工程栏对代码进行编辑工作,右键也可编译。

4. 编译控制栏

Qt 的编译控制栏中有 4 个图标,如图 8-7 所示,其中 Debug 图标旁边的三角形按钮可以用于选择当前想要编译的工程。

图 8-5　Qt 的导航栏　　　图 8-6　Qt 的工具栏　　　图 8-7　Qt 的编译控制栏

以下的按钮分别为运行、调试运行、编译所有工程。

5. 信息输出窗口

在 Qt 的信息输出窗口中(如图 8-8),可以看到编译的过程,应用程序的输出结果,查找的结果以及编译中的错误和警告。

图 8-8　Qt 的信息输出窗口

8.1.6　Qt Designer 工具开发 GUI 图形应用

Qt Designer 主界面如图 8-9 所示。

构建嵌入式 Linux 核心软件系统实战

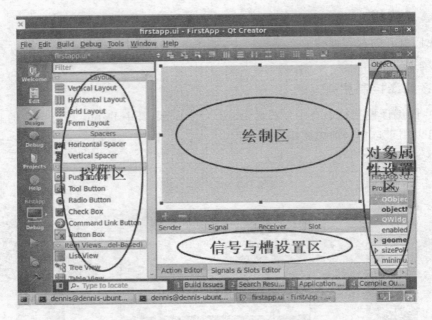

图 8-9　Qt Dsigner 主窗口

8.2　配置目标机环境

8.2.1　编译 tslib 库

tslib 的源码下载地址：https://github.com/kergoth/tslib/downloads。
光盘中的 Qt 目录下也提供了 tslib 的源代码文件：tslib1.0.tar.gz。

```
cp tslib1.0.tar.gz /work/qt
tar xzvf tslib1.0.tar.gz
cd kergoth-tslib-d7f5dae
./autogen.sh
./configure --host = arm-linux --disable-h3600 --disable-arctic2 --disable-mk712 --disable-collie --disable-corgi --disable-ucb1x00 --with-gnu-ld --prefix = /work/qt/tslib_install ac_cv_func_malloc_0_nonnull = yes
make && make install
```

以上执行了 6 条命令，执行 autogen.sh 的含义是生成 configure 源代码配置文件。

./configure 是为编译安装做配置，即怎样部署你的源代码配置环境，--host 的含义是你要安装的目标系统。后面的--disable 是因为我们不编译对指定触摸屏的支持，我们选择支持的是 Linux 的 input 子系统。--with-gnu-ld 是确认使用 GNU 的

LD 链接器,因为我们使用的就是 GNU 的编译器,所以选择这一项。--prefix 选项是指定安装的位置,这里我们指定把 tslib 生成的文件放在/work/qt/tslib_install 目录下。ac_cv_func_malloc_0_nonnull 会在./configure 执行阶段测试 GNU 内置的 malloc 函数的功能是否可用或者说是否兼容,所以我们在执行命令的时候把这个宏的值定义为 yes。

执行完 make install 之后,可以去/work/qt/tslib_install 目录查看一下是否已经安装完毕。安装目录下有 4 个目录,需要检查一下是否一些重要的文件被安装。检查 bin 目录下的 ts_calibrate 触摸屏校准程序是否存在,确认 etc 目录下的 ts.conf 文件是否存在,这个配置文件决定了你使用的触摸屏接口类型。我们这里使用 Linux 的 input 子系统,所以打开 input,即把前面的"#"去掉,文件内容如下:

```
module_raw input
module pthres pmin = 1
module variance delta = 30
module dejitter delta = 100
module linear
```

其中 pthres 主要是用于处理触摸屏的灵敏度,而 variance 和 dejitter 分别用于处理触摸屏的滤波和去噪的算法,linear 是触摸屏的坐标变换。因为他们的实现都是以动态库文件的方式加载而提供支持,所以我们需要保证 lib/ts 目录下有这几个库文件:

```
input.so、pthres.so、variance.so、dejitter.so、linear.so
```

这样我们 tslib 就算编译好了,等待后期把这些文件部署到开发板中。

8.2.2 编译 Qt 源码

因为我们需要在开发板上运行 Qt 程序,所以我们需要为我们的板子移植 Qt 的库文件,这需要我们下载源代码编译成板子能执行的库文件。

下载源代码:

```
http://download.qt.nokia.com/qt/source/qt-everywhere-opensource-src-4.7.0.tar.gz
```

现在 Qt 库的版本已经升级到了 4.8,所以如果读者希望体验最新的 Qt 库,可以在以下的网址找到最新的源代码下载并编译:

```
http://download.qt.nokia.com/qt/source/
```

其实编译过程都是一样的,光盘的 Qt 目录下也为读者准备了 4.7 版本的源代码包。

如果你使用的是 ABI 编译器,而不是 EABI 编译器,那么在编译 ARM Qt4.7 版本以上的源码时会出现以下问题(我们使用的就是 3.4.5 的 ABI 编译器)。

(1) 编译时，报出以下错误，这是由于 ABI 编译器对 ARM 的 orr 指令不识别原因造成的。

```
{standard input}:1587: Error: register or shift expression expected -- 'orr r3,r2,lsl#16'
{standard input}:1597: Error: register or shift expression expected -- 'orr r2,r3,lsl#16'
{standard input}:3206: Error: register or shift expression expected -- 'orr r3,r1,lsl#16'
{standard input}:3219: Error: register or shift expression expected -- 'orr r3,ip,lsl#16'
```

修改 src/3rdparty/freetype/include/freetype/config/ftconfig.h 文件的 330 行：

```
(这一行去掉)"orr %0, %2, lsl #16\n\t"  /* %0 |= %2 << 16 */
(这一行加上)"orr %0, %0, %2, lsl #16\n\t"  /* %0 |= %2 << 16 */
```

(2) 这是在 Qt 程序运行的时候报出的错误。

这里假如你已经编译好了原版的 Qt4.7 库文件并放到了开发板上，现在我们写了一个 Qt 测试程序，放到开发板上，程序会异常终止，程序运行时报出的错误如下：

```
QString::arg: Argument missing: "/proc/%1/exe" , 776
Qtig:r:Agmn isn:"po/1ee    7 ⌐
Qtig:r:Agmn isn:"po/1ee    7 ⌐
Qtig:r:Agmn isn:%ted./
Qtig:r:Agmn isn:"1qebde-2    ?????  ⌐
Cno raeQ o meddLnxdt ietr:%ted
Aborted
```

以上的错误同样是因为你使用的 ABI 编译器，这在 EABI 编译器上是不会出现的。这是因为使用 ABI 编译器时，Qt 中有的代码使得在访问 QChar 变量时两字节对齐，而新的 EABI 编译器已经有了这方面的对齐访问方式，Qt 为了和新的 EABI 编译器一致，则取消了这个对齐访问。那么如果你再使用老版本的 ABI 编译器编译时，运行就会因为访问变量问题而出现问题。这个问题我们可以对 Qt 源码目录下的 src/corelib/tools/qchar.h 文件的 358 行，修改如下：

```
    QChar(uchar c);
  #endif
    ushort ucs;
- };
+ }
+ #if (defined(__arm__) || defined(__ARMEL__))
+ Q_PACKED
+ #endif
+ ;
```

第 8 章 构建 Qt 图形系统

其中"-"是要删除的内容,"+"是要增加的内容。

我们以 Qt4.7 为例,执行下面的命令编译文件:

```
cp qt-everywhere-opensource-src-4.7.0.tar.gz  /work/qt
tar zxvf qt-everywhere-opensource-src-4.7.0.tar.gz
cd qt-everywhere-opensource-src-4.7.0
./configure -embedded arm \
-opensource \
-qt-libpng \
-qt-libjpeg \
-qt-libmng \
-no-multimedia \
-make libs \
-nomake tools \
-make examples \
-nomake docs \
-make demos    \
-qt-kbd-linuxinput \
-qt-mouse-tslib \
-xplatform qws/linux-arm-g++ \
-little-endian \
-qt-freetype \
-qt-libtiff \
-depths 16,18 \
-qt-gfx-linuxfb \
-no-qt3support \
-no-nis \
-no-cups \
-no-iconv \
-no-dbus \
-no-openssl \
-no-fast \
-no-accessibility \
-no-scripttools \
-no-mmx \
-no-multimedia \
-svg -no-webkit \
-no-3dnow    \
-no-sse   -no-sse2   \
-no-gfx-transformed \
-no-gfx-multiscreen \
-no-gfx-vnc \
```

```
-no-gfx-qvfb \
-prefix /work/qt/qt-4.7-arm \
-I /work/qt/tslib_install/include   \
-L /work/qt/tslib_install/lib \
-R /work/qt/tslib_install/lib \
-D__ARM_ARCH_4T__
make && make install
```

我们看到上面的./configure 有些复杂，这是由于 Qt 支持的平台多种多样的原因造成的。我们挑出一些重点来说明，例如-embedded arm 选项指定的是选择 Qt 的嵌入式的 ARM 平台，-qt-libjpeg 选项将使得 Qt 支持 jpeg 图片显示，-qt-mouse-tslib 将选择 Qt 支持触摸方式。所以我们需要在编译的时候指定我们刚才的 tslib 的路径，使用-I /work/qt/tslib_install/include 来指定 tslib 的头文件位置，使用-L /work/qt/tslib_install/lib 来指定 tslib 的库文件的位置。我们看到最后使用-D__ARM_ARCH_4T__来选择处理器平台，否则编译的时候会提示你没有选择处理器平台。

由于编译的选项比较多，所以做了一个配置文件 Build_Qt_for_Arm.sh 放在光盘的 qt 目录下，方便读者的编译。

8.2.3 配置目标机的 Qt 运行环境

我们已经编译好了 Qt 开发板上的资源，接下来就是配置和部署 Qt 在开发板上的运行环境了。

我们一共要增加以下几项内容：
- 部署 Qt 库文件到开发板；
- 部署 tslib 库文件、校准命令、插件文件到开发板；
- 增加环境变量中对 Qt、tslib 的支持和配置；
- 增加字库文件。

我们有两种方式来把我们要部署的内容放到开发板中，一种是先部署到位于宿主机上的开发板根文件系统的目录下；一种是直接部署到开发板上。很显然要选择第一种方式。这是因为当我们部署完成之后，可以通过 nfs 命令来挂载远程文件系统做测试，测试通过了再往板子中烧写。

假设在上一章中已经做好了一个可以使用的根文件系统：/work/rootfs/myfs，那么我们开始下面的部署工作。

1. 部署 Qt 库文件到根文件系统中

```
cd /work/qt/qt-4.7-arm
mkdir -p /work/rootfs/myfs/usr/local
cp -rP lib /work/rootfs/myfs/usr/local/lib
```

2. 部署 tslib 库文件和校准工具到开发板中

```
cd /work/qt/tslib_install
cp -rP lib /work/rootfs/myfs/usr/local/
mkdir /work/rootfs/myfs/usr/local/bin
cp bin/ts_calibrate  /work/rootfs/myfs/usr/local/bin/
cp etc/ts.conf /work/rootfs/myfs/etc/
打开 ts.conf 文件,去掉 module_raw input 前面的"#"号
```

3. 设置环境变量

我们已经部署了 Qt 和 tslib 的库文件以及配置文件到 myfs 根文件系统目录下,Qt 程序的正常运行还需要设置一些环境变量。我们可以写一个脚本来设置 Qt 应用程序使用的环境变量。进入到/work/rootfs/myfs/usr/local/bin 目录下,新建文件 qt4.7,并设置可执行权限,文件 qt4.7 的内容如下:

```
#!/bin/sh
export PATH=$PATH:/usr/local/bin
export QTDIR=/usr/local
export LD_LIBRARY_PATH=/usr/local/lib
export TSLIB_ROOT=/usr/local/lib
export TSLIB_TSDEVICE=/dev/event0
export TSLIB_FBDEVICE=/dev/fb0
export TSLIB_PLUGINDIR=/usr/local/lib/ts
export TSLIB_CONSOLEDEVICE=none
export TSLIB_CONFFILE=/etc/ts.conf
export POINTERCAL_FILE=/etc/pointercal
export TSLIB_CALIBFILE=/etc/pointercal
export QWS_MOUSE_PROTO=Tslib:/dev/event0
export QWS_KEYBOARD="TTY:/dev/tty1"
export QWS_DISPLAY="LinuxFb:mmWidth70:mmHeight52:1"
export QT_QWS_FONTDIR=/usr/local/lib/fonts
```

QTDIR:定义 Qt 的主目录。

LD_LIBRARY_PATH:指定动态链接库的位置,发生找不到动态库的情况,把相应的库文件的路径放在这个变量中,执行这个脚本即可。

TSLIB_ROOT:指定了 tslib 的主目录。

TSLIB_TSDEVICE:指定 tslib 设备名称。在执行 ts_calibrate 校准程序的时候经常会碰到"ts_open: No such file or directory"的错误原因就是没有找到这个设备造成的,因此需要指定这个变量。另外,还需要输入 cat /proc/bus/input/devices 查看 Handlers 一项里是否有 event0,如果没有也会提示"ts_open: No such file or directory"。

```
I: Bus = 0019 Vendor = 0001 Product = 0002 Version = 0100
N: Name = "s3c2410 Touchscreen"
P: Phys = s3c2410ts/input0
S: Sysfs = /class/input/input0
U: Uniq =
H: Handlers = mouse0 event0  evbug
B: EV = b
B: KEY = 400 0 0 0 0 0 0 0 0 0 0
B: ABS = 1000003
```

TSLIB_FBDEVICE：表示 tslib 所使用的帧缓冲显示设备。
TSLIB_PLUGINDIR：tslib 的滤波、去噪算法的插件位置。
TSLIB_CONSOLEDEVICE：终端设备，默认的就是我们的 LCD。
TSLIB_CONFFILE：指定触摸屏的插件配置文件的位置。
POINTERCAL_FILE：ts_calibrate 校准工具生成的校准文件。
QWS_MOUSE_PROTO：Qt 中使用的触摸屏设备。
QT_QWS_FONTDIR：Qt 中使用的字库存放位置。

4. 增加字库文件到/work/rootfs/myfs/usr/local/lib/fonts 目录下

在步骤 1 中，已经把 Qt 库复制到了/work/rootfs/myfs/usr/local/lib 目录下，其中 fonts 目录也一同复制了过来。由于我们不需要这么多的字库文件，而且字库文件的总大小也有 8 MB，不需要都安装到开发板系统中。因此，打开/work/rootfs/myfs/usr/local/lib/fonts 目录，保留一个字库文件就可以了，这里选择的是其中的一个 helvetica_120_75.qpf 字库文件。

5. 复制 Qt 使用到的其他库文件

cd /work/rootfs/myfs/lib
cp -rP /usr/local/arm/gcc-3.4.5-glibc-2.3.6/arm-linux/lib/libpthread* .
cp -rP /usr/local/arm/gcc-3.4.5-glibc-2.3.6/arm-linux/lib/libstdc++*.so* .
cp -rP /usr/local/arm/gcc-3.4.5-glibc-2.3.6/arm-linux/lib/libgcc_s.so* .
cp -rP /usr/local/arm/gcc-3.4.5-glibc-2.3.6/arm-linux/lib/libdl* .
cp -rP /usr/local/arm/gcc-3.4.5-glibc-2.3.6/arm-linux/lib/librt* .

8.2.4 制作 Qt 根文件系统

当开发板根文件系统被内核启动时，可以直接启动 Qt 应用程序作为图形界面。在 Qt 编译安装之后，/work/qt/qt-4.7-arm 目录下有两个 Qt 自带的例子目录：demos 和 examples。我们可以选择把其中的部分应用复制到开发板根文件系统

myfs 中作为开机自启程序。

(1) 进入目录/work/rootfs/myfs/usr/local 目录下,新建 app 目录,用于存放 Qt 应用。

```
mkdir -p /work/rootfs/myfs/usr/local/app
cd /work/rootfs/myfs/usr/local/app
```

(2) 复制/work/qt/qt-4.7-arm 目录下的应用程序到 app 目录中。

cp -rP /work/qt/qt-4.7-arm/demos/embedded/fluidlauncher .
cp -rP /work/qt/qt-4.7-arm/demos/deform.
cp -rP /work/qt/qt-4.7-arm/demos/pathstroke.
cp -rP /work/qt/qt-4.7-arm/demos/embedded/styledemo.
cp -rP /work/qt/qt-4.7-arm/demos/embedded/embeddedsvgviewer.
cp -rP /work/qt/qt-4.7-arm/examples/widgets/wiggly.
cp -rP /work/qt/qt-4.7-arm/examples/painting/concentriccircles.

以上是增加的 Qt 应用程序,其中 fluidlauncher 目录下的应用程序 fluidlauncher 在启动后会根据同目录下的 config.xml 文件调用其他应用程序。由于 config.xml 配置文件使用的目录结构和复制过来的不一样,因此需要做一定修改。

(3) 修改 config.xml 配置文件的 4-9 行如下:

```
<example filename="../embeddedsvgviewer/embeddedsvgviewer" name="SVG Viewer" image=" screenshots/embeddedsvgviewer.png" args="../embeddedsvgviewer/shapes.svg"/>
<example filename="../styledemo/styledemo" name="Stylesheets" image="screenshots/styledemo.png"/>
<example filename="../deform/deform" name="Vector Deformation" image="screenshots/deform.png" args="-small-screen"/>
<example filename="../pathstroke/pathstroke" name="Path Stroking" image="screenshots/pathstroke.png" args="-small-screen"/>
<example filename="../wiggly/wiggly" name="Wiggly Text" image="screenshots/wiggly.png"/>
<example filename="../concentriccircles/concentriccircles" name="Concentric Circles" image="screenshots/concentriccircles.png"/>
```

以上的修改是因为原本 config.xml 中的配置路径和现在应用程序存放的位置不一样。

(4) 当系统启动时,启动 fluidlauncher 应用程序。

打开/work/rootfs/myfs/etc/init.d/rcS 文件,增加第 30 行:

```
1 #!/bin/sh
2
3 PATH=/sbin:/bin:/usr/sbin:/usr/bin:/usr/local/bin:
```

```
 4 runlevel = S
 5 prevlevel = N
 6 umask 022
 7 export PATH runlevel prevlevel
 8
 9 mount -t proc none /proc
10 mount -t sysfs none /sys
11 mount -t tmpfs none /dev
12 mount -t tmpfs none /var
13 mount -t tmpfs none /tmp
14 echo /sbin/mdev > /proc/sys/kernel/hotplug
15 mdev -s
16 mkdir /dev/pts
17 mount -t devpts devpts /dev/pts
18 chown root:audio /dev/dsp
19 chmod 666 /dev/tty
20 chmod 600 /dev/console
21 chmod 666 /dev/null
22
23 /sbin/ifconfig lo 127.0.0.1
24 /etc/init.d/ifconfig-eth0
25
26 # time setup
27 hwclock -s
28
29 # qt4.7 start...
30 /usr/local/bin/qt4.7 &
```

同时/work/rootfs/myfs/usr/local/bin/qt4.7 文件增加 19～25 行：

```
15 export QWS_KEYBOARD = "TTY:/dev/tty1"
16 export QWS_DISPLAY = "LinuxFb:mmWidth70:mmHeight52:1"
17 export QT_QWS_FONTDIR = /usr/local/lib/fonts
18
19 if [ ! -s /etc/pointercal ] ; then
20      /usr/local/bin/ts_calibrate
21 fi
22
23 # qt test
24 cd /usr/local/app/fluidlauncher
25 ./fluidlauncher -qws &
26
27 # audio test
```

```
28 /usr/local/bin/madplay /music/lover.mp3 &
29
30 cd $HOME
```

（5）重新启动开发板，并单击不同的画面来启动不同的应用程序。

（6）增加 etc 目录下的 profile 和 bashrc 文件，用于支持对用户的环境变量的配置。

profile 中的内容：

```
#!/bin/sh

USER="'id -un'"
LOGNAME=$USER
HOSTNAME='/bin/hostname'
PATH=$PATH
if [ 'id -u' -eq 0 ];then
        PS1='[\u@\h:\W]$ '
else
        PS1='[\u@\h:\W]# '
fi
export USER LOGNAME PS1 PATH

if [ -f /etc/bashrc ];then
        . /etc/bashrc
fi
```

bashrc 中的内容：

```
#!/bin/sh
export PATH=$PATH:/usr/local/bin
export QTDIR=/usr/local
export LD_LIBRARY_PATH=/usr/local/lib
export TSLIB_ROOT=/usr/local/lib
export TSLIB_TSDEVICE=/dev/event0
export TSLIB_FBDEVICE=/dev/fb0
export TSLIB_PLUGINDIR=/usr/local/lib/ts
export TSLIB_CONSOLEDEVICE=none
export TSLIB_CONFFILE=/etc/ts.conf
export POINTERCAL_FILE=/etc/pointercal
export TSLIB_CALIBFILE=/etc/pointercal
export QWS_MOUSE_PROTO=Tslib:/dev/event0
export QWS_KEYBOARD="TTY:/dev/tty1"
export QWS_DISPLAY="LinuxFb:mmWidth70:mmHeight52:1"
export QT_QWS_FONTDIR=/usr/local/lib/fonts
```

当用于登录时,会执行/etc/profile 文件,并调用/etc/bashrc,自动设置 Qt 的环境变量。

注:复制过来的应用程序,可以做裁剪,以使得根文件系统更小。使用 arm-linux-strip 命令对应用程序"减肥",也可以把应用程序启动时不使用的.h、.cpp、.pro、.qrc 文件删除以减小空间。

光盘的/work/rootfs 目录下 yaffs2_rootfs.tar.gz 文件为制作好的根文件系统,把它放到虚拟机的/work/rootfs 中解压,便是本书最终的根文件系统源代码。

```
/work/rootfs $ sudo tar xzvf yaffs2_rootfs.tar.gz
```

8.2.5 测试运行触摸屏和 Qt 程序

我们可以使用光盘中提供的根文件系统/usr/local/bin/ts_calibrate 校准程序来测试触摸屏是否可以使用。如果单击没有反应,开发板终端输入 cat /dev/event0,然后单击触摸屏,如果终端无任何内容显示,检查内核的触摸屏移植章节,否则需要检查上面所给出的环境变量有没有设置正确,tslib 库文件是否与你的驱动程序匹配。

当然我们也可以运行 Qt 上自带的一些图形界面的测试程序,比如说 calculator,在/work/qt/qt-4.7-arm/examples/widgets/calculator 目录下,通过 nfs 方式把它复制到开发板上,执行以下命令:

```
# ./calculator -qws
```

可以在开发板上看到对应的图形界面,可以通过单击屏幕来控制图形界面。

注:笔者在选择字库时,使用了 DejaVuSans.ttf。在测试过程中,开发板打印 segmentation fault(段错误),解决办法见下节内容。

开发板的字库目录已经由 QT_QWS_FONTDIR 指定为/usr/local/lib/fonts,读者进入此目录后,删除除了 DejaVuSans.ttf 字库文件之外的所有字库文件即相当于选择 DejaVuSans.ttf 作为 Qt 系统默认字库文件。

8.2.6 Qt 运行时的段错误问题解决

当我们把交叉编译好的 Qt 程序放到开发板上执行时经常会遇到 segmentation fault(段错误)发生。下面以笔者遇到的案例,重现一下段错误发生的过程并提出解决办法。

1. 产生段错误

按照以上的编译和配置,把 Qt 的库文件、Qt 的 ttf 类型的字库、tslib 库文件、Qt demos 和 Qt examples 都放到了开发板中,并在 rcS 脚本中设置了库文件、字库文件的路径,以及 QWS 程序需要的运行环境。但是执行时,却报出段错误,没有其他任何的提示信息能够显示段错误的原因。

第 8 章 构建 Qt 图形系统

我们知道段错误的原因来自于对内存的非法引用,在程序运行的时候会发生这种情况,而在这种没有任何信息的情况下,程序就被终止,让我们摸不着头脑。

由于段错误是 Qt 中的经典错误,使用 Qt 的人遇到不少。到 Nokia 的 BugReports 网站去查找段错误发生的原因,得到的回复是 EABI 和 OABI 在结构体对齐的问题上不一致导致的。于是笔者去查看 ARM 公司的最新 EABI 的文档的描述,发现 EABI 在结构体访问对齐、软浮点运算、SWI 的软件接口上都很不一样。既然这样就一一排查,首先是内核的软中断系统调用表,由于我们在编译内核的时候并没有选择使用 EABI 编译器,所以内核保留了 OABI 的系统调用接口 sys_oabi_call_table,可以通过 arch/arm/kernel/entry-common.S 内核文件来查看。既然如此问题应该不是出现在这个地方。

2. 如何确定段错误

通过排除法,可以判断是访问对齐或软件浮点运算的问题,是由程序的哪段代码造成的呢? 由于程序是在开发板上运行的,调试起来比较困难,我们可以先下载 strace 工具,查看段错误前的系统调用函数,以便缩小排查的范围。在光盘的 /work/qt 目录中存放了 strace4.6.tar 压缩包,使用交叉编译器编译出 strace 工具并放到开发板上。

```
cd /work/qt
tar xvf strace-4.6.tar
cd strace-4.6
./configure --prefix=/work/qt/strace-4.6/result --host=arm-linux
make
make install
```

如何把编译好的 strace 传送到开发板? 开发板执行以下命令:

```
mount -o nolock -t nfs 192.168.1.11:/work /mnt
cp /mnt/qt/strace-4.6/result/bin/strace /usr/bin
```

以上 mount 使用远程主机 192.168.1.11 上共享的 nfs 目录 work,并把它挂载到开发板的 mnt 目录下,然后再找到对应目录下编译好的 strace,复制到开发板 /usr/bin 目录下。

以下命令前 3 行在宿主机上运行,前三行得到可供调试的 calculator 应用程序,并用之上同样的方式复制到开发板中。

最后 2 行在开发板上运行,使用 strace 对 calcultor 应用程序进行系统调用的跟踪调试。

```
cd /work/qt/qt-everywhere-opensource-src-4.7.0/examples/widgets/calculator
/work/qt/qt-4.7-arm/bin/qmake CONFIG+=debug
make
```

```
cp    /mnt/qt/qt-everywhere-opensource-src-4.7.0/examples/widgets/calculator    /
strace   /calcultor    -qws
```

显示的内容如下：

```
stat64("/usr/local/fonts/DejaVuSans.ttf", {st_mode = S_IFREG|0644, st_size = 493564,
...}) = 0
stat64("/usr/local/fonts/DejaVuSans.ttf", {st_mode = S_IFREG|0644, st_size = 493564,
...}) = 0
open("/usr/local/fonts/DejaVuSans.ttf", O_RDONLY) = 13
fcntl64(13, F_SETFD, FD_CLOEXEC)           = 0
fstat64(13, {st_mode = S_IFREG|0644, st_size = 493564, ...}) = 0
mmap2(NULL, 493564, PROT_READ, MAP_PRIVATE, 13, 0) = 0x4139c000
close(13)                                  = 0
brk(0x61000)                               = 0x61000
--- {si_signo = SIGSEGV, si_code = SEGV_MAPERR, si_addr = 0x29c} (Segmentation fault) ---
```

我们发现在产生段错误之前的代码使用 open 打开/usr/local/fonts/DejaVuSans.ttf 字库文件，并使用 mmap2 映射到用户空间。对于访问字库应该和访问对齐有关系，而和浮点运算就没有什么关系了，因为浮点运算错误不应该接收到 SIGSEGV 段错误信号，而应该接收到 SIGFPE 信号，所以确定为访问对齐的问题。

3. 使用内核提供的内存访问对齐警告

因为内核提供了一种访问对齐的警报，所以我们尝试使用/proc/cpu/alignment 文件检查对齐访问，当访问到非对齐内存时，会给出不同等级的警告信息。这个对齐访问的实现是由内核的 arch/arm/mm/alignment.c 文件实现的。通过源代码不难发现，内核使用了 6 级别的对齐访问的警告方式：

```
0 - ignore
1 - warn
2 - fixup
3 - fixup + warn
4 - signal
5 - signal + warn
```

我们使用命令 cat /proc/cpu/alignment，显示内容如下：

```
# cat /proc/cpu/alignment
User:           67
System:         0
Skipped:        0
Half:           0
Word:           0
```

第8章　构建 Qt 图形系统

```
Multi:              0
User faults:        0 (ignored)
```

通过显示，看到 user faults 的级别为 0，即当内存访问非对齐时，会忽略，我们改变一下级别：

```
echo 5 > /proc/cpu/alignment
```

这样，user faults 就变成了 signal+warn，这样在遇到对齐访问时，内核会给个信号。

再次执行 ./calculator -qws，看到终端显示的内容如下：

```
# ./calculator -qws
Alignment trap: calculator (938) PC = 0x40dc4998 Instr = 0xe5867001 Address = 0x0003cdad FSR 0x813
Bus error
```

此条信息非常重要，直接告诉了你产生非对齐访问时的 PC 计数器的值，并给出了这条指令的二进制编码和地址，因此我们接下来可以使用最后一招，使用 gdb 来找到出现这个问题的地方。

4. 建立 gdb/gdbserver 调试远程环境

由于嵌入式的资源匮乏，无法在嵌入式环境中使用 gdb，所以我们转而使用 gdb/gdbserver 来调试开发板上的应用程序，对于这个工具的使用在 8.4 节（后面的章节）有详细介绍。

开发板执行命令：

```
gdbserver 192.168.1.222:6868 calculator -qws &
```

宿主机使用 gdb 执行没有被 strip 过的 calculator 程序：

```
$ ./gdb calculator
(gdb) file calculator
Load new symbol table from "/work/system/gdb-6.8/gdb/calculator"? (y or n) y
Reading symbols from /work/system/gdb-6.8/gdb/calculator...done.
(gdb) set sysroot /usr/local/arm/gcc-3.4.5-glibc-2.3.6/arm-linux
(gdb) set solib-search-path /work/qt/qt-4.7-arm/lib:/work/qt/tslib_install/lib:/work/qt/tslib_install/lib/ts
(gdb) target remote 192.168.1.222:6868
Remote debugging using 192.168.1.222:6868
[New Thread 950]
0x40000bd0 in _start () from /usr/local/arm/gcc-3.4.5-glibc-2.3.6/arm-linux/lib/ld-linux.so.2
```

以上在（gdb）环境中分别执行了 4 次命令，第 1 次 file 是导入可执行文件的符号;第2次用于设置交叉编译环境的动态库文件路径;第3次是设置被调试程序调用的动态库文件路径;第4次是开始远程调试。这样就可以在宿主机上调试开发板上的代码了,适用于 C/C++代码,查看 8.4 章节获得 gdb/gdbserver 的详细使用方法。

5. 代码调试详细

```
(gdb) l          /*先执行下 list 命令,确认能读出源文件内容*/
45          int main(int argc, char *argv[])
46          {
47              QApplication app(argc, argv);
(gdb)
48              Calculator calc;
49              calc.show();
50              return app.exec();
51          }
(gdb) b main         /*在 main 函数处设置断点,然后单步执行 main 函数后的代码*/
Breakpoint 1 at 0x12620: file main.cpp, line 47.
(gdb) c              /*continue 到 main 函数处,下面就可以单步执行了*/
QApplication app(argc, argv);
(gdb) n              /*直接把这条语句执行了,结果没报错误,说明不是这的问题*/
Calculator calc;
(gdb) s              /*因为我怀疑是此处的问题,所以跟踪进入函数内部,怀疑的原因是
在段错误的时候,屏幕上已经有鼠标显示出来了,说明错误有可能在这个用于显示的语句内
部*/
Calculator (this = 0xbeb8ec0c, parent = 0x0) at calculator.cpp:51
(gdb) l              /*显示 Calculator 的构造函数源代码*/
49          Calculator::Calculator(QWidget *parent)
50              : QDialog(parent)
51          {
52              sumInMemory = 0.0;
53              sumSoFar = 0.0;
54              factorSoFar = 0.0;
55              waitingForOperand = true;
(gdb)
56              //! [0]
57
58              //! [1]
59              display = new QLineEdit("0");
60              //! [1] //! [2]
61              display->setReadOnly(true);
62              display->setAlignment(Qt::AlignRight);
```

```
 63                 display->setMaxLength(15);
 64
 65                 QFont font = display->font();
(gdb) b 55                /* 55 行之前都是简单的整数赋值不会出现段错误，所以 55 行断
点 */
Breakpoint 2 at 0xc120: file calculator.cpp, line 55. (2 locations)
(gdb) c                   /* continue 到 55 行 */
Continuing.
 55                 waitingForOperand = true;
(gdb) s
 59                 display = new QLineEdit("0");
(gdb) c                   /* 再次运行,/proc/cpu/alignment 的对齐访问报了警告，错误地方
找到了，看下面接收到的 SIGBUS 信号就能明白，错误是_HB_GPOS_Load_SubTable 函数 */
Continuing.
Program received signal SIGBUS, Bus error.
0x40dc4998 in _HB_GPOS_Load_SubTable () from /work/qt/qt-4.7-arm/lib/libQtCore.so.4
(gdb)
```

通过上面的调试信息，我们可以看到最后的 SIGBUS 信号是因为/proc/cpu/alignment 产生的效果。注意后面提供的信息 0x40dc4998 in _HB_GPOS_Load_SubTable()，这就是发生对齐访问错误的地方，而且告诉我们是/work/qt/qt-4.7-arm/lib/libQtCore.so.4 库函数造成的，而且是由于我们执行了 display = new QLineEdit("0")这条语句产生的。问题明确了，我们接下来的工作就是去查看 Qt 这方面的源代码来解决问题了。

6. 通过源代码找到段错误产生的原因

定位产生问题的代码处，在 harfbuzz-shaper.cpp 文件的 981 行有如下调用：

```
if (! gdefStream || (error = HB_Load_GDEF_Table(gdefStream, &face->gdef))) {
```

由于需要调试，我们打印了传递进去的参数，发现 &face->gdef 的地址的最低位为 1，说明这是一个非对齐的变量，而在 HB_Load_GDEF_Table 中：

```
src/3rdparty/harfbuzz/src/harfbuzz-gdef.c:182
 *retptr = gdef;
```

这就造成了对齐访问异常，所以会报出段错误。因此能确定是 pragma(pack)结构体访问对齐的问题了，那么如何解决呢？

```
src/3rdparty/harfbuzz/src/harfbuzz-global.h:42
#if defined(__GNUC__) || defined(_MSC_VER)
#define HB_USE_PACKED_STRUCTS
#endif
```

由于上面选择了提示编译器需要以对齐访问,而不管它们是否严格地对齐了所造成的问题。因此注释掉 HB_USE_PACKED_STRUCTS 的定义,重新编译 Qt 源码,把库重新复制到开发板(明确地说只需要替换 libQtCore. so. 4 相关库就可以了),运行正常,不会再出现段错误的情况。

8.2.7 解决黑屏问题

进入 qtopia 后,如果 10 分钟内不使用键盘、鼠标,你会发现 LCD 将黑屏。这是为什么呢?这是由于内核定义了 1 个全局变量 blankinterval(默认值为 10),内核内部存在一个控制台定时器,该定时器每隔 blankinterval 时间运行一次,它会调用关闭显示器函数 blank_screen_t(该函数最终会调用 LCD 驱动中的关闭 LCD 控制器的操作函数),导致显示器关闭(无视是否打开了电源管理功能)。

因此,解决办法有 4 种:

(1) 修改 LCD 驱动,把关闭 LCD 控制器的函数变为空(不推荐);

(2) 修改 vt. c 中的 blank_screen_t 函数,让其为空(在系统不需要使用关闭显示功能时推荐);

(3) 修改 vt. c 中的 blankinterval,让其默认值为 0;(系统可能需要使用关闭显示功能,在希望系统上电后正常状态下不会关闭显示时推荐)

(4) 修改用户程序,加入设置 blankinterval 的代码。(推荐)

分析内核代码,可知内核中修改 blankinterval 的函数调用顺序是:

con_write —> do_con_write —> do_con_trol—> setterm_command—> 修改 blankinterval。

请注意,上面的 con_write 是 tty 终端的写函数,而 LCD 的终端设备文件是/dev/tty0。do_con_trol 会根据写入的内容,在 switch-case 大结构中来决定是实施真实的写操作,还是调用 setterm_command。

下面是采用第 4 种方法的具体步骤:

(1) 编写程序如下 setblank. c。

```
1  # include <fcntl.h>
2  # include <stdio.h>
3  # include <stdlib.h>
4  # include <sys/ioctl.h>
5  # include <unistd.h>
6  # include <string.h>
7
8  int main(int argc, char * argv[])
9  {
10      int fd;
11      int timeval;
```

```
12              char str[20];
13
14              if (argc = = 1) {
15                      timeval = 10;
16              } else {
17                      timeval = atoi(argv[1]);
18              }
19
20              if ((fd = open("/dev/tty0", O_RDWR)) < 0) {
21                      perror("open");
22                      exit(-1);
23              }
24
25              sprintf(str, "\033[9;%d]", timeval);
26  //          write(fd, "\033[9;1]", 8);
27              write(fd, str, strlen(str));
28              close(fd);
29              return 0;
30  }
```

注:27 行会导致向 LCD 写入字符串\033[9;x],最终会导致 blankinterval 被设置为 x。

(2) 进行交叉编译得到 setblank,将其复制到/usr/bin 目录。

(3) rcS 中加入 setblank 0。

8.3　Qt 应用程序开发指南

8.3.1　建立工程

1. 新建工程

选择 File→New 菜单新建一个工程,如图 8-10 所示。

开发一个桌面应用程序,选择 Qt C++ Project->Qt Gui Application。

当然如果我们想开发一个移动设备上面的应用,还可以选择 Mobile Qt Application。

为你的新工程创建一个名称,我们定义成 FirstApp,并制定工程创建的目录。这里指定工程存放的目录为/work/qt/app,如果目录不存在则需要先手动创建出 app 目录,如图 8-11 所示。

继续单击 Next 按钮,进入下一级菜单,图 8-12 提示你选择创建的源代码文件的名称,并给出类型。即 Base Class 中需要你选择 QMainWindow、QDialog、Qwid-

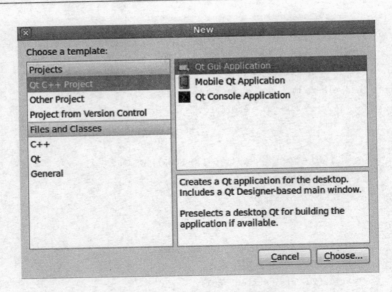

图8-10 选择新建工程的类型

get 为程序的一个基类。按照继承的名字来看,能够猜测出 3 种基类所显示的类型。QmainWindow 是带有工具条的菜单界面(虽然不仅仅如此,但是作为区分,暂时这样说,我们也可以通过界面中提供的帮助信息来深入了解 QMainWindow 的特性)。QDialog 是显示一个对话框、QWidget 是会有对窗口大小的控制栏。图 8-13 是我们创建的一个继承 QWidget 的应用程序,并且使用了 firstapp.ui 作为我们的图形界面的设计。

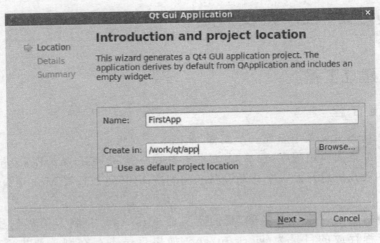

图8-11 为应用程序创建一个名称

为了能够让我们的代码看得更清晰,或是想设置开发环境的相关内容,可以打开 Tools 目录。比如我们希望在右端的编辑字体能够大一些,可以通过 Tools→Text

第 8 章 构建 Qt 图形系统

图 8-12 创建工程文件和 ui 设计文件

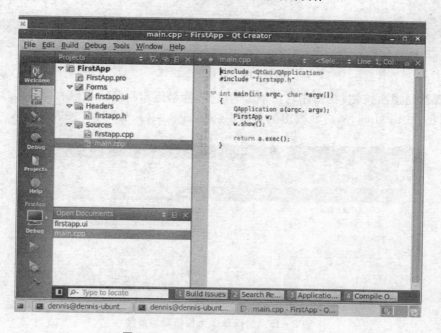

图 8-13 Qt 工程编辑编译开发环境

Editor 来设置。

因为我们加入了 firstapp.ui 文件,所以可以双击这个文件,以使用 designer 工具来制作我们的图形界面。从左边的控件栏中选择一个 Tool Button,直接拖拽到中间的现实设计窗口中,并改名为"退出",如图 8-14 所示。

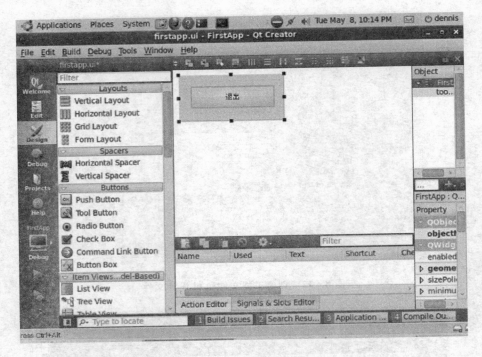

图 8-14 设计一个按钮

既然是退出按钮,我们让它在单击的时候,能够退出程序。可以右键单击这个按钮,选择 go to slots,然后在弹出的菜单中选择 clicked(),如图 8-15 所示。

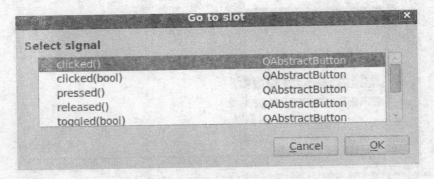

图 8-15 选择单击为按钮触发条件

当单击确定之后,会跳转到代码处,直接在代码中输入函数 exit(0),它的功能是退出整个程序,如图 8-16 所示。

保存好修改过的代码文件,单击图 8-16 左下角的绿色三角按钮(编译运行),便可以看到运行的图形界面菜单了。单击图形界面中的"退出"按钮,便会执行以上的 on_toolButton_clicked 函数退出程序。

第 8 章 构建 Qt 图形系统

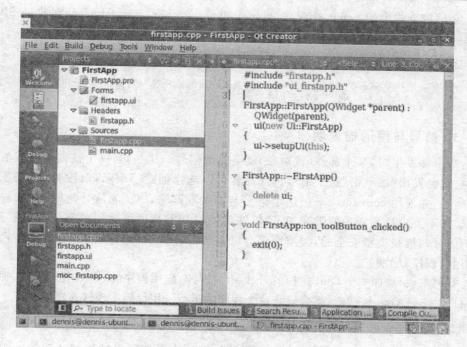

图 8-16 编辑程序退出代码

8.3.2 如何使用信号与槽

记得有一种函数叫做回调函数吗？但是它并不是类型安全的，使用它会有很多的问题。Qt 提供了一种新的事件处理系统——信号与槽。比如闹钟，当闹铃响的时候，它正在发出信号(发射)，而你处理这个事件的过程就类似使用一个槽的样子。

- 每个 QObject 类(或其派生类)的对象都可以含有你能想到的信号和槽；
- 只有定义过这个信号的类或者其派生类能够发射这个信号；
- 可以把一个槽与另一个槽连接起来(做成信号链)；
- 每个信号与槽之间可以有无限制数量的连接。

但是值得注意的是，为槽设置一个默认的参数是不被容许的，例如以下的代码便是错误的：

```
void mySlot(int i = 0);
```

1. 信号与槽如何连接

下面的函数是连接信号和槽的函数。

```
QObject::connect(const QObject * sender,constchar * signal,constQObject * receiver,
constchar * method);
```

必须把上式中的 const char * signal 和 const char * method 分别放进 SIGNAL 和 SLOT 这两个宏里面。

2. 解除信号和槽的连接

```
QObject::disconnect(const QObject * sender,constchar * signal,constQObject * receiver,constchar * method);
```

3. 信号与槽通信说明

当事件发生时，某个部件（或对象）就会发射信号。比如，当一个按钮部件被单击时，它就会发出"被单击"这个信号。开发者可以选择创建一个函数（没错，它就是一个"槽"），并使用 connect() 来把这个信号与槽关联起来。Qt 的信号与槽机制（被设计成）并不要求这些相关的类互相了解，这就使得开发高度可重用的类变得更容易。由于信号与槽是类型安全的，类型错误会以警告的方式（被编译器）报告出来并且不会引起（程序）崩溃。

举例来说，假如一个 Quit 按钮的 clicked() 信号与应用程序的 quit() 槽相连接，那么当用户单击该 Quit 按钮时，就会终止这个程序的运行。用代码实现该连接如下：

```
connect(button, SIGNAL(clicked()), qApp, SLOT(quit()));
```

在应用程序运行期间的任何时候，信号与槽的连接都可以被添加或移除。它们可以在信号被发射时（立即或者安排到以后）建立起来，而且可以用于不同对象间的多线程中。

信号与槽机制是使用标准 C++ 实现的。它使用了 C++ 中的预处理器以及 Qt 中的 moc，即元对象编译器（Meta-Object Compiler）。代码的生成由 Qt 的构建系统（Qt's-Build-System）自动完成。开发者几乎不需要浏览或者编辑这些代码。

除了完成信号与槽的处理，元对象编译器还对 Qt 的多语言机制、属性系统以及扩展的运行时类型识别提供了支持。它还为 C++ 程序的运行时内省在所有支持的平台上的运行提供了一种途径。

8.3.3 移植 Qt 程序到开发板中运行

移植 Qt 程序到开发板的主要工作就是设置好 Qt Creator 的交叉编译环境并修正一些路径。

1. 修正路径

打开 qmake 的配置文件，即安装路径下/work/qt/qt-4.7-arm/mkspecs/qws/linux-arm-g++/qmake.conf 文件，并做以下部分的修改：

```
# modifications to g++.conf
QMAKE_CC = /usr/local/arm/gcc-3.4.5-glibc-2.3.6/bin/arm-linux-gcc
QMAKE_CXX = /usr/local/arm/gcc-3.4.5-glibc-2.3.6/bin/arm-linux-g++
```

第 8 章 构建 Qt 图形系统

```
QMAKE_LINK = /usr/local/arm/gcc-3.4.5-glibc-2.3.6/bin/arm-linux-g++ -lts
QMAKE_LINK_SHLIB = /usr/local/arm/gcc-3.4.5-glibc-2.3.6/bin/arm-linux-g++ -lts

# modifications to linux.conf
QMAKE_AR = /usr/local/arm/gcc-3.4.5-glibc-2.3.6/bin/arm-linux-ar cqs
QMAKE_OBJCOPY = /usr/local/arm/gcc-3.4.5-glibc-2.3.6/bin/arm-linux-objcopy
QMAKE_STRIP = /usr/local/arm/gcc-3.4.5-glibc-2.3.6/bin/arm-linux-strip
```

如果不加编译器前面的/usr/local/arm/gcc-3.4.5-glibc-2.3.6/bin/绝对路径，Qt Creator 会在编译的时候报出以下错误：

```
arm-linux-g++ command not found
```

如果不在 QMAKE_LINK 和 QMAKE_LINK_SHLIB 最后追加-lts，会在编译的时候遇到以下错误：

```
warning: libts-0.0.so.0, needed by /work/qt/qt-4.7-arm/lib/libQtGui.so, not found
(try using -rpath or -rpath-link)
```

2. 打开 Qt Creator IDE 开发环境，打开 Tools->Options

在弹出的菜单中，选择 Qt4 选单，单击右上角的"+"号，增加交叉编译的 qmake（指定交叉编译出来的 qmake 绝对路径），如图 8-17 所示。

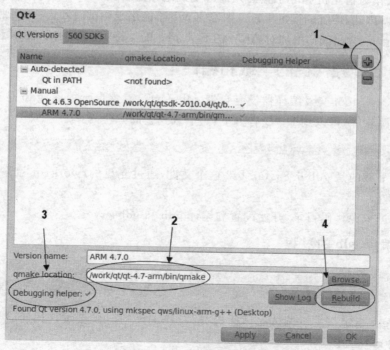

图 8-17 增加交叉编译环境

单击右下角的 Rebuild,当 Debugging helper 前面出现绿色的对号时,说明交叉编译环境配置成功,环境的配置对应图 8-17 的 1~4 步骤。设置好了环境,便可以使用这个配置来进行交叉编译,生成的可执行文件可以放在开发板中运行。

8.4 gdb/gdbserver 远程代码调试

8.4.1 gdb/gdbserver 远程调试介绍

当我们把应用程序放置到开发板上面运行的时候,便脱离了宿主机,很多资源也无法使用,比如说 gdb 工具。因为我们知道开发板的资源一般都少的可怜,如果在开发板上运行 gdb 调试代码是不现实的。但是有时候的确有调试开发板上的程序的需求,基于这种需求我们可以选择 gdb/gdbserver 的方式。

gdb 和 gdbserver 可以看作两个不同的命令。gdb 放在宿主机上运行,而 gdbserver 被放在开发板上运行。启动 gdbserver 运行指定的需要调试的可执行文件,而在宿主机中使用 gdb 来运行同样的可执行文件,通过串口或 TCP 就可以达到远程调试的目的。

由于宿主机 gdb 所运行的程序和 gdbserver 是一样的,都是 ARM 指令的 ELF 文件,那么作为宿主机 gdb 工具必须能够明确地知道遵循 ABI 接口的 ARM 的 ELF 文件格式。因此,传统的宿主机自身携带的 gdb 不能用于调试嵌入式 ARM 程序,我们需要下载 gdb 的源代码,增加对 ARM 的 ELF 格式的支持才能够调试 ARM 程序。

8.4.2 gdb 源代码的下载和编译

默认 crosstool 交叉编译器没有自带 gdbserver,需要自行编译,gdb 是遵循 GPL 协议的开源软件,可以到 GNU 官方 FTP 下载到它的源代码:

```
http://ftp.gnu.org/gnu/gdb/
```

我们下载的是 gdb-6.8a.tar.bz2 这个文件,通过光盘的 /work/qt 目录也能够找到这个文件。

解压进入源代码目录,开始配置和编译 gdb 和 gdbserver。

1. 编译 gdb 的过程

```
./configure --target=arm-linux --enable-werror=no
make
```

--target 指定宿主机调试的目标机类型,在编译的时候会编译出符合 arm-linux 的调试的 gdb 工具。

--enable-werror 的含义是在编译的时候增加-Werror 选项,这样会把一些原本

的警告信息当作错误。由于 gdb 的部分代码写的并不规范,所以-Werror 会报出一些错误,比如:

> 错误:gdb/cli/cli-cmds.c +323 行,
> 错误类型 ignoring return value of 'getcwd', declared with attribute warn_unused_result

错误解决办法:配置的时候选择--enable-werror = no,或者编译的时候去掉 Makefile 文件中的-Werror 选项或者修改源代码,用返回值来接收 getcwd。

编译完成,在 gdb 目录下生成 gdb 工具,它就是我们在宿主机上需要使用到的远程调试工具,宿主机的/usr/bin 目录下已经有针对宿主机平台的 gdb,而我们编译出的 gdb 则是针对 ARM 平台的,为了在使用中区分两者,把刚编译出的针对 ARM 平台的 gdb 改个名字,并放到相对应的目录下:

> cp /work/qt/gdb-6.8/gdb/gdb　/usr/local/arm/gcc-3.4.5-glibc-2.3.6/bin/arm-linux-gdb

2. 编译 gdbserver 的过程

进入 gdb/gdbserver 目录下,执行以下的命令:

> ./configure　--host=arm-linux　--target=arm-linux
> make
> arm-linux-strip　gdbserver

--host 指定编译出的工具运行在什么平台,--target 为指定的编译器配置目标环境。

由于 gdbserver 是运行在开发板上的程序,所以使用 arm-linux-strip 工具把多余的符号信息清除掉,使得 gdbserver 变得小一些再放到开发板上。可以使用 nfs 服务把 gdbserver 下载到开发板上。

8.4.3　gdb 远程调试命令

由于 gdb 的远程调试过程命令比较重要,所以下面列举一些必要的和常用的,用作调试过程中的参考。读者也可以通过 http://www.gnu.org/software/gdb/documentation/这个网址来获得 gdb 工具的完全帮助,当然在光盘的 material 目录下也有这个文档的 pdf 版本,名字叫做 gdb.pdf。

gdb 远程调试命令如表 8-1 所列。

表 8-1　gdb 远程调试命令

命　令	说　明
Target remote ip:port executable	target remote 命令用于连接一个远程的 gdbserver,ip 和 port 为远程主机的 ip 和端口号,executable 为 gdbserver 需要调试的程序,这个文件在 gdb 所在的宿主机上不能被 strip,否则调试需要的 symbols 就不存在了

续表 8-1

命令	说明
file executable	在 gdb 调试之前,需要使用 file 命令获取可执行文件的符号,以获得调试需要的符号列表
show/set sysroot	因为调试的时候需要用到交叉编译器的库文件和工具,所以必须指定,set 用于设置 sysroot 路径,show 用于显示 gdb 内置变量的值,后面相同
show/set solib-search-path	solib-search-path 必须设置,因为远程调试的程序在运行时会调用到动态库,需要把所有的动态库都加到这个变量中,像 LD_LIBRARY_PATH 一样
List/l	调试的时候我们可以通过这个命令查看源代码
break/b linenumber/function	设置断点,在运行时会停止在设置的断点处,断点可以设置为代码的行号,也可以在指定函数处停止
continue/c	继续,使用 gdb/gdbserver,没有 run 这个命令,因为程序实际通过 stub 在 gdbserver 所对应的开发板上运行
next/n	执行一条指令,但不会进入函数内部
print/p	打印变量的值
step/s	单步跟踪,如果有函数,会进入函数内部,可以通过 finish 命令退出函数
quit/q	退出 gdb 调试环境

8.4.4 gdb/gdbserver 远程调试应用程序实例

建立好开发板和宿主机的网络连接,通过网络的方式介绍 gdb/gdbserver 的调试过程。

1. 开发板执行 gdbserver 命令,开启调试服务端

```
gdbserver 192.168.1.222:6868 calculator
```

命令的参数类型为 <ip>:<port> <app>,ip 为开发板的网络地址,端口号由用户指定,代表服务应用程序所使用的网络端口,app 为需要调试的应用程序的名字,我们以 Qt 自带的 calculator 程序作为演示。运行正常,将在开发板的终端上显示以下内容:

```
# gdbserver 192.168.1.222:6868 calculator
Process fluidlauncher created; pid = 789
Listening on port 6868
```

有的读者在运行的时候可能会出现找不到 libthread_db.so.1 的错误,这是因为 gdbserver 在运行的时候,使用到了这个库,而这个库是属于交叉编译器中的,所以通过复制宿主机交叉编译工具中的这个库文件到开发板才能够运行 gdbserver。当然

第8章 构建 Qt 图形系统

这个库文件还需要放到系统默认的或者 LD_LIBRARY_PATH 指定的目录下才可以。

```
gdbserver: error while loading shared libraries: libthread_db.so.1: cannot open shared object file: No such file or directory
```

2. 宿主机执行 gdb 命令，开启调试客户端

（1）编译带有调试功能的 Qt 应用程序 calculator。

```
cd    /work/qt/qt-everywhere-opensource-src-4.7.0/examples/widgets/calculator
/work/qt/qt-4.7-arm/bin/qmake CONFIG+=debug
make
```

得到的 calculator 是可以使用 gdb 工具进行调试的。

（2）把调试文件载入 gdb 调试器。

```
arm-linux-gdb   calculator
```

需要注意的是 gdb 这个工具是我们为 ARM 编译的工具，所以不能够使用系统内部的 gdb。如果直接执行这个 gdb 命令可能会调用到系统中的 gdb。那么我们可以在输入完上面的命令后，查看显示信息来确认是否支持 ARM 平台的应用程序调试：

```
GNU gdb 6.8
Copyright (C) 2008 Free Software Foundation, Inc.
License GPLv3+: GNU GPL version 3 or later <http://gnu.org/licenses/gpl.html>
This is free software: you are free to change and redistribute it.
There is NO WARRANTY, to the extent permitted by law.  Type "show copying"
and "show warranty" for details.
This GDB was configured as "--host=i686-pc-linux-gnu --target=arm-linux"...
Setting up the environment for debugging gdb.
No breakpoint number 0.
```

倒数第 3 行--target=arm-linux 能够说明是我们为 ARM 准备的 gdb 调试器。

（3）向应用程序传递参数。

在 gdb 环境中执行以下命令：

```
(gdb) set args -qws
```

确认参数是否被正确设置：

```
(gdb) show args
Argument list to give program being debugged when it is started is "-qws"
```

（4）设置交叉编译器动态库文件路径：

```
(gdb) set sysroot /usr/local/arm/gcc-3.4.5-glibc-2.3.6/arm-linux
```

如果在交叉编译的时候指定--with-sysroot,则可以省略,而我们的 gcc-3.4.5 的交叉编译器并没有这样做,所以我们需要指定在调试过程中的库文件路径。

我们也可以通过 set solib-absolute-prefix 命令达到同样的效果,通过 show sysroot 命令查看是否设置成功。

(5)设置程序运行时的动态库：

```
set solib-search-path /work/qt/qt-4.7-arm/lib:/work/qt/tslib_install/lib:/work/qt/tslib_install/lib/ts
```

solib-search-path 用于 gdb 搜索动态库的位置,类似 LD_LIBRARY_PATH 一样,在运行程序的时候搜索动态库的位置。由于我们执行的程序是 Qt 的程序,所以肯定会用到 libQt* 之类的库文件,库文件格式为<path>:<path>的方式,不同的库文件路径使用":"隔开。把 libQt* 等库文件放到了/work/qt/qt-4.7-arm/lib 下,由于我们的 calculator 使用到了触摸屏,所以还需要指定动态库文件,这个动态库文件不指定,程序运行的时候无法加载到 ts 的库文件。

可以通过 arm-linux-readelf -a calculator | grep "Shared"来查看到 calculator 使用到的动态库文件：

```
0x00000001 (NEEDED)          Shared library: [libQtGui.so.4]
0x00000001 (NEEDED)          Shared library: [libQtNetwork.so.4]
0x00000001 (NEEDED)          Shared library: [libQtCore.so.4]
0x00000001 (NEEDED)          Shared library: [libpthread.so.0]
0x00000001 (NEEDED)          Shared library: [libstdc++.so.6]
0x00000001 (NEEDED)          Shared library: [libm.so.6]
0x00000001 (NEEDED)          Shared library: [libgcc_s.so.1]
0x00000001 (NEEDED)          Shared library: [libc.so.6]
```

(6)连接到 gdbserver：

```
(gdb) target remote 192.168.1.222:6868
```

这个时候宿主机显示：

```
Remote debugging using 192.168.1.222:6868
[New Thread 789]
0x40000bd0 in _start () from /usr/local/arm/gcc-3.4.5-glibc-2.3.6/arm-linux/lib/ld-linux.so.2
```

gdbserver 所对应的开发板终端显示：

```
Remote debugging from host 192.168.1.11
```

gdbserver 显示以上信息说明 gdb/gdbserver 远程调试已经开启,可以在 gdb 一端执行 gdb 相关的代码调试命令来进行远程调试了。

3. 实例调试过程

```
(gdb) l                                    /*执行 l 或者 list 显示源代码*/
    41          #include <QApplication>
    42
    43          #include "calculator.h"
    44
    45          int main(int argc, char *argv[])
    46          {
    47              QApplication app(argc, argv);
(gdb) l
    48              Calculator calc;
    49              calc.show();
    50              return app.exec();
    51          }
(gdb) b main                               /*设置断点在 main 函数处*/
Breakpoint 1 at 0x12620: file main.cpp, line 47.
(gdb) c                                    /*c 或者 continue,程序会停在断点处*/
Continuing.
Breakpoint 1, main (argc=2, argv=0xbeca5cc4) at main.cpp:47
    47              QApplication app(argc, argv);
(gdb) s                                    /*单步执行*/
    48              Calculator calc;
(gdb) n                                    /*执行 1 条指令 calc.show();*/
(gdb) p &app                               /*打印 app 对象在内存中的地址*/
$2 = (struct QApplication *) 0xbeca5c60
(gdb) q                                    /*退出 gdb*/
The program is running.    Exit anyway? (y or n) y
dennis@dennis-ubuntu910:/work/system/gdb-6.8/gdb $
```

可见,gdb 用来控制执行,而程序的运行将在 gdbserver 所对应的开发板上。

此外,还可以在 Qt 代码中加上 Qdebug,这样当执行到这个函数时,打印信息会出现在开发板上。

8.5 Qt 的快速有效开发

8.5.1 Qt 最新特性说明

Qt 中现在有两个新的特性,一个是加入了 Qt Quick(qml),一个是 Qt5 的即将发布。有关 Qt Quick 的讲解将在下一节,先来关心一下 Qt5 的消息。

构建嵌入式 Linux 核心软件系统实战

自诺基亚宣布转向 WinPhone 7 开始，人们一直担心 Qt 的未来。最近，诺基亚宣布了其 Qt 5 计划，看来诺基亚仍将对 Qt 全力以赴。部分主要变更包括即将到来的代码和功能方面更新，但最大的改变在于，Qt 5 将采取开放式开发模式，因此，诺基亚开发者和第三方开发者将能够在 Qt5 上有更大的发挥空间。

最近发布了 Qt 5 的 Alpha 版本，这是自进驻 Qt Project 以来推出的第一个主要版本。这个 Alpha 版本大量的工作与引入的特性是由那些非 Nokia 员工所贡献的。此次 Qt 5 Alpha 发布的主要目的是获取反馈以帮助改进以后的发布。对于 Alpha 版，着重于 Qt Essential 模块，这些模块构成了 Qt5 提供的功能基础。

Alpha 版本可以在 http://qt-project.org/wiki/Qt-5-Alpha 网址下载。请注意此 Alpha 版只以源码形式的发布，没有可供下载的二进制版本，所以得自己编译二进制文件。编译介绍参见 http://qt-project.org/wiki/Qt-5-Alpha-building-instructions。

Qt 5 应当成为全新应用开发方式的基础。一方面使用 C++ 提供本地化 Qt 的全部能力，另一方面重点应当转移到一个模型上，这个模型使 C++ 主要被用来实现 Qt Quick 模块化的后台功能。

Qt 5 上有一个好方法向着这个理念靠近。这个模型在那些 UI 是全屏的嵌入式 Qt 上工作良好。对于桌面环境，我们已经针对所需的这个模型打下了许多基础，但是在 5.1 或者 5.2 发布的时候才能确实地让这个模型可用。

架构的 4 大变化。

已经着手对 4 个主要的 Qt 内部架构进行修改：

（1）把全部的 Qt 接口迁移到 Qt Platform Abstraction（QPA）层之上——使得 Qt 能更容易移植到另外的视窗系统和设备上使用 QPA，从根本上改变了 Qt 如何集成相关操作系统的视窗环境。QPA 在 Qt 4.8 中作为 QWS/Qt 嵌入式的一种替代引入，但是现在完全使用在所有平台上。它创造了一个更干净的架构，使得平台依赖代码能够得到很好的抽象。可以看到，新的抽象化能显著地简化对于新视窗系统的集成工作，并且为 QNX、Android 和 IOS 编写的后台证明了这点。

（2）重新设计了图形堆栈。与 Qt 4 相比提高了性能，使用 Qt Quick 和 OpenGL（ES）2.0，Qt5 为 Qt Quick 引入了全新的图形架构，使用了基于 OpenGL 的场景图（Scenegraph）。最低需求为 OpenGL（ES）2.0。QtGui 现在包含了一组 QOpenGL* 类，用以替代老的 QGL* 类（为了兼容性这些类仍然可以使用）。并且还引入了一个比 QApplication 更轻量级的新类 QGuiApplication 和一个处理屏幕上顶层窗口的类 QWindow。以 QWidget 为基础的那些类仍然像 Qt 4.x 一样工作，基于 QPainter。QPainter 比起以前支持更少的后端。它现在限制于使用软件光栅（Raster bankend）来绘制屏幕、像素与图像，一个 OpenGL 后端提供 GL 接口以及一个提供 PDF 生成与打印的后端。平台依赖的后端比如 X11 或者 CoreGraphics 已经去掉了。这使得我们可以在引入新的长期支持的图形架构的同时保证 Qt 4.x 的 QWidget 部分的完

第8章 构建 Qt 图形系统

整兼容性。

（3）更加灵活的模块化库结构，满足桌面和移动的融合——按照需要添加或删除用户特定的模块。Qt mobility API 的完整实现，主要是一些内部的清扫工作，一般不会被 Qt 开发者们直接看到。但是模块化 Qt 库使得我们能够更容易更独立地推进 Qt 的不同部分。这在 Qt 5 稳定过程以及发布 Qt5.0 开始保持二进制兼容性的时候显得日益重要。模块化的工作还没有完全搞定，特别是 qtbase 库仍然包含了很多需要被拆分的模块，所以这部分工作很可能在 5.0 出来之后还会继续。Qt 的模块化还使得从第三方模块到 Qt 的集成容易了很多。它同样能很好地响应来自笔记本、平板和手机的不同需求趋势，比如有关手机特殊特性的地点、传感器等需求。Qt 5 中我们能看到 Qt mobility API 集成进了 Qt——其中部分 API 是一组被称为"Qt Essentials"模块的一部分。提供了这些模块之后，其他模块就能以简单方式加入了。我们现在已经确认 Qt5 能比以往任何 Qt 版本提供更丰富的功能特性清单。请注意此 Alpha 版本就是重点关注 Qt Essentials。

（4）拆分全部 QWidget 相关的功能到其自有的类库。通过拆分 QWidget 到独立的库中，不但确保了那些喜欢 QWidgets 的朋友可以继续使用它们，也为全部使用 QML 和 Qt Quick 的 UI 模型提供了途径。拆分 QWidget 为基础的功能到其自有的类当中是达到一个长期保持 Qt 5 架构干净的好措施。

除了架构的改变之外，Qt 5 同样提供了许多新功能。在这里特别介绍其中的一部分，详细的清单在 http://qt-project.org/wiki/Qt-5Features 中有描述。

（1）QtCore。

QtCore 已添加了许多新特性。现在有一个 QStandardPaths 类来提供对应平台的媒体、文档之类的标准位置。Core 还包含了一个以二进制进行速度优化的 JSON 解析器。引入了对插件形式和文件内容的 Mime 类型的识别。Core 同时还加入了一种新的可以在编译时检查信号/槽的连接的语法，以及一个完整的新的 Perl 兼容的正则表达式引擎。重写与优化了许多数据结构以获得更好的性能，也有意地加入了 C++11 的支持，同时 Qt 也能继续在 C++98 兼容的编译器上编译运行。

（2）Qt Gui。

所有基于 QWidget 的类都被拆分到了 QtWidgets 库中。QtGui 通过 QWindow 类获得了顶层界面的支持，同时现在有了内置的 OpenGL 支持。

（3）Qt Network。

加入了对 DNS 查找的支持并移除了 QHttp 和 QFtp 类（对那些还需要使用它们的人来说这些类可以独立使用）。还有许多和上面提到的类似的优化。

（4）Qt Widgets。

移植到了新的 QPA 架构之上而且可以像在 Qt 4.x 时那样使用。

（5）Qt Quick。

来自 Qt 4.x 时代的 Qt Quick 现在也完美兼容并叫做 Qt Quick 1 模块。这个模块已经完成,不会再得到任何更新了。现在这部分的焦点是新的 Qt Quick 和 Qt Qml 模块。Qt 5 中把 Qt Quick 的图像部分从 QML 和 JS 语法中拆分到不同模块了。新的 JS 类(QJSEngine 和 QJSValue)现在使用 Google 的 V8 引擎作为场景的后台,提供了更好的 JavaScript 性能。Qt Quick 模块包含了基于 OpenGL 的场景图和在 Qt 4.x 就有的全部基础项。加入了对基于 GL 的阴影、粒子和其他许多特效的支持。在 QML 侧大部分东西都是源码兼容的,但是如果是用 C++写的 QML 项则需要一些修改,来适应这个新的场景图。

(6) Qt 3D and Qt Location。

一些额外的模块加入到了 Qt Essentials 组中,其中值得一提的是 Qt 3D 用来整合 Qt 和 3D 内容,和 Qt Location 用来提供 GPS 访问,地图和其他基于地址的服务。

自 Qt 4.x 以来 Webkit 的 C++ API 就没有变化过,但是 Qt Webkit 得到了来自 webkit.org 的版本更新,带来了许多性能的提高以及更好的 HTML 5 支持。这次的 Alpha 版本在 Windows 关闭了这个选项,因为目前的编译工作还稍显复杂。

从 Qt 4.x 到 Qt 5 的迁移。

在 Qt 4.x 与 Qt 5 之间有少量的二进制以及源码兼容性差异。但是会努力调整使得能够简单平滑地把现有代码过渡到 Qt 5 支持的形式。一个例子就是 Qt Creator,它用同样的代码编译在 Qt 4.x 和 Qt 5 之上。

如果想在自己的项目上尝试 Qt 5,可以在 http://wiki.qt-project.org/Transition_from_Qt_4.x_to_Qt5 查看详细的迁移指导手册。

8.5.2 Qt Quick(QML)使用

1. 什么是 Qt Quick

Qt Quick 是 Qt User Interface Creation Kit 的缩写,而 QML 是 Qt Quick 最重要的组成部分,Qt Quick 结合了如下技术:

组件集合,其中大部分是关于图形界面的;

基于 JavaScript 陈述性语言:QML(Qt Meta-Object Language 的缩写);

用于管理组件并与组件交互的 C++ API - QtDeclarative 模块。

言归正传,通过 Qt Creator,我们可以轻松生成一个 Qt Quick 的应用工程,从而为 QML 生成应用程序框架。

2. 已开发的 Qt UI 如何添加到 QML 中

将 QML 整合到基于 QWidget UI 程序的方法有很多种,而具体采用哪种方法取决于现有 UI 代码的特性。

如果已经有了一个基于 QWidget 的 UI,QML widgets 可以使用 QDeclarativeView 来进行集成。QDeclarativeView 是 QWidget 的一个子类,所以可以像加载其他 QWidget 一样把它加载进你的 UI。具体方法是使用 QDeclarativeView::set-

Source()方法加载一个 QML 文件到视图中,然后将这个视图(即 QDeclarativeView)加到你的 UI 中。

```
QDeclarativeView *qmlView = new QDeclarativeView;
qmlView->setSource(QUrl::fromLocalFile("myqml.qml"));
QWidget *widget = myExistingWidget();
QVBoxLayout *layout = new QVBoxLayout(widget);
widget->addWidget(qmlView);
QDeclarativeView *qmlView = new QDeclarativeView;
qmlView->setSource(QUrl::fromLocalFile("myqml.qml"));
QWidget *widget = myExistingWidget();
QVBoxLayout *layout = new QVBoxLayout(widget);
```

widget->addWidget(qmlView);这种方法的缺点在于与 QWidget 相比,QDelarativeVeiw 的初始化过程更慢,而且使用更多的内存。如果创建大量的 QDelarativeVeiw 对象可能会导致性能的下降。在这种情况下,更好的选择是用 QML 重写你的 widgets,使用 main QML widget 来加载 widget,从而替代 QDelarativeVeiw 的滥用。

请注意,QWidgets 的 UI 设计理念与 QML 并不相同,所以将基于 QWidget 的应用移植到 QML 并不总是一个好主意。如果你的 UI 是由少数几个复杂、静态的元素组成,使用 QWidgets 是一个更好的选择;如果你的 UI 是由大量简单、动态的元素组成,那么 QML 则是最佳选择。

与基于 QGraphicsView 的 UI 整合,将 QML widgets 加入到 QgraphicsScene。如果你已经有了一个基于 Graphics View Framework 的 UI,可以直接将 QML widgets 集成到你的 QGraphicsScene 中。具体方法是使用 QDeclarativeComponent 从 QML 文件中创建一个 QGraphicsObject,并通过使用 QGraphicsScene::addItem() 方法把这个图形对象加到 scene 中,或者将其父化到已经存在与 QGraphicsScene 的组件中。举例说明:

```
QGraphicsScene *scene = myExistingGraphicsScene();
QDeclarativeEngine *engine = new QDeclarativeEngine;
QDeclarativeComponent component(engine, QUrl::fromLocalFile("myqml.qml"));
QGraphicsObject *object =    qobject_cast(component.create());
scene->addItem(object);
QGraphicsScene *scene = myExistingGraphicsScene();
QDeclarativeEngine *engine = new QDeclarativeEngine;
QDeclarativeComponent component(engine, QUrl::fromLocalFile("myqml.qml"));
QGraphicsObject *object = qobject_cast(component.create());
scene->addItem(object);
```

推荐使用下面的一些 QGraphicsView 选项来优化 QML UIs 的性能:

```
QGraphicsView::setOptimizationFlags(QGraphicsView::DontSavePainterState)
QGraphicsView::setViewportUpdateMode(QGraphicsView::BoundingRectViewportUpdate)
QGraphicsScene::setItemIndexMethod(QGraphicsScene::NoIndex)
```

在 QML 中加载 QGraphicsWidget 对象,另一个可供选择的方法是将现有的 QGraphicsWidget 对象暴露给 QML,并且在 QML 中构建你的 scene。请参见图形布局示例,它展示了如何结合 QGraphicsWidget、QGraphicsLinearLayout 以及 QGraphicsGridLayout 的使用,将 Qt 图形布局类暴露给 QML。为了将现有的 QGraphicsWidget 类暴露给 QML,需使用 qmlRegisterType()。在 QML 中使用 C++型别的进一步信息,请参见在 C++中拓展 QML。

3. C++与 QML 的交互

C++与 QML 的交互是通过注册 C++对象给 QML 环境得以实现的。在 C++实现中,非可视化的类均为 QObject 的子类,可视化的类型均为 QDeclarativeItem 的子类。注意,QDeclarativeItem 等同于 QML 的 Item 类。

如果用户想要定义自己的类,做法如下:

在 C++中,实现派生于 QObject 或 QDeclarativeItem 的子类,它是新定义 item 的实体对象。在 C++中,将下述代码中实现的新 item 类型注册给 QML。在 QML 中,导入含有下述代码中定义的新 item 的模块。在 QML 中,向使用标准的 item 一样使用新定义的 item。举例说明,我们现尝试使用 Qt C++实现的 MyButton 对象(如下 QML 代码),它有自己的属性、方法以及信号的 handler。用法如下(它与使用其他标准的 QML item 一样),所需要做的是导入包含 MyButton 的对应模块名称及其版本"MyItems 1.0"。

```
//main.qml
import Qt 4.7
import MyItems 1.0
Item {
    width: 300; height: 200
    MyButton {
        //注意:x, y, width, height 是继承自 item 的属性,无需在自定义的 item 中实现
        x: 50; y: 50
        width: 200; height: 100
        color: "gray"    //自定义属性
        onMySignals:  dosth   //自定义信号 mySignals
    MouseArea {
    anchors.fill: parent
    onClicked: parent.myColor()    // 调用 C++定义的方法 myColor
    }
        }
```

```
}
//main.qml
import Qt 4.7
import MyItems 1.0
Item {
    width: 300; height: 200
    MyButton {
        //注意:x, y, width, height 是继承自 item 的属性,无需在自定义的 item 中实现
        x: 50; y: 50
        width: 200; height: 100
        color: "gray"      //自定义属性
        onMySignals: dosth    //自定义信号 mySignals
MouseArea {
anchors.fill: parent
onClicked: parent.myColor()    // 调用C++定义的方法 myColor
}
    }
}
```

为了能够让上述 QML 代码工作,需要为在 Qt C++代码中注册 MyButton 及其所属的模块,对应的 main.cpp 代码如下:

```
#include <QtGui/QApplication>
#include "qmlapplicationviewer.h"
int main(int argc, char *argv[])
{
    QApplication app(argc, argv);
    QmlApplicationViewer viewer;
    // MyButtonItem 是与 QML 中 MyButton 相对应的 C++实现的类名称
    // 1,0 是版本信息;MyItems 是 MyButton 所属的模块名称
    qmlRegisterType<MyButtonItem>("MyItems", 1, 0, "MyButton");
    viewer.setOrientation(QmlApplicationViewer::Auto);
    viewer.setMainQmlFile(QLatin1String("qml/untitled/main.qml"));
    viewer.show();
    return app.exec();
}
#include <QtGui/QApplication>
#include "qmlapplicationviewer.h"
int main(int argc, char *argv[])
{
    QApplication app(argc, argv);
    QmlApplicationViewer viewer;
```

```
    // MyButtonItem 是与 QML 中 MyButton 相对应的 C++实现的类名称
    // 1,0 是版本信息;MyItems 是 MyButton 所属的模块名称
    qmlRegisterType<MyButtonItem>("MyItems", 1, 0, "MyButton ");
    viewer.setOrientation(QmlApplicationViewer::Auto);
    viewer.setMainQmlFile(QLatin1String("qml/untitled/main.qml"));
    viewer.show();
    return app.exec();
}
```

上面我们在 QML 中的 MyButton 对象,有自己的属性、方法以及信号的 handler,其实现均来自 Qt C++。Qt C++需要做以下工作:首先要定义 QML 中 MyButton 相对应的 C++实现 MyButtonItem,它必须继承自 QDeclarativeItem。为了让 MyButton 对象能够使用其 Color 属性,MyButtonItem 类需要利用 Qt 的 PROPERTY 系统,为 Moc 声明其属性。为了让 MyButton 对象能够使用其 myColor 方法,MyButtonItem 类需要声明该方法,并标记为 Q_INVOKABLE(另外一种解决方案是将 myColor 声明为槽)。为了让 MyButton 对象能够接收到 C++所 emit 的信号,在 onMySignals、MyButtonItem 类需要声明 mySignals 信号。

```
class MyButtonItem : public QDeclarativeItem
{
Q_OBJECT
    Q_PROPERTY(QColor color READ color WRITE setColor NOTIFY colorChanged)
signals:
    void colorChanged();
    void mySignals();
public:
    MyButtonItem(QDeclarativeItem * parent = 0);
    void paint(QPainter * painter, const QStyleOptionGraphicsItem * option,
            QWidget * widget = 0);
public:
    const QColor &color() const;
    void setColor(const QColor &newColor);
    Q_INVOKABLE QColor myColor() const;
// Alternatives for myColor to be called from QML
//public slots
    //QColor myColor() const;
private:
    QColor m_color;
};
```

4. 创建 qt quick(qml)应用程序

创建 QML 代码。读者必须下载并成功安装 SDK 后,便可通过 Creator 的向导

第8章 构建Qt图形系统

非常便捷地生成基于QML的应用程序,步骤如下:

(1)菜单项File→New File or Projects…,下图弹出,选择Qt Quick Application。注意,这里Qt Quick UI将生成QML而非exe项目。

(2)选择choose…,为项目命名,如try。

(3)继续next,选择你刚安装好的SDK。

(4)接下来的步骤均选择默认下一步,最后,一个名叫try的QML应用程序就成功生成了。

(5)可以,Ctrl+R编译并运行一下,try.exe生成在当前目录的debug子目录中。

8.5.3 Qt移动开发

如果在多数情况下开发适用于Symbian、Maemo或MeeGo平台的应用程序,可以使用免费LGPL授权方式的Qt。

Qt通过集成S60框架为Symbian平台提供支持。使用Qt for Symbian,可开发跨平台移动应用程序,用于在上千万台Symbian设备上的部署。

Qt将为诺基亚设备运行MeeGo(Harmattan)提供依托,并可为所有即将推出的MeeGo设备中的应用程序开发提供API,为Qt开发人员提供了更多平台。不久,MeeGo设备就会完全支持(X11)Qt。

通过Qt for Windows CE移植,可以针对Windows Mobile设备进行开发。Qt具有丰富的工具集和直观的API,可在更短的时间内编写更少的代码实现更先进的功能。

现在已经可以用Qt来进行使用于Maemo 5的应用程序的商业开发。Qt for Maemo包含了所有Qt模块,具备与Qt on X11版本相同的功能,并增加了针对Maemo的一些功能。

8.5.4 让Android系统支持Qt应用程序

Qt支持Android开发,源于Necessitas开放项目。目前有3个版本:

0.1 for linux-x86 alpha:2011-02-18发布。

0.2.1 necessitas-0.2.1-online-sdk-installer-linux 2011-06-25发布。

0.3 necessitas-0.3-online-sdk-installer-linux 2011-10-29发布。

Necessitas的下载地址:

http://sourceforge.net/p/necessitas/home/necessitas/

Necessitas是代号为Android操作系统上的Qt端口和用户友好的Qt Creator与Android整合,使得使用Qt Creator创建能在Android上运行的程序成为可能,在其上可以管理、开发、部署、运行和调试Android设备上的Qt应用程序。

Necessitas 相当于提供了一个开发环境,需要在 IDE 环境中指出 Android 开发相关的环境变量。在 Tools→Options 中配置 Android 环境变量,这样在创建 Qt 工程之后,单击运行就能够调用到 Android 的模拟器来运行你的程序,如图 8-18 所示。

可以看到,需要 Qt 库的支持,我们的 Qt 程序才能运行在 Andorid 系统里面。而这个库的名字叫 Ministro,在 http://sourceforge.net/projects/ministro.necessitas.p/files/里有这两

图 8-18 使用 Qt Creator 启动的 Android 程序

个安装包的下载,Ministro II.apk 和 MinistroConfigurationTool II.apk。

安装完成之后,应该会想到的是 Qt 程序在 Andorid 上面其实还是需要调用它自己的 Qt 库,也就是使用 JNI 机制。打开网络,在得到提示下,下载 QtCore 等 Qt 运行库就可以了。

目前第 3 个版本已经能同时支持 Windows、Linux、Macos 的开发环境了,而第 1 个版本则只能在 Linux 中开发。

8.6 小 结

本章主要讲解了有关 Qt 在嵌入式上的移植方法和开发工具的使用,以及 Qt 开发的一些新特性。但是重点还是如何向开发板移植可用的 Qt 图形库。因此,读者需要认真按照前两节介绍的步骤,学会构建一个 Qt 图形系统。

学习 Qt 需要有 C++的基础,而其余部分都交给 Qt 了,这是因为有关 Qt 的学习资料十分全面,甚至 Qt Creator 本身就是一个非常好的学习平台。希望学习 Qt 开发的读者或是正在基于 Qt 做开发的读者,也应该多学习 Qt 中自带的文档和案例;而对于 Qt 的发展方向则可以多关注诺基亚的 Qt 社区,以便掌握最新动态。

参考文献

[1] 徐海兵. GNU Make 中文手册[EB/OL]. 2004.
[2] x. yin. Kbuild 实现细节. 2009.
[3] ARM. ARM Developer Suite OnlineBooks. 软件 ADS1.2. 2001.
[4] Arthur Griffith. GCC:The Complete Reference[EB/OL]
[5] Dean Elsner, Jay Fenlason. The gnu Assembler[EB/OL]
[6] Steve Chamberlain,Ian Lance Taylor. The GNU linker[EB/OL]. 2000.
[7] ARM 公司. ARM Architecture Reference Manual[EB/OL]. 1998.
[8] 詹荣开. 嵌入式系统 BootLoader 技术内幕. https//www.ibm.com/developerworks/cn/linux/1-btloader
[9] (美)科波特(Corbet J.)等. Linux 设备驱动程序[M]. 第 3 版. 魏永明,耿岳,钟书毅,译. 北京:中国电力出版社,2006.
[10] 广州友善之臂计算机科技有限公司. mini2440 用户手册.
[11] Robert Love. Linux 内核设计与实现(第 2 版)[M]. 机械工业出版社,2009.
[12] 赵炯. Linux 内核完全注释[M]. 机械工业出版社,2004.
[13] DANIEL P. BOVEI & MARCO CESATI. 深入理解 Linux 内核[M]. 陈莉君等,译. 北京:中国电力出版社,2001.
[14] 毛德操,胡希明著. Linux 内核源代码情景分析[M]. 浙江:浙江大学出版社,2001.
[15] FriendlyARM. mini2440 Linux 移植开发实战指南[EB/OL]
[16] 韦东山. 嵌入式 Linux 应用开发完全手册[M]. 北京:人民邮电出版社,2008.
[17] Jasmin Blanchette,Mark Summerfield. C++ GUI Programming with Qt 4 中文版[M]. 闫锋欣,曾泉人译. 北京:电子工业出版社,2008.
[18] jjxiaotian. Nand ECC 校验和纠错原理及 2.6.27 内核 ECC 代码分析[EB/OL]. http://www.docin.com/p-37715231.html,2009.
[19] 杨铸,唐攀. 深入浅出嵌入式底层软件开发[M]. 北京:北京航空航天大学出版社,2011.

后 记

这本书的写作，并非我二人之功，而是一个团队努力的结晶。没有这个团队，就没有这本书，这个团队就是：IFL 嵌入式移动计算小组。本书中的内容大量包含了该小组各个成员在实际工作中积累的经验和撰写的原创技术博客的内容。

IFL 嵌入式移动计算小组是由一群喜爱嵌入式技术的草根人员组成。我们被技术草根阶层人人为我，我为人人的理念所打动，期望能为嵌入式在中国的发展勉尽薄力，因此将自己的心得落于纸上，以期降低嵌入式移动计算软件开发的学习门槛、平滑其陡峭的学习曲线。

IFL 嵌入式移动计算小组简介：
http://blog.csdn.net/scyangzhu/article/details/8020985
IFL 嵌入式移动计算小组原创技术博客入口：
http://user.qzone.qq.com/308337370/blog/1293112053
IFL 嵌入式移动计算小组技术论坛：
http://tieba.baidu.com/f?kw=ifl&fr=itb_favo&fp=favo
IFL 嵌入式移动计算小组QQ群：
47753328
IFL 嵌入式移动计算小组邮箱：
ifl-studio@sohu.com
IFL 嵌入式移动计算小组主要成员有：

李奎：安博中程高级嵌入式讲师，精通 ARM，C/C++/JAVA 语言，长期从事嵌入式移动、通信、智能产品技术的研究与开发工作，擅长 Linux 系统移植、驱动开发、基于 Qt 的图型界面开发、基于 MTK 平台的应用开发和底层接口修改、Android 应用开发、Android HAL 层移植，对 ARM9、ARM11 及三星 CPU 有一定研究和开发经验。

主要技术经历：

(1) 曾为 Haier、skyworth、lenovo、aigo、LG、oppo、ramos 等公司开发过 Linux 系统解决方案、多媒体应用软件解决方案,涉及 telechips 芯片的系统移植、S3C6410 的 GTK 界面移植、Qt 界面软件设计、Flash 界面软件设计、数字电视和 mp4 的多媒体解码应用方案。

(2) S3C6410 试验箱的双系统(LinuxQt+Android)开发。

(3) Android 多个项目的应用开发。

(4) 嵌入式课程讲解等。

孙夏玉:中科创达资深研发工程师。精通 Android,专注于 ARM 与嵌入式 Linux 系统、Android 系统的研究和软件开发。精通 ARM 体系结构、BootLoader,熟悉 Linux 下的 C 程序开发、驱动开发。

主要技术经历:

(1) 早期专注于嵌入式软件开发,尤其喜欢 Linux 驱动和嵌入式 Linux 应用编程。

(2) 多次参与全国高校师资 Android 框架培训。

(3) 曾任安博教育金牌讲师,是安博教育 Android 框架课程的编写者。

(4) 多次参与大型嵌入式项目和 Android 项目的开发。

唐攀:华清远见金牌技术讲师,金牌嵌入式软件工程师。曾担任过知名外企项目组长,拥有丰富的项目经验。对嵌入领域软(Linux、μC/OS 等)、硬件研发工作有着独特的理解。精通 Linux 嵌入式 C/C++,擅长 ARM 体系结构,Linux 驱动开发。著有《深入浅出嵌入式底层软件开发》等书籍,授课时风趣幽默,耐心度高,成为最受学员欢迎的讲师之一。

杨铸:在北京邮电大学获工学学士学位,专业为计算机软件。在电子科技大学获工学硕士学位,专业为通信与信息工程。

重大经历:

(1) 作为 Team Leader,负责四川移动最早期的企业信息化网络的高效运行和管理维护。

(2) 作为主要组织人员,组织完成了四川移动最早的短信系统平台的建设。

(3) 早期专注于 Microsoft 的 OS 和 Database 的技术研究与职业培训,是微软在中国的早期 MCT 之一,MCP 号 1694198。

(4) 参与完成国家 863 计划项目——信息安全产品演示和验证平台的子课题,并与合作公司完成产品化开发——内部网络监管系统。

(5) 中后期专注于嵌入式软件开发的研究与职业培训,尤其喜欢 ARM 体系结构与嵌入式 Linux。著有《深入浅出嵌入式底层软件开发》、《Linux 下 C 语言应用编程》等 IT 技术类畅销书籍。